新工科·数据科学与大数据系列

Python核心编程与应用

谢红霞 张华炳 吴红梅 ◎ 主编

電子工業出版社
Publishing House of Electronics Industry
北京·BEIJING

内容简介

本书内容涵盖了 Python 核心编程技术的主要方面，包括 Python 语言的基础知识、结构化程序设计方法、常用组合数据类型，还重点介绍了6方面的内容：① 软件系统开发三层式结构的原理，JSON 文件、XML 文件的格式及使用，MySQL 数据库及 PyMySQL 库的使用、MongoDB 数据库及 PyMongo 库的使用；② 函数式编程及偏函数、高阶函数、闭包和装饰器的使用；③ Python 模块化编程思想，自定义库、标准库的使用，sys 库、随机函数库、日期和时间库、正则表达式库等典型第三方库的安装和使用；④ 面向对象的编程思想及封装、继承、多态的概念；⑤ 网络编程；⑥ 典型应用场景介绍。

本书有 300 多个小例子，贴近生活，简单易懂，还包括多个综合实例。本书内容丰富，兼顾了广度和深度，低门槛，高输出，既照顾到零基础的初学者，也关注有较高编程目标的信息类学生。

本书适合作为各类大专院校计算机及相关专业学生的教材，也可作为对 Python 感兴趣的科技人员、计算机爱好者及各类自学人员的参考书。

图书在版编目(CIP)数据

Python 核心编程与应用 / 谢红霞，张华炳，吴红梅主编. —北京：电子工业出版社，2021.9
ISBN 978-7-121-42046-7

Ⅰ. ① P…　Ⅱ. ① 谢… ② 张… ③ 吴…　Ⅲ. ① 软件工具—程序设计—高等学校—教材
Ⅳ. ① TP311.561

中国版本图书馆 CIP 数据核字（2021）第 188795 号

责任编辑：章海涛
印　　刷：涿州市般润文化传播有限公司
装　　订：涿州市般润文化传播有限公司
出版发行：电子工业出版社
　　　　　北京市海淀区万寿路 173 信箱　　邮编　100036
开　　本：787×1092　1/16　　印张：23.5　　字数：605 千字
版　　次：2021 年 9 月第 1 版
印　　次：2023 年 1 月第 3 次印刷
定　　价：59.80 元

凡所购买电子工业出版社图书有缺损问题，请向购买书店调换。若书店售缺，请与本社发行部联系，联系及邮购电话：（010）88254888。

质量投诉请发邮件至 zlts@phei.com.cn，盗版侵权举报请发邮件至 dbqq@phei.com.cn。

本书咨询联系方式：192910558（QQ 群）。

前　言

Python 是一门免费、开源、跨平台的脚本开发语言，比其他编程语言更加简单、易学，非常适合快速开发。Python 已经成为最受欢迎的程序设计语言之一。Python 在软件质量控制、开发效率、可移植性、组件集成、库支持等方面均处于领先地位。

当前，Python 在大数据和人工智能领域被广泛地使用。机器学习、计算机视觉或者自然语言处理等很多优秀的第三方库及相关联的框架都以 Python 作为主要开发语言，能够快速整合资源，明显提升开发效率。

全书共 10 章。

绪论，介绍 Python 语言的发展历史、代码的三种运行方式、Python 虚拟环境搭建及常用开发工具的使用。

第 1 章 Python 语言基础，介绍标识符、关键字、常量、变量、表达式、运算符、语句等有关 Python 语言的基础语法。

第 2 章程序流程控制，介绍顺序结构、分支结构和循环结构，以及用这三种基本结构编程的结构化程序设计方法；通过搭建聊天机器人，让读者深入地理解程序控制结构。

第 3 章常用组合数据类型，讲解序列类型、集合类型和映射类型的基本概念，介绍列表、元组、字典对象的常用方法及使用；介绍推导式、生成器和迭代器的概念及使用方法。

第 4 章应用举例，介绍软件系统开发三层式结构的原理，以及 JSON 文件、XML 文件、MySQL 数据库、MongoDB 数据库，并实现典型的人工智能应用实例：人脸识别。

第 5 章函数，介绍函数的定义与调用，函数参数传递和变量作用域，匿名函数、递归函数的概念及偏函数、高阶函数、闭包和装饰器等函数的高级使用形态。

第 6 章常用模块，介绍模块的安装和使用，sys 模块、随机数模块、日期和时间模块、JSON 模块、正则表达式模块等常用模块的使用。

第 7 章面向对象程序设计，介绍面向对象的编程思想及封装、继承、多态的概念，编程实现函数重写、运算符重载、多态和枚举类。Python 支持面向对象的程序设计，对 Python 来说，一切皆为对象。

第 8 章网络编程，介绍 TCP/IP 和 UDP、套接字 Socket 和 SocketServer 模块，实现多线程网络编程的技术，实现用服务器和客户端的多线程通信查询摩斯码。

第 9 章应用开发，介绍 Python 的典型应用场景，如 Turtle 库画图、自动化办公的应用、异常处理机制、软件测试问题、用 Smtplib 和 Poplib 库搭建邮件收发程序、用 PyGame 制作游戏。

本书在达内时代科技集团有限公司（简称达内）已有 MOOC 课程的基础上编写完成，同名课程可在达内官网访问，课程共提供了 80 个教学视频，教学视频总时长达到 2400 多分钟，并设计了 150 个教学题库，含难度级别、考查知识点、答案解析。读者可在阅读本教材基础上配合使用教学视频、教学课件和实验辅导手册，全方位地提升学习成效。

感谢达内集团的有力支持，感谢浙大城市学院吴明晖教授的悉心指导。

由于作者水平有限，不足之处在所难免，敬请广大读者和同行批评指正。

本书为任课教师提供配套的教学资源（包含电子教案和例题源代码），需要者可**登录华信教育资源网**（http://www.hxedu.com.cn），注册后免费**下载**。

作　者

目　录

绪 论

计算机程序是一组有序的计算机指令的集合，由专业的程序员按照特定语法编写的功能模块，通过计算机的执行，满足人们的某种需求。人们日常生活中用到的常见程序有微信、QQ、各种浏览器、微博、游戏等，这些程序收到用户发布的请求后执行程序，再将结果反馈给用户。

在编写计算机指令时遵循的特定语法规则被称为计算机语言。计算机在执行代码时通常是从上到下逐行执行的。

计算机从诞生至今，计算机语言经历了机器语言、汇编语言和高级语言几个阶段。

机器语言是用二进制代码表示的、计算机能直接识别和执行的一种机器指令的集合。用机器语言编写程序可读性差，容易出错，人们就用与代码指令实际含义相近的英文缩写词——助记符来取代机器指令代码，于是产生了汇编语言。但是不论是机器语言还是汇编语言，都是面向硬件的，是低级语言，使用起来比较烦琐、费时，通用性也差。人们在寻求与人类自然语言相接近且能为计算机所接受的语义确定、规则明确、自然直观和通用易学的计算机语言时，产生了高级语言。高级语言是面向用户的语言，处理问题的复杂度高，开发速度快，易于使用，但相对于低级语言运行速度慢。三种语言的指令举例如下。

机器语言：

```
1000011000000111
1000101100001010
```

汇编语言：

```
ADD      r0, r1, r2
```

高级语言：

```
if a>b:
  b=a+1
```

0.1 Python 入门简介

在所有的程序设计语言中，只有机器语言编制的源程序能够被计算机直接理解和执行，用其他程序设计语言编写的程序都必须利用语言处理程序“翻译”成计算机能识别的机器语言程序。如今被广泛使用的高级语言有 C、C#、Java、Perl、Python 等，而 Python 语言是众多高级语言中的一颗闪亮的明星。

1．Python 语言简介

Python 语言是面向对象的、解释型的高级程序设计脚本语言。Python 是 Guido van Rossum 在 1989 年圣诞节期间，为了打发无聊的圣诞节而开发的编程语言。Python 语言开发的初衷是建立一种介于 C 语言和 BASH 脚本语言之间的语言。Python 2 版本于 2000 年 10 月 16 日发布，Python 3 版本于 2008 年 12 月 3 日发布，不完全兼容 Python 2。目前，Python 语言已经成为最受欢迎的程序设计语言之一。

Python 语言介于编译语言和脚本语言之间，既有编译语言的高效，也有脚本语言的灵活和跨平台，并具有胶水语言的特点。Python 语言提供了高级的数据结构，还有大量的标准库及第三方库，意味着许多功能不必从零编写，可直接使用现成的库，开发效率高。

由于具有简洁性、易读性和可扩展性，Python 语言在爬虫设计、网站开发、GUI 开发、网络游戏后台开发方面得到了广泛应用。现在许多大型网站就是用 Python 开发的，如 YouTube、Instagram 和豆瓣。Google、Yahoo 甚至 NASA（美国航空航天局）大量地使用 Python 语言开发自动化脚本。值得一提的是，Python 在 ABC（人工智能、大数据、云计算）领域大显身手。2011 年 1 月，它被 TIOBE 编程语言排行榜评为 2010 年度语言，近年来进入排行榜前三。

Python 语言还有很多其他优点。

① 免费开源：Python 是 FLOSS（自由/开放源码软件）之一，遵循协议 GPL（通用公共许可协议），使用者可以自由地发布这个软件的副本、阅读它的源代码、对它做改动、将它的一部分用于新的自由软件。

② 可移植性：由于它的开源本质，已经被移植在许多平台上，包括 Linux、Windows、FreeBSD、Macintosh、Android。

③ 简洁优美：采用强制缩进的方式，使得代码具有较好可读性，解释执行方法使得软件开发更加轻松。

④ 面向对象：既支持面向过程编程，也支持面向对象编程。

⑤ 丰富的库：标准库很庞大，有助于处理各种工作，还有许多第三方库，如优秀的 GUI 图形库 wxPython、基于事件驱动的网络引擎框架库 Twisted 等。

2．Python 的安装

进入 Python 官网（www.python.org），找到对应自己操作系统的 Python 版本，下载安装包（如图 0-1 所示）。然后运行安装包，遵循一系列操作步骤，最后安装完成。在安装的过程中需要勾选“Add Python 3.8 to PATH”（如图 0-2 所示），用于添加 Python 安装路径，即配置环境变量。环境变量用于统一记录应用程序所在的目录，方便调用可执行文件。如果没有勾选，也可以手工配置，方法是：打开“系统属性”对话框（如图 0-3 所示），单击“环境变量”按钮，出现如图 0-4 所示的对话框；从中选择“Path”变量，然后单击“编辑”按钮，出现如图 0-5 所示的对话框，单击“新建”按钮，然后写入 Python 的安装目录，最后单击“确定”按钮。

安装完成后，启动 Python，在命令提示符下输入“python -V”。

```
C:\Users\Lenovo>python -V
Python 3.8.1
```

显示版本为 3.8.1，说明安装成功。

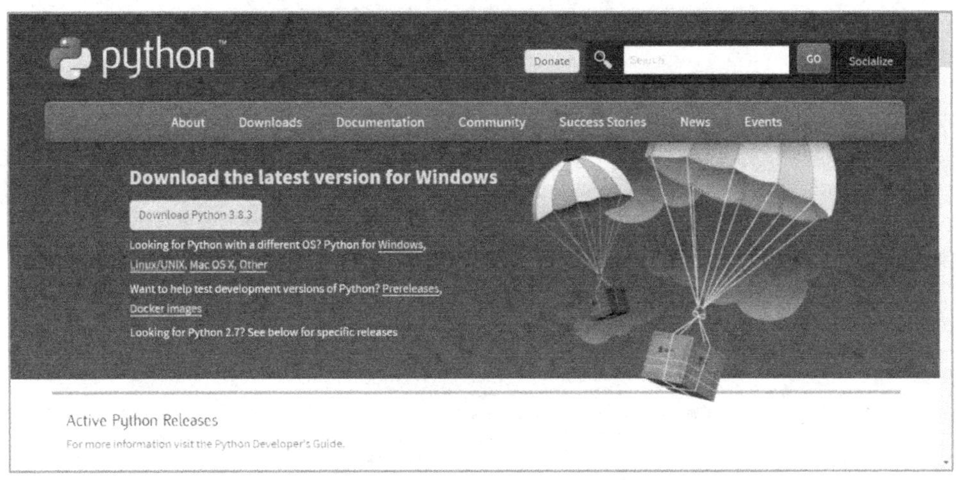

图 0-1　Python 官网下载

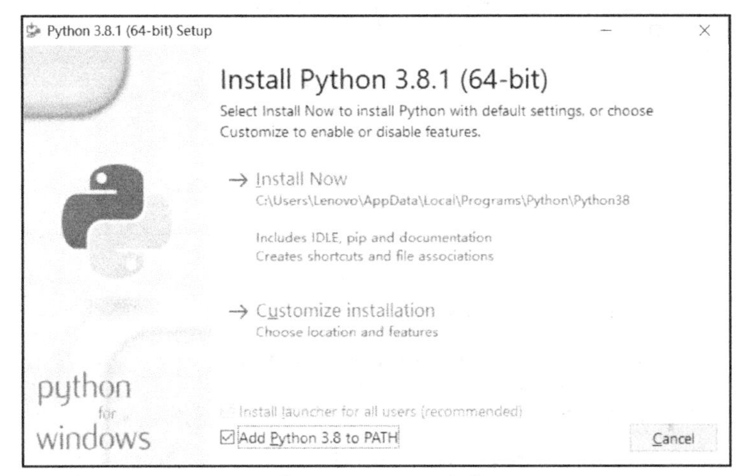

图 0-2　Python 安装

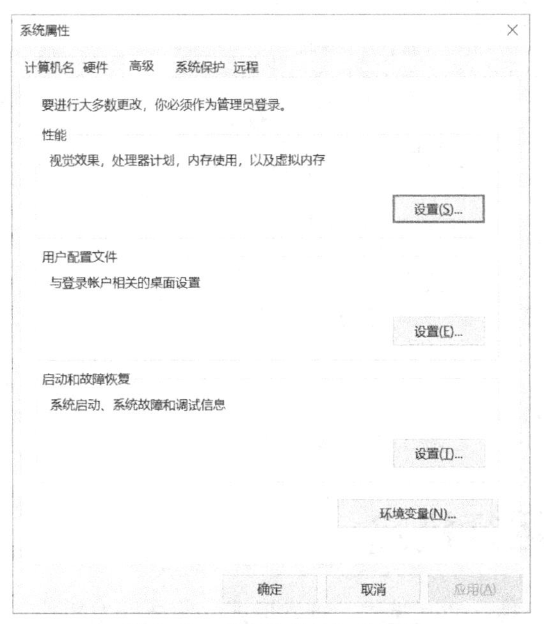

图 0-3　“系统属性”对话框

图 0-4　“环境变量”对话框

图 0-5　“编辑环境变量”对话框

0.2　Python 运行模式

代码运行的模式有三种：交互模式、脚本模式、集成开发模式。

交互模式，也称为交互解释器模式。在计算机左下角的搜索框中输入“cmd”，则调出命令提示符窗口，输入“python”后回车，即进入交互模式，命令提示符由“>”变为“>>>”，就可以运行简单的代码。因此，交互模式是所见即所得的模式。

脚本模式，也称为脚本文件模式，即先将编写的所有代码存入文件，再用 Python 程序执行该文件。

集成开发模式需要有集成开发环境（Integrated Development Environment，IDE），集成了代码编写、分析、编译、调试的所有功能。

1. 交互模式

以 Windows 操作系统为例，首先进入终端环境，显示提示符是“C:\Users\Lenovo>”（假设是当前的路径），输入“python”后回车，提示符改为“>>>”，说明已经进入了 Python 解释器环境。

```
C:\Users\Lenovo>python
Python 3.8.1 (tags/v3.8.1:1b293b6, Dec 18 2019, 23:11:46) [MSC v.1916 64 bit (AMD64)] on win32
Type "help", "copyright", "credits" or "license" for more information.
>>>
```

在解释器中它只接收 Python 能够识别的一些特定语法，如输入“1+1”：

```
>>> 1+1
2
```

尝试输入“电子工业出版社”：

```
>>> 电子工业出版社
Traceback (most recent call last):
  File "<stdin>", line 1, in <module>
NameError: name '电子工业出版社' is not defined
```

显示 NameError 错误，名字“电子工业出版社”没定义，所以 Python 只接受符合规定语法的语句。

输入一行语句“print("Hello world!")”：

```
>>> print("Hello world!")
Hello world!
```

显示结果“Hello world!”。注意，语句中的括号、引号都必须在英文模式下输入。

输入“import this”：

```
>>> import this
The Zen of Python, by Tim Peters

Beautiful is better than ugly.
Explicit is better than implicit.
Simple is better than complex.
Complex is better than complicated.
Flat is better than nested.
Sparse is better than dense.
……
```

弹出的是《Python 之禅》，通过一首诗来描述 Python 的编程理念。

使用 exit()或者按快捷键 Ctrl+Z，退出 Python 交互模式，回到终端环境，提示符变为进入 Python 之前的提示符。

```
>>> exit()
C:\Users\Lenovo>
```

退出交互模式，Python 的窗口关闭，之前写的代码存放在内存中，所有代码因内存释放而丢失。若需要保存代码，可以使用脚本模式。

2. 脚本模式

打开记事本程序，输入想运行的程序代码，如输入一行：

```
print("Hello world!")
```

如图 0-6 所示。

图 0-6　Python 脚本文件

保存文件到当前位置“C:\Users\Lenovo”，文件名为 abc.py。打开命令提示符（终端）窗口，输入“python abc.py”，即用 Python 程序执行 abc.py 文件。

```
C:\Users\Lenovo>python abc.py
Hello world!
```

脚本模式可以将代码长久保存。

以上是在 Windows 操作系统下的操作演示，Linux、Mac OS 操作系统下的操作有所不同。

Python 语言是脚本语言，是解释型语言，但是在 Python 程序运行时并不是严格地解释执行。在安装 Python 时需要同时安装 Python.exe 文件，该文件是 Python 解释器，每行 Python 代码都由它负责解释和执行。

Python 解释器由一个编译器和一个虚拟机构成。编译器负责将源代码转换成字节码文件，而虚拟机负责执行字节码。所以，Python 解释型语言其实也有编译过程，只不过编译过程并不是直接生成目标代码，而是生成中间代码，即字节码，再通过虚拟机逐行解释执行字节码，如图 0-7 所示。

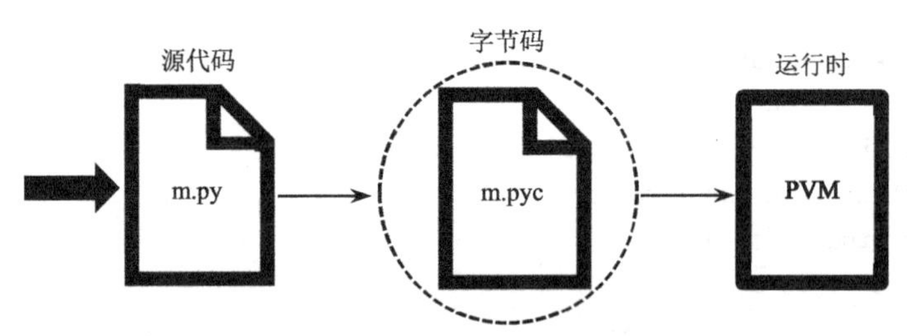

图 0-7　Python 解释执行原理及过程

0.3 虚拟环境

虚拟环境就是从原生的运行环境中复制出来的一个克隆体。克隆体就像是一个独立的容器，与原生环境互相隔离，互不影响。

虚拟环境可以保护原有的运行环境不受破坏。虚拟环境建立后，在其中安装或卸载各种软件不会影响原生环境。即使虚拟环境被破坏了，还可以从原生环境中再克隆一个，这样就起到了保护原生环境的作用。

程序员经常会在不同 Python 版本之间进行切换，如原先开发的项目基于 Python 2 版本，而新开发的项目基于 Python 3 版本，这时可以根据原生 Python 创建不同版本的虚拟环境，根据需要，自由选择在不同的版本下进行软件开发。

在计算机中，一个虚拟环境对应一个文件夹，克隆的 Python 运行环境放置其中。这个运行环境包括 Python 的核心命令和原生环境的一些常用库，所以虚拟环境是通过不同的文件夹来进行隔离保护的。

1. 创建虚拟环境

首先安装一个原生 Python 环境，因为需要有原生的 Python 才能进行克隆。然后创建一个目录，作为当前项目的目录，再切换到这个目录，通过终端命令“python -m venv <环境名称>”快速创建虚拟环境。

```
C:\Users\Lenovo>cd my_project                          # 切换当前目录为 my_project
C:\Users\Lenovo\my_project>python -m venv venv         # 创建虚拟环境，取名 venv
C:\Users\Lenovo\my_project>dir
驱动器 C 中的卷是 Windows
卷的序列号是 B039-C0F4
C:\Users\Lenovo\my_project 的目录
2020/07/06  17:48    <DIR>          .
2020/07/06  17:48    <DIR>          ..
2020/07/06  17:48    <DIR>          venv
0 个文件            0 字节
3 个目录            28,124,426,240 可用字节
```

2. 激活虚拟环境

创建虚拟环境后，要用 activate 命令激活虚拟环境，使得后面的操作运行在虚拟环境之下，如编写代码、包管理等。

```
C:\Users\Lenovo\my_project> activate
(venv) C:\Users\Lenovo\my_project>
```

激活后的虚拟环境在命令提示符前多了“( )”，其中是新创建的虚拟环境的名称“venv”，说明创建成功。

3. 包管理器

包管理器基于 Python 的运行环境。Python 中有大量的第三方库和标准库，如实现用户的登录或者注册的库，进行语法检查的库或者数据分析的库。这些库都被挂在互联网上，程序员直接下载、安装，就可以实现代码的复用。下载安装第三方库都基于当前的运行环境，在各自

的虚拟环境下进行包管理。pip 就是常用的包管理器工具，用 pip 下载安装第三方库的操作命令格式如下：

```
pip install 库名
```

例如：

```
pip install pylint
```

Pylint 是一个 Python 代码分析工具，用于分析 Python 代码的错误，并查找不符合代码风格标准和有潜在问题的代码。在虚拟环境下安装 Pylint 库的方法如下：

```
(venv) C:\Users\Lenovo\my_project>pip install pylint
Collecting pylint
  Downloading https://files.pythonhosted.org/packages/e8/fb/734960c55474c8f74e6ad4c8588fc
  44073fb9d69e223269d26a3c2435d16/pylint-2.5.3-py3-none-any.whl (324kB)
    50% |████████████████                | 163KB 10KB/s eta 0:00:16
……
Successfully installed astroid-2.4.2 colorama-0.4.3 isort-4.3.21 lazy-object-proxy-1.4.3
               mccabe-0.6.1 pylint-2.5.3 six-1.15.0 toml-0.10.1 typed-ast-1.4.1 wrapt-1.12.1
```

当然，必须在联网的情况下才能下载第三方库。当前在虚拟环境 venv 下，所有包会被下载到虚拟环境的目录中，原生 Python 不受任何影响。但是如果虚拟环境没有启动，就会自动安装在原生环境下。

“pip list”命令可以查看当前虚拟环境下安装的库。

```
(base) C:\Users\Lenovo\my_project>pip list
Package                          Version
------------------------------------------------------
pylint                           2.4.4
```

那么，在虚拟环境下安装的包存放在哪里呢？

在 C:\Users\Lenovo\my_project\venv\Lib\site-packages 下出现了 pylint 子文件夹，此即新安装包的位置。

4．退出虚拟环境

退出虚拟环境的命令为“deactivate”。运行后，当前目录又回到了原生环境，提示符前的“(venv)”消失了。

```
(venv) C:\Users\Lenovo\my_project>deactivate
C:\Users\Lenovo\my_project>
```

总之，创建虚拟环境分三个步骤：克隆、激活、安装库。虚拟环境可以随时创建，甚至创建多个不同版本的 Python 虚拟环境。后面的学习和开发将在虚拟环境下进行。

0.4 开发工具

集成开发环境（IDE）的作用是集成代码编写、分析、编译、调试的所有功能。集成开发环境通常分为三类：一是通用型的开发环境，如 Visual Studio Code，支持跨平台，几乎不同操作系统都会有对应的版本；二是专用型的开发环境，如 PyCharm，主要针对 Python 语言的编写；三是在线开发环境。

Visual Studio Code 是一款由微软发布的跨平台源代码编辑器，支持几乎所有主流的开发语言的常用特性，支持插件扩展，具有很高的定制化能力和可扩展性。由于其功能在很多方面依赖于程序员的配置，初学者会觉得比较烦琐。

1. Visual Studio Code 的下载和安装

Visual Studio Code 的官网下载地址为 https://****.visualstudio.com/，选择对应版本的安装包下载，安装完成后，界面如图 0-8 所示，然后安装 Python 和 Python 扩展包两个插件，创建项目目录、虚拟目录、Python 文件等。Visual Studio Code 编辑器集成了现代编辑器所具备的普遍特性，提供了快捷键、语法高亮、可定制的热键绑定、括号匹配、代码片段收集等。

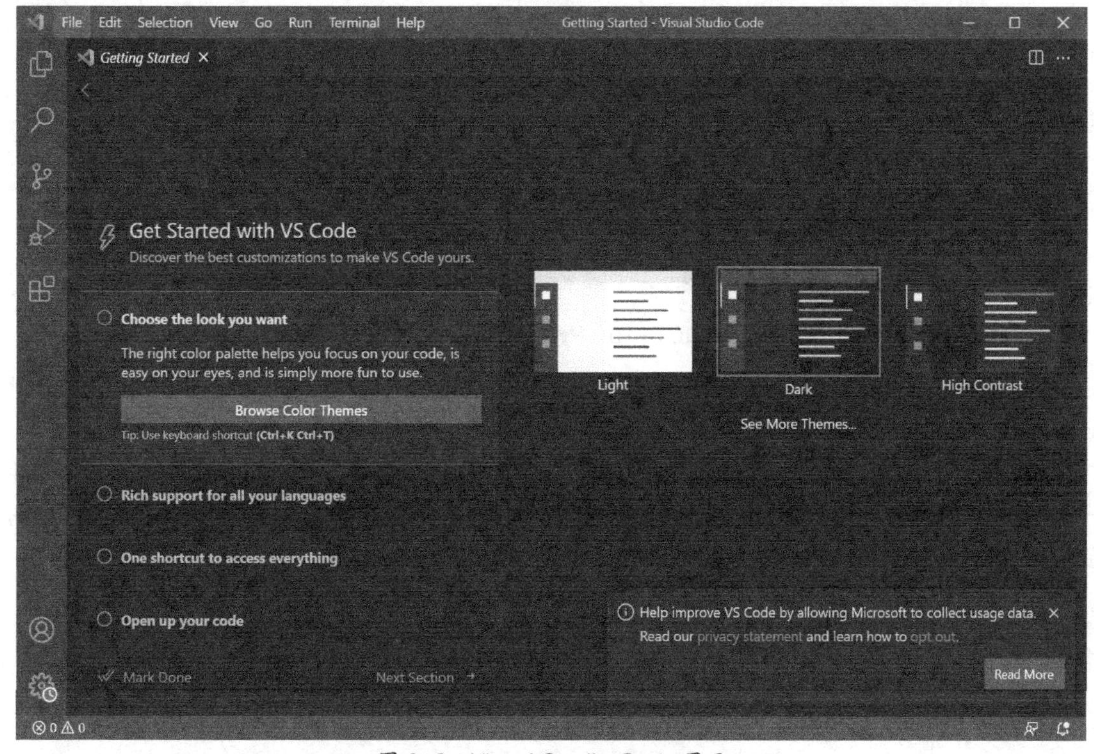

图 0-8 Visual Studio Code 界面

通过“File”菜单可以新建 Python 文件，如图 0-9 所示。

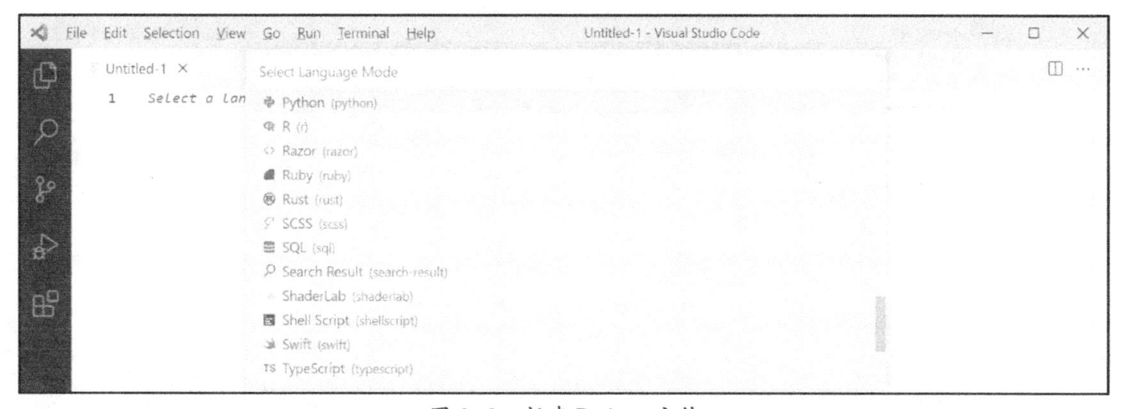

图 0-9 新建 Python 文件

2．PyCharm 的下载和安装

PyCharm 的社区版下载地址为 https://www.jetbrains.com/******/。PyCharm 的下载界面如图 0-10 所示。

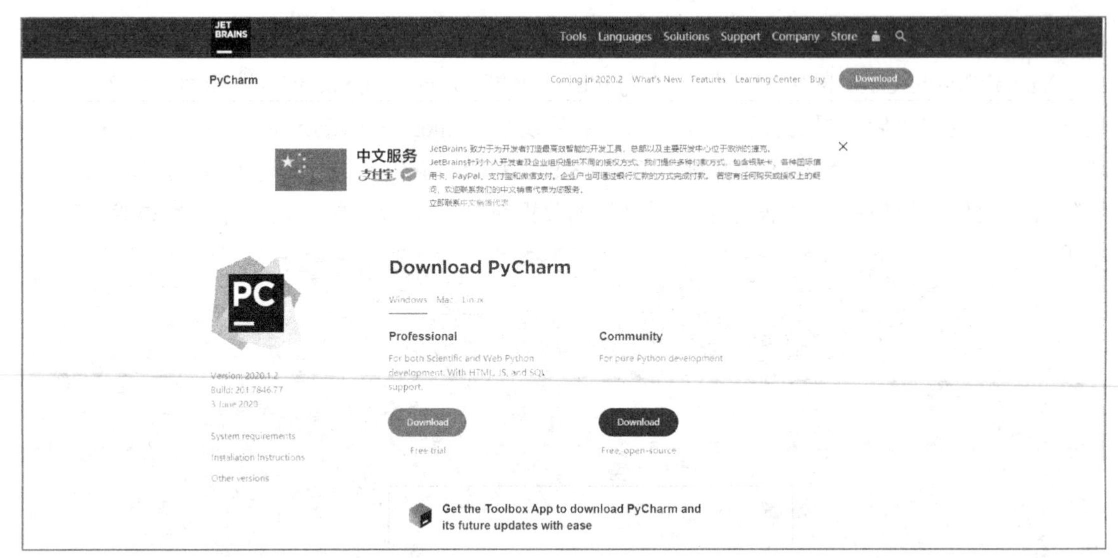

图 0-10　PyCharm 的下载

PyCharm 在人性化方面做得特别出色，提供了一个带编码补全、错误高亮、智能检测、代码折叠和分割窗口等功能的编辑器，可帮助用户更快、更轻松地完成编码工作。

安装后，PyCharm 首次打开有三个选项，选择创建一个新的项目。左窗格中的是框架，用于选择欲创建项目的模板。选择“Pure Python”（如图 0-11 所示），在右窗格中输入存放路径，路径下方是项目的解释器。

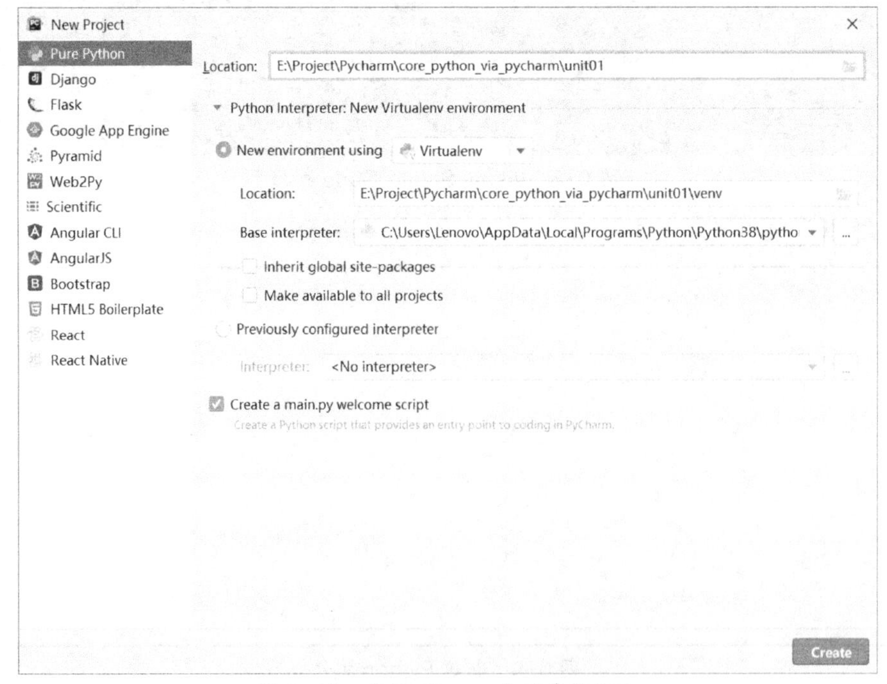

图 0-11　在 PyCharm 中创建新项目

解释器支持使用虚拟环境，当前建立的虚拟环境的名称是 venv。Base interpreter 是虚拟环境依赖的原生 Python 的路径。下面的两个复选框用于确定是否需要打包克隆原生环境下的全局的包，若都不勾选，则会建立一个最纯粹、最核心的 Python 虚拟环境。

虚拟环境搭建好后，就可以创建文件了。右击项目“core_project_via_python”，然后在出现的快捷菜单中选择“New → Python File”命令（如图 0-12 所示），在弹出的对话框中输入“hello_world”，作为 Python 文件名。

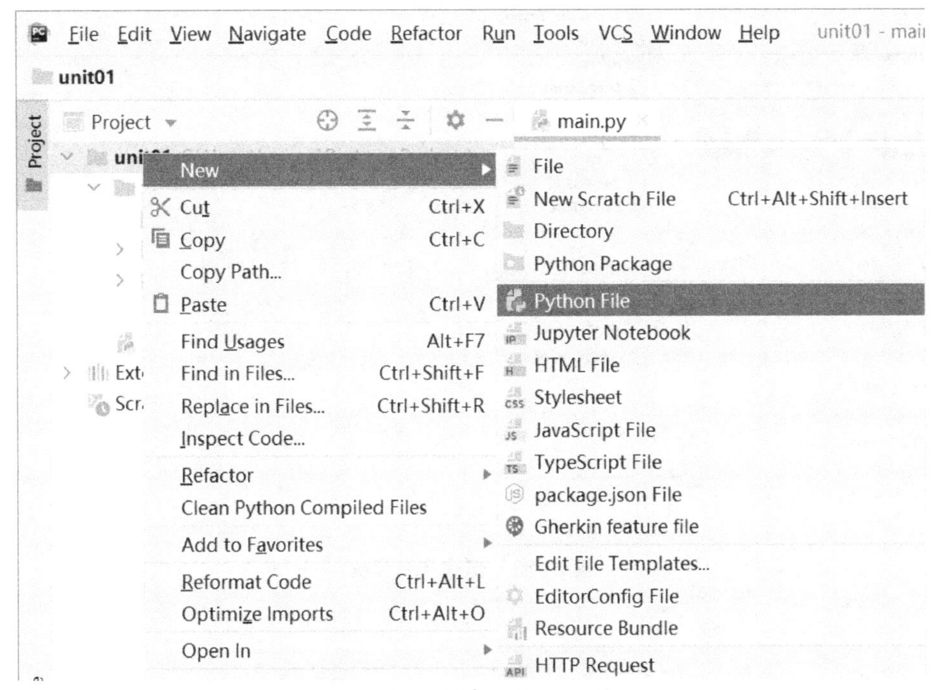

图 0-12　创建 Python 文件

下一步是在编辑区中写代码。在写代码前先制作一个模板，这样既方便代码的编写，也可以统一代码的风格。

选择“File → Settings”，在弹出的窗口中选择“Live Templates”（如图 0-13 所示），将“By default expand with”设置为“Tab”，表示缩进符为制表符；单击右面的“+”，创建新模板，然后设置 Abbreviation、Description、Template text 等信息。“Abbreviation”表示自定义代码块的名字，“Description”是描述信息，“Template text”是自定义代码块的内容。

然后单击“Change”，从中勾选“Python”，最后单击“OK”按钮。

建完模板后，回到代码编辑区，输入自定义的代码块名字，回车，代码头部就自动写好了。

回到代码编辑环境，输入“py”并回车，文件头直接显示。

在编辑环境下输入“pr”，PyCharm 能够智能提示 print。

编辑完成后，运行代码，在空白处右击鼠标，在弹出的快捷菜单中选择“run hello_world”，运行结果将显示在输出窗格中，如图 0-14 所示。

在输出窗格中，Teminal 选项代表终端，如果在代码中引用了一些之前没有安装过的包，PyCharm 会自动提示是否需要安装。根据用户的安装需求，PyCharm 会自动下载并安装这些包。这样的人性化设计极大地提升了程序员的编程效率，缩短了开发周期。

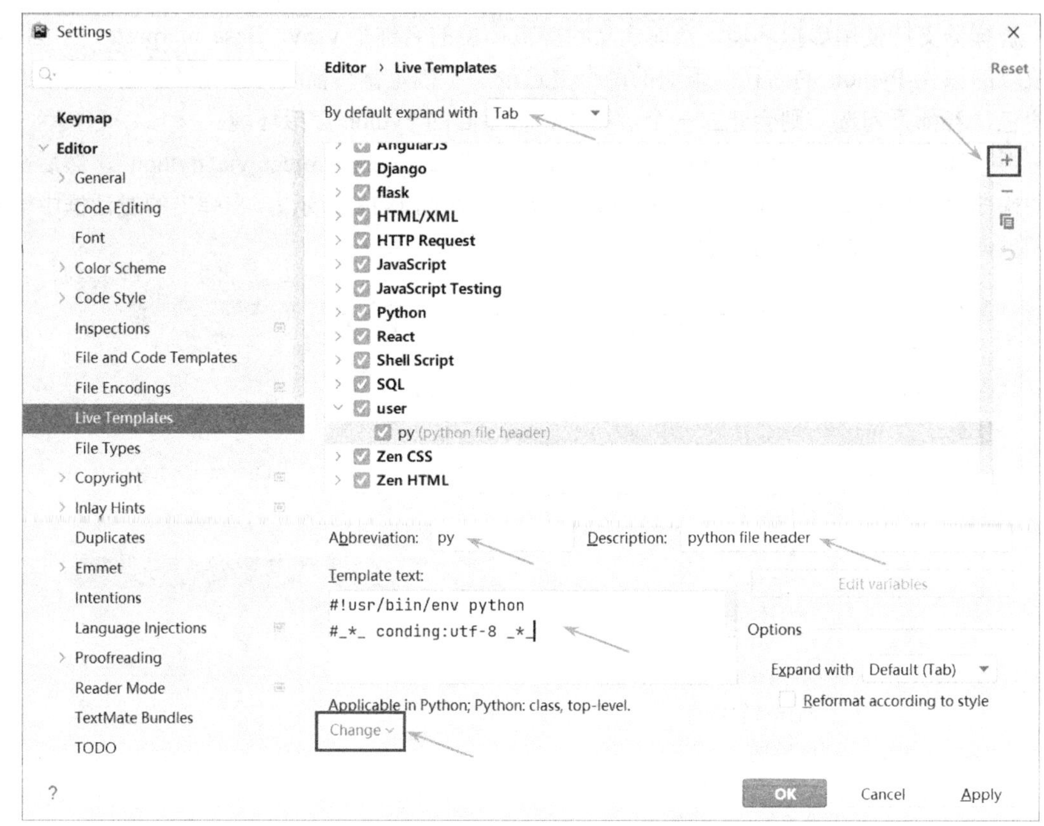

图 0-13　制作代码模板

图 0-14　PyCharm 编程环境

3．在线开发环境

为了免除 Python 开发环境的安装、配置等一系列麻烦，用户可以选择 Python 在线开发环境，可以直接登录网站编写代码并运行程序。常用网站如下。

Python 3 在线工具：https://c.runoob.com/compile/*。

Python 3 在线编程：http://www.dooccn.com/py***n3/。

若想在手机上编写 Python 代码，则可以选择 QPython（http://qpython.c*m/），这是 Android 平台的 Python 解释器。

在 Python 开发领域流传着这样一句话：人生苦短，我用 Python！

让我们踏上学习 Python 的征途！

习　题

1．关于 Python 语言，以下描述中正确的是（　　）。

A．运行速度快

B．版本 2 与版本 3 不兼容

C．适合做网站前、后端开发

D．易于学习，用途广泛，自动化运维、自动化测试、数据分析、机器学习都适合

2．以下不属于面向对象设计原则的是（　　）。

A．开闭原则　　B．里氏替换

C．分而治之　　D．组合复用

3．以下不属于面向对象设计原则的是（　　）。

A．迪米特法则　　B．高复用

C．单一职责　　D．依赖倒置

4．以下关于 Python 语言技术特点的描述中，错误的是（　　）。

A．Python 比大部分编程语言具有更高的软件开发产量和简洁性

B．Python 语言是解释执行的，因此执行速度比编译型语言慢

C．Python 是脚本语言，主要用作系统编程和 Web 访问的开发语言

D．对于需要更高执行速度的功能，如数值计算和动画，Python 语言可以调用 C 语言编写的底层代码

5．下面属于"对象"的是（　　）。

A．封装　　B．规则

C．属性　　D．继承

6．属于结构化程序设计原则的是（　　）。

A．模块化　　B．可继承性

C．可封装性　　D．多态性

7．在 Python 语言中，可以作为源文件后缀的是（　　）。

A．png　　B．pdf

C．py　　D．ppt

8．在 Python 语言中，用来安装第三方库的命令或者工具是（　　）。

A. install　　　　　　　　　B. pip
C. PyQt5　　　　　　　　　 D. pyinstaller

9. 下面描述中，正确的是（　　）。

A. 软件是程序、数据与相关文档的集合　　B. 程序就是软件
C. 软件既是逻辑实体又是物理实体　　　　D. 软件的运行不一定对计算机具有依赖性

10. 在面向对象方法中，将数据和操作置于对象的统一体中的实现方式是（　　）。

A. 结合　　　　B. 抽象
C. 封装　　　　D. 隐藏

实　验

实验 0.1　在 Windows 操作系统中安装 Python 运行环境

【问题】 如何在 Windows 10 操作系统中安装 Python 3.7 运行环境？

① 目前，主流桌面操作系统为 Windows，我们选择 Windows 10 版本。

② 目前，Python 主要的版本有 Python 2.7 和 Python3.7。2020 年，Python 2.7 停止了更新，所以我们选择 Python 3.7 的版本。

【方案】

① 在 Python 官网下载对应操作系统的 Python 安装文件。

② 在本地安装 Python 程序。

③ 配置计算机的环境变量，使 Python 命令在终端中全局有效。

④ 在终端中通过命令验证运行环境是否安装成功。

【步骤】 实现本实验需要按照如下步骤进行。

步骤一：在 Python 官网下载安装程序。

① 在浏览器中输入 Python 官网地址：https://www.python.org，在导航栏菜单中单击 Downloads 按钮，进入下载页面。

② 选择对应的操作系统，本实验选择 Windows。

③ 选择对应的 Python 版本下载到本地，本实验选择 64 位的 Python 3.7.3。

步骤二：在本地安装 Python 程序。

① 找到下载到本地的安装文件，执行安装，一直单击“下一步”按钮即可。

② 在安装过程中，需要记住 Python 的安装目录，后期可能会使用到。

③ 勾选“Add Python 3.7 to PATH”复选框，可以自动将 Python 的执行命令添加到系统环境变量中。如果忘记勾选，也可以在安装完成后通过手动配置环境变量的方式，将 Python 执行命令添加到系统中。

步骤三：配置系统环境变量。

① 右键单击“计算机”，在弹出的快捷菜单中选择“属性”命令。

② 在出现的对话框中选择“高级系统设置 → 环境变量”，然后在出现的对话框的“系统变量”中选择“Path”，再选择“编辑→编辑文本”。

③ 在变量栏中复制安装的 Python 路径即可。

步骤四：验证系统环境变量是否成功。

打开终端，在终端中输入如下命令（下面出现的命令提示符“$”表示 Linux 环境）：

```
python -V
```

如果成功输出 Python 3.7.3 版本，那么表示环境成功安装。

实验 0.2　Python 环境下的三种运行模式

【问题】 在 Python 中如何运行代码？有几种常用的运行模式？

① 交互解释器模式（REPL）运行代码。

② 脚本模式运行代码。

③ 集成开发环境（IDE）运行代码。

【方案】

① 需要配置好环境变量。

② 在终端中输入“python”命令，即可进入交互解释器模式。

③ 在 Windows 环境下新建 Python 文件，并通过命令在终端中运行出结果。

④ 如果遇到中文编码问题，那么需要通过 Linux 命令给予指令声明。

【步骤】 实现本实验需要按照如下步骤进行。

步骤一：在本地配置好环境变量（可参考实验 0.1）。

步骤二：交互解释器模式运行代码。

① 在搜索框中输入“cmd”，调出命令提示符窗口，输入“python”命令。

② 回车即可进入交互解释器模式，命令提示符由“$”变为“>>>”。

③ 在交互解释器模式可以运行简单的算术运算代码，回车就能在控制台中打印出结果。

④ 如果想在控制台打印“Hello, Python”，就只需输入

```
print("Hello, Python!")
```

⑤ Python 中隐藏着很多彩蛋，最著名的是《Python 之禅》，通过“import this”命令就可以打印。

⑥ 通过 exit 或 quit 函数，或者按快捷键 Ctrl+D 即可快速退出交互解释器模式（命令提示符由“>>>”变为“$”）。

步骤三：脚本模式运行代码。

① 创建记事本文档，从中编写想要运行的代码。

② 保存文件，文件名需要以“.py”为后缀名。

③ 打开命令提示符，通过“python hello.py”命令调用并执行该文件，就可以打印程序的结果。

还有一种运行方式，是在当前目录下通过“./hello.py”命令运行，这时提示“Permission denied”权限没有被定义，权限不够。所以，我们需要给文件增加可执行权限，通过“sudo chmod +x hello.py”命令，输入管理员密码（隐藏不可见）。再次通过“./hello.py”命令运行代码，发现权限问题解决了，但又出了问题，找不到文件路径。接下来，给文件添加解释器说明，告诉计算机去哪里找到文件路径。打开文件，从中添加代码，完成后保存。再次通过“./hello.py”命令运行代码，就可以打印了。

上述操作的环境为 Linux 系统，命令“sudo”表示执行指令。

实验 0.3　创建虚拟环境

【问题】 虚拟环境可以保护原有的运行环境不受破坏，可以对不同版本进行隔离，所以我们需要创建虚拟环境。

① 如何在 Linux 操作系统下安装虚拟环境？

② 如何在 Windows 操作系统下安装虚拟环境？

【方案】

① 在 Linux 操作系统下，利用“python -m venv”虚拟目录名称进行创建。

② 在 Windows 操作系统下，同样利用“python -m venv”虚拟目录名称进行创建，只不过需要通过 activate 进行激活。

【步骤】 实现本实验需要按照如下步骤进行。

步骤一：在 Linux 操作系统下创建虚拟环境。

① 在搜索框中输入“cmd”，调出命令提示符窗口。

② 输入“python -m venv venv”命令，如果安装了多个 Python 环境，那么需要指定 Python 版本（如“python3 -m venv venv”）。

③ 通过“source venv/bin/activate”命令激活虚拟环境，当最前方出现一组圆括号并且是创建的虚拟环境名时，说明虚拟环境安装成功。

④ 在虚拟环境中安装第三方库和模块，pylint 是检查语法规范的第三方模块。

⑤ 安装格式化代码的模块 autopep8。

⑥ 关闭虚拟环境，使用“deactivate”命令，最前方的圆括号消失。

步骤二：在 Windows 操作系统下创建虚拟环境。

① 在搜索框中输入“cmd”，调出命令提示符窗口。

② 输入“python -m venv venv”命令，如果安装了多个 Python 环境，那么需要指定 Python 版本（如“python3 -m venv venv”）。

③ 通过“venv\Scripts\activate.bat”命令激活虚拟环境。

④ 通过“python -V”命令检验查看当前虚拟环境中 Python 的版本信息（激活后的虚拟环境，若在命令提示符最前方多了一组圆括号，其中是我们创建的虚拟环境名称“venv”，则证明创建成功）。

⑤ 创建成功后，就可以在虚拟环境中编写我们的代码了。

⑥ 退出虚拟环境的命令是“venv\Scripts\deactivate.bat”（退出后左侧的小括号消失）。

第 1 章　Python 语法基础

熟悉 Python 编程环境后，我们就可以编写简单的 Python 程序了，但是从哪儿入手呢？学习一门外语通常从简单的字词句开始，学习程序设计语言也一样。一个 Python 程序就是包含多条 Python 语句的程序模块，语句是 Python 程序的基本构成单位。一条语句由若干表达式构成，而表达式由操作数和运算符构成。操作数具有多种数据类型，运算符则有算术运算符、比较运算符、逻辑运算符、成员和身份运算符等。例如，"1+1" 就是一个表达式，"1" 是整数型的操作数，"+" 是算术运算符，表达式可以构成赋值语句，如 "s=1+1"。本章通过介绍最基本的标识符、关键字来讲述 Python 语言的基础语法。

1.1　基础语法

学习 Python 基础语法，掌握编写代码需遵循的基本规范，养成良好的编程习惯，这对于提高代码的可读性和代码的后期维护非常重要。

1．标识符

用计算机语言编写程序就像用英语写文章，首先要记住常用的单词，然后才能借助这些单词拼接成语句，由语句进而组织为作文，作文就相当于我们的程序。

Python 程序的各组成要素需要命名，如 "s=1+1" 中的 s 就是一个变量的名称，名称必须为有效的标识符，标识符有严格的规范：必须由字母开头，后跟字母、数字、下画线。字母区分大小写，a 和 A 是两个完全不同的符号。数字不能作为标识符的开头。

2．关键字

Python 语言中有一些固定的英文单词已经被征用，这些单词称为保留关键字，用户不能将其作为标识符使用，否则会引发冲突。保留关键字共 33 个，如表 1-1 所示。

在 Python 中导入 keyword 库，通过 keyword 对象的 kwlist 属性可以查看 Python 关键字，也可以用 iskeyword 方法判断某个单词是否为关键字，如果是，就返回真，否则返回假。

【例 1-1】 查看 Python 关键字。

```
>>>import keyword
>>>print(keyword.kwlist)
```

表 1-1　保留字

and	as	assert	break	class	continue
def	del	elif	else	except	false
finally	for	from	global	if	import
in	is	lambda	none	not	nonlocal
or	pass	raise	return	true	try
while	with	yield			

```
['False', 'None', 'True', 'and', 'as', 'assert', 'async', 'await', 'break', 'class',
  'continue', 'def', 'del', 'elif', 'else', 'except', 'finally', 'for', 'from', 'global',
  'if', 'import', 'in', 'is', 'lambda', 'nonlocal', 'not', 'or', 'pass', 'raise', 'return',
  'try', 'while', 'with', 'yield']
>>>print(keyword.iskeyword("with"))
True
>>>print(keyword.iskeyword("true"))
False
```

3．缩进格式

缩进是指在某些语句前空若干空格，默认为 4 个空格，很像中文文章每个自然段开头空两格。Python 程序通过严格的缩进约束其框架结构，借助缩进表达不同代码之间的层级关系，每缩进一层表示它是上一层代码的子集，由此构成一级代码、二级代码、三级代码等。Python 程序支持无限级的层级嵌套。

【例 1-2】 缩进格式。

```
sum=0
for i in range(1, 11):
    sum = sum+i                                  # 用缩进表达层级
print(sum)
```

4．换行

如果代码比较长，需要若干行才能写完，就需要换行，即物理上有若干行但逻辑上仅属于一行。换行有 3 种方法。

第一种方式：用“\”作为换行符，就是通过“\”将语句拆分成多行。

【例 1-3】 换行。

```
nums = 1+2+\
    3+4
print(nums)
```

第二种方式：遇到三种特殊的符号即{ }、[ ]、( )时，可以直接将一行语句拆分成多行。这 3 种符号分别代表 Python 的三种数据结构。例如：

```
nick_name = ['xiaoming','xm',
             'misha','daming']
print(nick_name)
```

第三种方式：通过三引号（就是三个单引号或者三个双引号），但是必须成对出现。

【例 1-4】 通过三引号换行注释。

```
poem='''  静夜思
        床前明月光,
        疑是地上霜,
        举头望明月,
        低头思故乡。'''
print(poem)
```

5. 注释

注释就是备注，是程序员在代码中加入的说明或提示信息，用于提高代码的可读性。编译或解释程序遇到注释就会将其自动忽略，即注释不会被执行。Python 程序使用“#”作为单行注释开头，所以当不想执行某行语句时，只要加“#”，改成注释即可。

可以同时对多行进行一次性注释。当注释很长、一行写不下时，只要用三个单引号或者三个双引号括起来，就是一个多行注释。多行注释通常用来描述文档或者函数的功能，写在文档的最上方或者函数的首部，这样当打开这个文档时，就能看到文档的说明。

注释还能帮助标记一些待办事项。例如，用单行注释加关键字 todo：

```
# todo(leguan):这个归你了, 小明, 长恨歌。
```

表示这是 leguan 做的待办标注，由小明做这件事。PyCharm 编辑器会收集项目中所有的 todo（如图 1-1 所示），单击左下角的“TODO”按钮，将弹出代办事项，再单击其中的“todo”，就会快速定位到项目中待办标注位置。

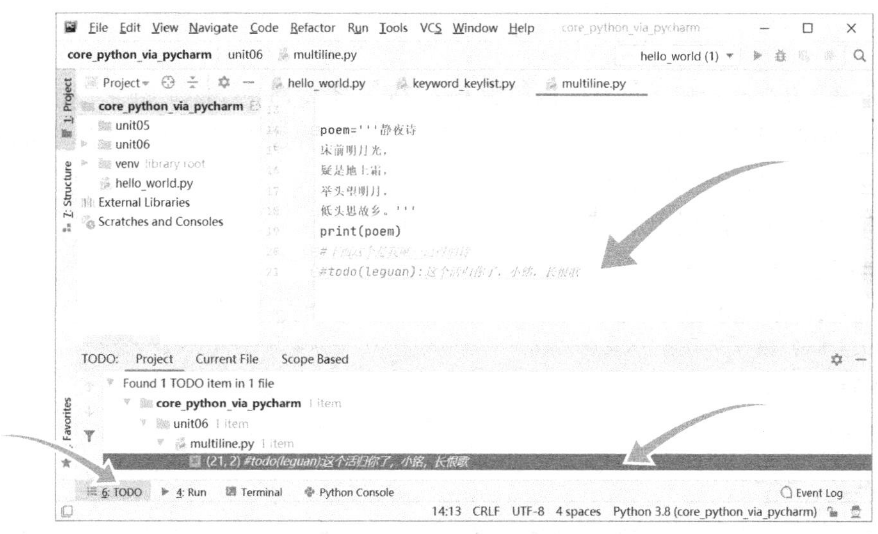

图 1-1 待办事项

1.2 基本输入和输出

计算机中的输入和输出的概念通常是指内存和外部设备的交互。

常见的输入是从键盘或鼠标输入信息到计算机中。程序运行过程中，直接读取外存或者网络上的文件，将文件内容读入内存也是输入。

常见的输出是通过屏幕或打印机输出结果，还有一些不常见的输出，如将系统运行的操作日志以文件的形式保存到外存。

1．输入函数 input()

语法格式如下：

```
<变量> = input([提示信息])
```

在获得用户输入前，input()函数可以包含一些提示信息，提高输入时的界面友好性和准确性。注意，不管用户输入的是字符还是数字，函数返回值一定是字符串类型。

在 PyCharm 窗口的底部单击“Python Console”，进入控制台窗口，交互模式下的代码执行如图 1-2 所示。

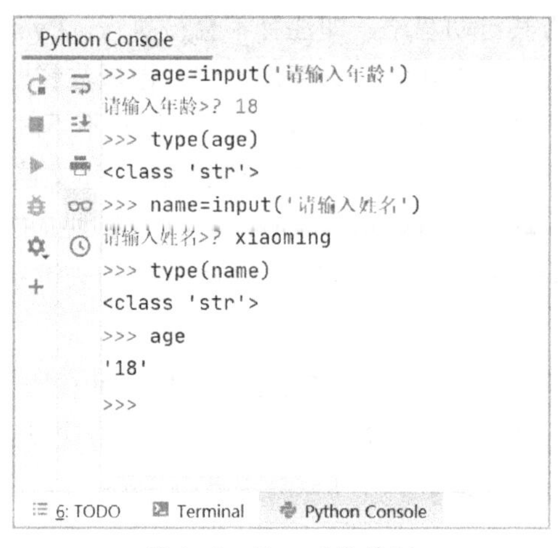

图 1-2　输入函数举例

无论输入年龄还是输入姓名，用函数 type()显示类型都是<class 'str'>，观察变量 age 的值是'18'，说明函数返回值是字符串类型。若想把年龄 18 岁加 1 岁，必须先做类型转换的操作，把字符串类型'18'转换为数值类型 18。

Python 语言中有一个比较特殊的函数 eval()。

【例 1-5】 eval 函数

```
>>>age=eval(input('请输入年龄'))
请输入年龄>? 18
>>>age
18
>>>type(age)
<class 'int'>
```

eval()函数将返回的值转变为数值类型 18 了。eval()函数的含义是把这个字符串文本中的内容当作一个标准的 Python 代码执行，并返回结果。相当于在执行 eval('18')时，把'18'两边的单引号去掉，再执行其中的表达式，即 18，客观上把字符串类型'18'变成了数值类型 18。

但是下面的程序会出错：

```
>>>name=eval(input('请输入姓名'))
请输入姓名>? xiaoming
Traceback (most recent call last):
   File "<input>", line 1, in <module>
   File "<string>", line 1, in <module>
NameError: name 'xiaoming' is not defined
```

因为这样的操作相当于执行 eval('xiaoming')，把单引号去掉后，变成了 xiaoming，这个被执行的表达式是一个变量，由于事先没有为这个变量赋值，因此系统报错，变量 xiaoming 没有定义。

若先给 name 变量赋值，使用 eval()函数就不会报错，如：

```
>>>name = "xiaoming"
>>>eval('name')
xiaoming
```

2．输出函数 print()

输出函数 print()用于将程序结果输出到屏幕上。语法格式如下：

```
print(*objects, sep=' ', end ='\n', file = sys.stdout, flush = False)
```

参数说明：

- *objects：表示可以输出多个值，值之间用“,”分隔。
- sep：输出项之间的分割符，默认为空格。
- end：输出结束符，默认为回车，'\n'是转义符，代表换行。

【例 1-6】 print()函数。

```
>>>print('hello', 'world', sep=',', end='!')
hello, world!
```

当需要把内容按照一定的格式输出时，应先设定好一个输出的模板，再按位置进行填充，即格式化输出。例如：

```
>>> print('我叫%s，今年%d 岁。'%('derek', 18))
我叫 derek，今年 18 岁。
```

设置好模板'我叫%s，今年%d 岁。'，姓名和年龄处用占位符%s 和%d 表示，s 和 d 分别表示字符串类型和整数类型。具体填充值用“()”括起来，并按先后顺序排列。

print( )函数实际调用了 sys.stdout.write(obj +'\n')方法，即重定向方法。

3．重定向输入和输出 stdin( )和 stdout( )

stdin( )和 stdout( )函数可以更好地定制输入和输出，包括重定向到文件。

输入重定向的方法有：sys.stdin.readlines( )，sys.stdin.readline( )，sys.stdin.read( )。

例如，在当前目录下新建文件 the_zen_of_python.txt，文件内容为《Python 之禅》，将其作为输入数据读入程序，然后输出到屏幕。

【例 1-7】 重定向输入。

```
import sys

with open('the_zen_of_python.txt', 'r') as zop:
    sys.stdin = zop
    print(sys.stdin.readlines())
```

程序中的 open()函数根据文件名和文件打开模式打开该文件用于读入数据，文件打开后作为一个数据对象被命名为 zop。“sys.stdin = zop”就是把输入像管道一样切换成了文件，sys.stdin.readlines()把所有的文件内容全部读入并作为 print()的参数，输出到屏幕。

同理，输出重定向方法如下。

【例 1-8】 重定向输出。

```
import sys

with open('readme.md', 'w') as fo:
    sys.stdout = fo
    print('hello world')
```

上述代码运行后字符串'hello world'被写入文件 readme.md。

1.3 变量的声明和使用

变量，即变化的量，在程序运行过程中，它的值可以不断发生变化。

1. 变量的命名

Python 变量命名遵循标识符的命名规则，即以字母开头，后跟字母、数字和下画线。字母区分大小写，不能使用保留字作为变量名。例如，$abc、1_Num、class 等是不合法的变量名，a、_name、myAge、my_Name、num1、num_等是合法的变量名。

但是合法并不意味着好，好的变量命名首先要规范和严谨，其次要遵循见名知意的原则。变量命名通常用小写字母，单词之间用“_”连接，即蛇形命名法，如变量员工的姓名可以命名为 employee_first_name。变量命名后，就可以在程序中声明这个变量并且使用。

【例 1-9】 变量命名规范。

```
PI=3.14
circle_radius = 10
class Shape:
    @staticmethod
    def get_circle_area():
        return PI*circle_radius*circle_radius
```

上面的代码读不懂没有关系，关注变量命名规范。常量 PI 全部大写；circle_radius 变量是圆的半径；Shape 是类名，首字母大写；get_circle_area 是方法名，全部为小写字母，用蛇形命名法。这就是规范的命名。特别提醒，虽然不按照命名规范编写代码，程序不会出错，但是一定要养成良好的命名习惯。

2. 变量赋值

在使用变量之前需要给变量传入数据，这就是变量赋值。

变量赋值的格式如下：

```
变量 = 表达式
```

“=”是赋值运算符，用来将右边表达式的值赋给左边的变量。例如：

```
a = 1
my_name = "小明"
```

理解赋值在计算机内存中如何实现非常重要。当运行 a = 'ABC'时，Python 解释器做了两件事情：在内存中创建了一个字符串'ABC'；在内存中创建了一个名为 a 的变量，并把它指向字符串'ABC'。

也可以把一个变量 a 赋值给另一个变量 b，操作“b = a”实际上是把变量 b 指向了变量 a 所指向的数据。

【例 1-10】 变量赋值。

```
>>>a='ABC'
>>>b=a
>>>a='XYZ'
>>>print(b)
```

最后一行打印出变量 b 的内容到底是'ABC'还是'XYZ'呢？如果从数学意义上理解，就会错误地得出 b 与 a 的内容相同，都是'XYZ'，但实际上 b 的内容是'ABC'，一行一行地执行代码，就可以清楚知道发生了什么。

执行“a='ABC'”，解释器创建了字符串'ABC'和变量 a，并把 a 指向'ABC'，如图 1-3 所示。执行“b=a”后，解释器创建了变量 b，并把 b 指向 a 指向的字符串'ABC'，如图 1-4 所示。继续执行“a = 'XYZ'”，解释器创建了字符串'XYZ'，并把 a 的指向改为'XYZ'，但 b 并没有更改（如图 1-5 所示），所以最后打印变量 b 的结果自然是'ABC'。

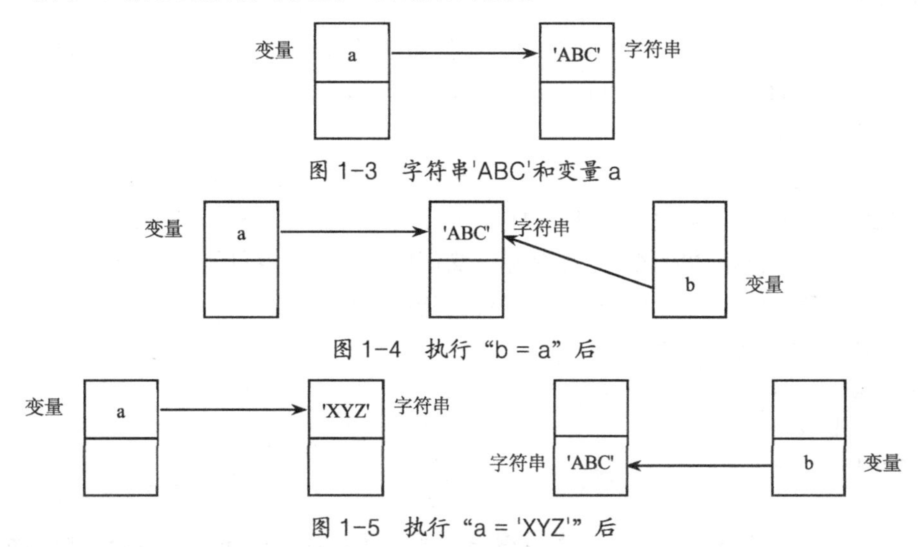

图 1-3 字符串'ABC'和变量 a

图 1-4 执行“b = a”后

图 1-5 执行“a = 'XYZ'”后

Python 语言不需要声明变量的类型，但变量使用之前必须先赋值。

理解了赋值在计算机内存中的实现，也就不难理解为什么 Python 语言中的数据类型是动态数据类型，变量的类型在程序运行中可以发生变化。

【例 1-11】 动态数据类型。

```
>>>age=18
>>>age='男'
>>>age
'男'
```

变量 age 的数据类型随着所赋值对象类型的变化而变化。

另外，Python 语言中表达式的值可以存放在临时空间中，通过临时变量名“_”访问。

```
>>>1+2
3
```

```
>>>_
3
>>>type(_)
<class 'int'>
>>>type(59.9)
<class 'float'>
>>>isinstance(3, int)
True
```

函数 type()的作用是返回对象的数据类型，函数 isinstance( )的作用是判断一个对象是否为已知类型。以上代码中，type(59.9)的返回结果是<class 'float'>，表示数值 59.9 是单精度类型。

函数名也可以像表达式一样赋值给变量。

【例 1-12】 函数名也是变量。

```
>>>print("hello xiaoming")
hello xiaoming
>>>show = print
>>>show("hello xiaoming")
hello xiaoming
```

通过“show=print”，print()函数作为一个值传递给了另一个变量 show，这意味着在内存中除了可以存放通用的数据类型，也可以存放函数，并作为值进行调用。最后 show()函数的功能与 print()函数的一模一样。

Python 语言支持复合赋值，如“x += y”表示“x = x + y”；还支持连续赋值，如“a = b = c = 3”，即变量 a、b、c 都被赋值为 3，也可以按顺序赋予不同的值，如“a, b, c=1, 2, 3”。

给多个变量赋不同值的时候，一个常见又简便的应用就是变量值的交换，即“a, b = b, a”，因为支持同步赋值，输出的时候，变量 a、b 的值就交换了。

【例 1-13】 变量同步赋值。

```
>>>a, b = 1, 2
>>>a, b = b, a
>>>print(a, b)
2, 1
```

变量在使用时会占据内存空间，若该变量不需要了，应及时删除，以释放内存空间，如 del(b)把变量 b 删除。

与变量对应的就是常量。所谓常量，就是固定不变的量，如圆周率 3.14、自然数 2.7 都是常量。Python 程序中约定用大写字母表示自定义常量。

【例 1-14】 大写字母表示自定义常量。

```
import math

PI = math.pi
radius = 5
circle = 2*PI*radius
print(circle)
```

其中，“import math”表示导入数学函数库 math。

1.4 数值类型

1.4.1 数值型数据类型

Python 语言的数据类型是动态数据类型，即在整个程序运行过程中，变量的数据类型可以自由地发生变化。那么，Python 语言中具体的数据类型有哪些呢？我们先介绍数值类型，数值类型包括：整型、浮点型、布尔类型、复数类型。

1．整型

整型，就是整数，可以是正数、零、负数，如 1000、9527、-768、0。

Python 语言中，整数无表达范围限制，只要内存够用，无论多大的数都能精确表达。

2．布尔类型

布尔类型即逻辑型，表示真和假两种对立的状态。True 表示真（条件满足或成立），False 表示假（条件不满足或不成立）。在 Python 语言中，布尔类型是整型的子类，True 就是 1，False 就是 0。布尔类型还支持加减运算，1.5 节将详细介绍。

3．浮点型

浮点型数与数学中的实数概念一致，表示带有小数的数值，如 3.14、-3.14e3、314.0。其中，-3.14e3 是一种科学计数法，表示-3.14×10^3。

4．复数类型

复数类型与数学中的复数概念一致，表示为“real+imag J”，real 是实数部分，imag 是虚数部分，而且实部和虚部都是浮点数。虚部必须有后缀 J 或 j。复数类型提供了一些常用属性和方法，如用.real 和.imag 属性可以获取实部和虚部，函数 conjugate()用于求共轭复数。

【例 1-15】 复数。

```
>>>cp = 1.0+0.3j
>>>print(cp, type(cp), cp.real, cp.imag, cp.conjugate())
(1+0.3j) <class 'complex'> 1.0 0.3 (1-0.3j)
```

5．类型转换

不同的数据类型可以相互转换。常用的类型转换函数有：int()，转换为整型；float()，转换为浮点型；complex()，转换为复数型。类型转换函数的使用（编码转字符函数 chr()和字符转编码函数 ord()在 1.8 节中介绍）如下。

（1）int()函数

作用：将一个字符串或者数字转换为整型。

语法格式如下：

```
int(obj, base = 10)
```

返回值：整型。

参数说明：obj 为数字或者字符串，base 为进制，有效的进制基数是 0～36。

【例 1-16】 int()函数。

```
>>>int(32.5)
32                                        # 取整数部分
>>>int('32')
32
>>>int('32f')
(略)                                      # 运行结果为报语法错
>>>int('1011', base = 2)
11                                        # 把二进制数 1011 转换为十进制数，结果为 11
```

int()函数通常用于把从键盘输入的数据转为整型数。例如：

```
>>>num_a=int(input('请输入第一个数字：'))
请输入第一个数字：4
>>>num_b=int(input('请输入第二个数字：'))
请输入第二个数字：5
>>>print(num_a,'+', num_b, '=', num_a+num_b)
4 + 5 = 9
```

（2）float()函数

作用：将一个字符串或者数字转换为浮点型。

语法格式如下：

```
float(obj)
```

返回值：浮点型。

参数说明：obj 为数字或者字符串。

【例 1-17】 float()函数。

```
>>> float(32)
32.0
>>> float('32')
32.0
```

（3）complex()函数

作用：创建一个值为 real+imag J 的复数或者把一个字符串或数字转化为复数。如果第一个参数为字符串，则不需要指定第二个参数。

语法格式如下：

```
complex(real[, imag])
```

返回值：复数。

参数说明：real 为实部，imag 为可选虚部，默认为 0。

【例 1-18】 complex()函数。

```
>>>complex('1+3j')
(1+3j)
>>>complex(2,3)
(2+3j)
>>>complex(1.2)
(1.2+0j)
```

数据类型也体现在日常生活中，如年龄一般使用整型，而工资、身高、体重使用浮点类型，性别则习惯使用布尔类型。所以，数据类型在使用时需具体问题具体分析。

1.4.2 内置数值型函数

日常生活中，人们通常使用十进制计数，而计算机中使用二进制、八进制和十六进制，这些都属于进位记数制。

1．进制转换函数

在 Python 语言中，用字符串的形式表达不同进制数，规定二进制用 0b 引导，八进制用 0o 引导，十六进制用 0x 引导，大小写字母均可使用。如“0o711”表达八进制数 711。

表 1-2 列出了十进制数转换为其他进制数的函数。

表 1-2 十进制数转换为其他进制数

函 数	说 明	举 例
bin(i)	将十进制数转换成二进制数，参数 i 为传入的十进制数	bin(18) '0b10010'
oct(i)	将十进制数转换成八进制数，参数 i 为传入的十进制数	oct(30) '0o36'
hex(i)	将十进制数转换成十六进制数，参数 i 为传入的十进制数	hex(87) '0x57'

int(s, base=n)函数将其他进制数转换成十进制数。参数 s 是需要转换的其他进制的数字字符串，参数 base 为进制说明，如表 1-3 所示。

表 1-3 其他进制数转换成十进制数

二进制 ⇨ 十进制	八进制 ⇨ 十进制	十六进制 ⇨ 十进制
>>>v = '0b1111011' >>>num = int(v, 2) >>>print(num) 123	>>>v = '0o11' >>>num = int(v, 8) >>>print(num) 9	>>>v = '0x12' >>>num = int(v, 16) >>>print(num) 18

2．常见内置函数

Python 解释器提供了一些内置函数，有 6 个函数与数值运算相关，如表 1-4 所示。

表 1-4 常见内置函数

函 数	描 述
abs(x)	求 x 的绝对值
max(x1, x2…, xn)	求 x1, x2, …, xn 的最大值，n 没有限定
min(x1, x2…, xn)	求 x1, x2, …, xn 的最小值，n 没有限定
divmod(x, y)	(x//y, x%y)，输出商和余数的二元组形式
pow(x, y[, z])	求 x^y，同 x**y；加入 z 参数，表示(x**y)%z，%为求余运算
round(x, [ndigits])	对 x 四舍五入，保留 ndigits 位小数

【例 1-19】 常见内置函数。

```
>>>abs(-5)
5
>>>max(1, 3, 5, 4, 2)
5
>>>max('xiaoming', 'XiaoMing')                # 比较的是 ASCII 值，从左逐个往右比较
'xiaoming'
```

```
>>>min(1, 3, 5, 4, 2)
1
>>>min('leguan tuatara')                      # 逐个往右比较，在这个字符串中空格符最小
' '
>>>divmod(17, 5)
(3, 2)
>>>pow(5, 3)
125
>>>round(3.5)                                 # 当整数是奇数时，遇到 0.5 就进位
4
>>>round(4.5)                                 # 当整数是偶数时，遇到 0.5 不进位
4
>>>round(3.49)
3
>>>round(4.51)
5
```

1.4.3 算术运算符

Python 提供了 9 个基本算术运算符，由 Python 解释器直接提供，故也称为内置算术运算符，如表 1-5 所示。

表 1-5 内置算术运算符

算术运算符	描 述
x+y	x 与 y 之和
x-y	x 与 y 之差
x*y	x 与 y 之积
x/y	x 与 y 之商
x//y	x 与 y 的整数商，即不大于 x 与 y 之商的最大整数
x%y	x 与 y 之商的余数，也称为模运算
−x	x 的负数
+x	x 本身
x**y	x 的 y 次幂，即 x^y

【例 1-20】 基本算术运算符。

```
>>>1+2+3+4+5
15
>>>'xiao'+'ming'
'xiaoming'
>>>'*'*10                                     # 字符'*'被重复 10 次
'**********'
>>>a, b = 6, 2
>>>c=a/b                                      # 商是浮点类型
>>>print(c)
3.0
>>>a, b = 7, 4
```

```
>>>c = a%b                              # 求余数
>>>print(c)
3
>>>a, b = 3, 4
>>>c = a**b                             # 返回 x 的 y 次幂
>>>print(c)
81
>>>a, b = 5, 2
>>>c = a//b                             # 整数商，返回整数
>>>print(c)
2
>>>5//2.0                               # 若操作数是浮点型，则返回的也是浮点型
2.0
>>>a, b = 9, -2                         # 注意向下取整
>>>c = a//b
>>>print(c)
-5
```

当进行多个运算符的连续运算时，涉及运算符的优先级，表 1-6 是常用运算符的优先级。

表 1-6　运算符的优先级

<table>
<tr><th>优先级</th><th>运算符</th><th>说　明</th><th>优先级</th><th>运算符</th><th>说　明</th></tr>
<tr><td>1</td><td>**</td><td>指数</td><td>8</td><td><=、<、>、>=</td><td>关系运算符</td></tr>
<tr><td>2</td><td>~、+、-</td><td>按位取反，正负符号</td><td>9</td><td>==、!=</td><td>等于/不等于运算符</td></tr>
<tr><td>3</td><td>*、/、%、//</td><td>乘、除、取模、取整数</td><td rowspan="2">10</td><td rowspan="2">=、%=、/=、//=
-=、*=、**=</td><td rowspan="2">赋值运算符</td></tr>
<tr><td>4</td><td>+、-</td><td>加法、减法</td></tr>
<tr><td>5</td><td>>>、<<</td><td>按位右移、左移</td><td>11</td><td>is、is not</td><td>身份运算符</td></tr>
<tr><td>6</td><td>&</td><td>位与运算</td><td>12</td><td>in、not in</td><td>成员运算符</td></tr>
<tr><td>7</td><td>^、|</td><td>位异或、位或运算</td><td>13</td><td>not、and、or</td><td>逻辑运算符</td></tr>
</table>

1.5　布尔类型

布尔类型用来表示真和假两种对立的状态。True 表示真，即条件满足或成立，False 表示假，即条件不满足或不成立。

1. 布尔类型与整型

布尔类型是整型的子类型，True 用 1 表示，False 用 0 表示。因此，布尔类型可以参与算术运算。

【例 1-21】 布尔类型参与算术运算。

```
>>>True == 1
True
>>>False == 0
True
>>>True+1
2
```

```
>>>False+1
1                                          # 不建议使用布尔类型进行数值运算，会引起代码混乱
>>>True+False
1
>>>isinstance(True,int)
True                                       # 判断True是否为int类型
```

2．bool()函数

布尔类型函数 bool(obj)用来判断 obj 为真还是为假，返回 True 或 False。

以下 4 种情况，函数返回值为假，即 0：① obj 为 None、False；② obj 是任何数值类型的 0，如 0、0.0、0 j；③ obj 为任何空的序列，如''、( )、[ ]、{ }；④ 为类定义__nonzero__或__len__方法且在返回整数零或布尔值 False 时。

除此之外，bool(obj)都返回真。

【例 1-22】 bool 函数。

```
>>>bool(1)                                 # 运行结果：True
>>>bool(False)                             # 运行结果：False
>>>bool(-1)                                # 运行结果：True
>>>bool('')                                # 运行结果：False
>>>bool(' ')                               # 运行结果：True，空格是字符
>>>bool(None)                              # 运行结果：False
>>>bool('False')                           # 运行结果：True，'False'是字符串
```

3．基本布尔运算

基本布尔运算有 3 种：and、or、not，优先级由高到低分别为 not、and、or。

（1）与、或、非运算（如表 1-7 所示）

与运算：只有两个布尔值都为 True 时，计算结果才为 True。

或运算：只要有一个布尔值为 True，计算结果就是 True。

非运算：把 True 变为 False，或者把 False 变为 True。

表 1-7　与、或、非运算

与运算	或运算	非运算
>>>True and True True >>>True and False False >>>False and True False >>>False and False False	>>>True or True True >>>True or False True >>>False or True True >>>False or False False	>>>not True False >>>not False True

4．布尔混合运算

布尔类型还可以与其他数据类型做 and、or、not 运算。

【例 1-23】 布尔混合运算。

```
>>>a=True
>>>(a and 'a=T' or 'a=F')
'a=T'
```

'a=T'和'a=F'是字符串，字符串只要非空，都代表 True。所以，表达式相当于：

```
True and True or True
```

结果肯定是 True，但为什么是'a=T'呢？这涉及布尔运算的短路问题。

5．布尔短路运算

类似电路的短路，在特殊情况下，布尔运算可以提前终止，分为 and 短路、or 短路和混合运算短路三种。

（1）and 短路

设表达式 a and b，有如下短路法则：

① 若 a 是 False，则根据与运算法则，整个结果必定为 False，此时短路发生，提前返回表达式 a 的值，表达式 b 不再执行。

② 若 a 是 True，则整个计算结果必定取决于 b，因此返回表达式 b 的值。

例如：

```
1 and 'a=T' or 'a=F'
```

按照运算规则，从左到右运算，先运算“1 and 'a=T'”，1 为真，继续看 and 运算符的右边，'a=T' 是字符串，也是真，所以返回'a=T'；继续进行 or 运算，由于 or 运算的左边已经是真，此时短路发生，运算不再往右继续，直接返回'a=T'。

（2）or 短路

设表达式 a or b，有如下短路法则：

① 若 a 是 True，则根据或运算法则，整个结果必定为 True，此时短路发生，提前返回表达式 a 的值，表达式 b 不再执行。

② 若 a 是 False，则整个计算结果必定取决于 b，因此返回表达式 b 的值。

例如：

```
1 or 'a=T' and 'a=F'
```

从左到右做运算，按照优先级，该表达式相当于

```
1 or ('a=T' and 'a=F')
```

此时对 or 运算而言，左边是 1，已经为真，就此短路。所以，返回 1。

（3）混合运算短路

Python 程序在进行布尔运算时，只要能提前确定计算结果，就不会往后继续运算，直接返回结果。

【例 1-24】 布尔混合运算短路。

```
>>>1 and 3 or 5
3                        # 先做 and 运算，返回 3，此时对 or 来说，左边已经为真，就直接短路，结果为 3
>>>1 or 3 and 5
1                        # 从左往右，对 or 运算来说，左边已经为真，就直接短路，结果为 1
>>>1 and 3 and 5
5
>>>1 or 3 or 5
1
```

1.6 比较运算符

1. 比较运算符

Python 语言提供了 6 个比较运算符：>、>=、<、<=、==、!=。

作用：比较两个对象之间的关系，返回值为布尔类型。

注意："=" 与 "==" 不一样，"=" 用来赋值，"==" 用来比较两个对象是否相等。

【例 1-25】 比较运算。

```
>>>xiaoming_age = 19
>>>leguan_age = 10
>>>print(xiaoming_age >= leguan_age)
True                                        # >=表示大于或等于
>>>print(leguan_age <= xiaoming_age)
True                                        # <=表示小于或等于
>>>xiaoming_name = 'xiaoming'
>>>xiaoming_nickname = 'xiaoMing'
>>>print(xiaoming_name == xiaoming_nickname)
False                                       # 字符串中的字母 m 和 M 的 ASCII 值不一样
```

2. 关系运算、逻辑运算的综合运用

【例 1-26】 关系运算、逻辑运算的综合运用。

```
>>>score = 82
>>>score >= 80 and score < 90
True                                        # 上述表达式也可以连写，等价于下面的表达式
>>>80 <= score < 90
True
>>>num = 1
>>>num == 1 or num == 3 or num == 5
True                                        # 表达式等价于：num in (1, 3, 5)
>>>math, English, comp = 90, 59, 88
>>>math < 60 or English < 60 or comp < 60
True                                        # 表达式等价于：any([math<60, English<60, comp<60])
>>>math < 60 and English < 60 and comp < 60
False                                       #表达式等价于：all([math>60, English>60, comp>60])
```

1.7 字符串类型

1.7.1 字符串的表示和访问

字符串是 Python 语言中最常用、最受欢迎的数据类型，是由一串字符序列构成的不可变对象。不可变即表示不可更改，如 s='xiaoming'，若变为 s='dawei'，则内存的字符串'xiaoming'并不会更改，而是在内存中新建一个字符串'dawei'，变量 s 指向了这个新字符串。原字符串'xiaoming'由于没有任何变量指向它了，会自动消亡，所占内存空间被动态回收。

1．字符串的表示方法

字符串可以用单引号''、双引号" "、三个单引号''' '''或三个双引号""" """括起来。作为字符串标识的引号必须是英文字符，而且要成对出现。

双引号内可以包含单引号，单引号内也可以包含双引号，三引号内可以包含单引号和双引号，所包含的引号都作为普通字符使用。

三引号常用于模块、类或函数的文档描述或注释。

【例 1-27】 字符串的表示。

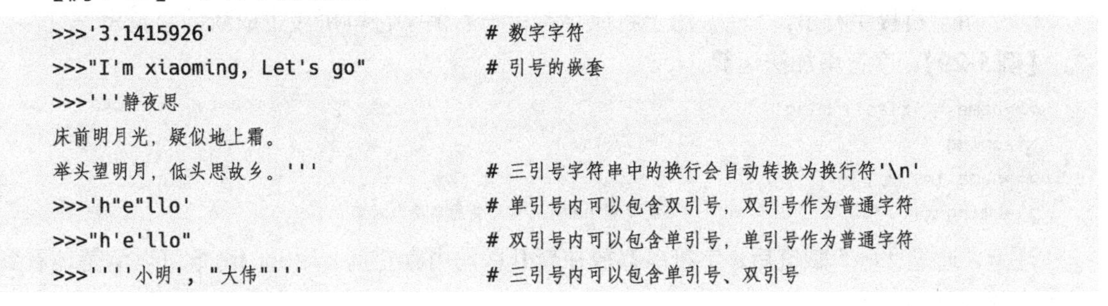

```
>>>'3.1415926'                          # 数字字符
>>>"I'm xiaoming, Let's go"             # 引号的嵌套
>>>'''静夜思
床前明月光，疑似地上霜。
举头望明月，低头思故乡。'''              # 三引号字符串中的换行会自动转换为换行符'\n'
>>>'h"e"llo'                            # 单引号内可以包含双引号，双引号作为普通字符
>>>"h'e'llo"                            # 双引号内可以包含单引号，单引号作为普通字符
>>>''''小明'，"大伟"'''                  # 三引号内可以包含单引号、双引号
```

2．字符串的访问

字符串内的字符用索引来访问（如图 1-6 所示），索引常称为下标。字符串的下标可以从 0 开始顺序递增表示，也可以从-1 开始逆序递减表示。第一个字符的索引是 0，最后一个字符的索引是-1。访问字符时下标不能越界，如针对图 1-6，访问 a[5]、a[-6]会触发越界错误。

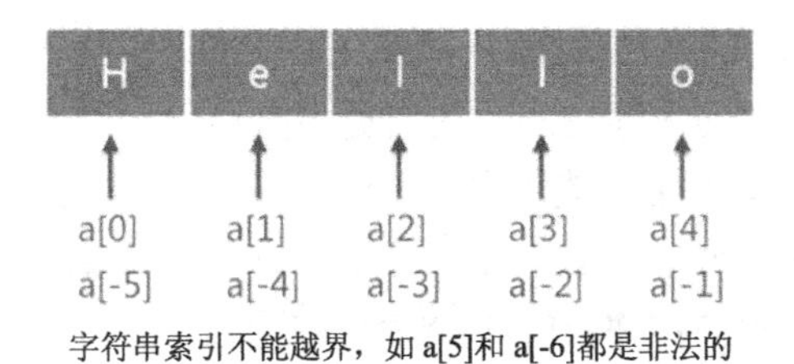

图 1-6 字符串的访问

3．字符串的切片

切片是访问字符串中的一部分，返回结果还是字符串。

语法格式：

```
str[起始索引:结束索引:步长]
```

注意，切片含起始位置，但不含结束位置，这是一个“左闭右开”的区间。

【例 1-28】 字符串的访问。

```
>>>a="Hello"
>>>a[1:3]                               # 运行结果：el
>>>a[:3]                                # 运行结果：Hel
>>>a[1:]                                # 运行结果：ello
>>>a[:]                                 # 运行结果：Hello
>>>a[-4:-1]                             # 运行结果：ell
>>>a[4:0:-1]                            # 运行结果：olle
```

```
>>>a[::-1]                              # 运行结果：olleH
>>>a[0:10:2]                            # 运行结果：Hlo ，切片时不会触发越界错误
```

1.7.2 字符串的运算和内置函数

Python 解释器提供了基本的字符串运算符和与字符串处理相关的函数，可以直接使用。

1．字符串加法运算

"+" 用于拼接字符串，"+=" 用于将原字符串与右侧字符串拼接生成新的字符串。

【例 1-29】 字符串加法运算。

```
>>>name = 'xiao'+'ming'
xiaoming
>>>name += "大伟"
xiaoming大伟                            # 变量 name 指向了新的字符串对象
```

注意，通过"+="赋值后，字符串存放在新开辟的内存空间。用 id( )函数可以清楚地看到对象存放地址的更改。

```
>>>user_name = 'xiao'
>>>id(user_name)
2287755675952                           # 地址值
>>>user_name += 'ming'
>>>id(user_name)
2287755675568                           # 地址值
```

显然，变量 user_name 所指向的对象从地址 2287755675952 改为了 2287755675568，所以字符串的"+"操作会开辟新的内存空间，占用更多内存。

其实，只要把两个字符串放在一起，这两个字符串将自动连接为一个字符串。例如：

```
>>>msg="what's your name?" 'My name is' "xiaoming" '''Hi, xiaoming! '''
"what's your name?My name isxiaomingHi, xiaoming!"
```

建议使用 format 格式化字符串来拼接语句，稍后将详细讲解。

2．字符串乘法运算

字符串的"*"运算与数学中的乘法不同，是生成重复的字符串。同理，"*="就是生成重复后的新字符串并与原变量绑定。

【例 1-30】 字符串乘法运算。

```
>>>s = 'ABC'
>>>s * 3
ABCABCABC
>>>s *= 5                               # 等价于 s = s*5，s 的值为 ABCABCABCABCABC
```

3．简单字符串函数

len()：求字符串长度，即字符串中有多少个字符。

max()：求字符串中编码值最大的字符。

min()：求字符串中编码值最小的字符。

del()：删除字符串。

【例 1-31】 简单字符串函数。

```
message=input('请输入段落：')
print('一共输入了{}个字符'.format(len(message)))
print('其中，最小字符是{}，最大字符是{}'.format(min(message),max(message)))
del message
```

运行结果：

```
请输入段落：long long ago, there was a war between the birds and beasts.
一共输入了 60 个字符
其中，最小字符是  ，最大字符是 w
```

程序运行结果显示，输入的段落中，最小字符是空格，最大字符是 w。

del 用于删除字符串 message，一旦字符串变量被删除，内存中就不再有该字符串。

4．字符串成员运算

in：判断字符串是否包含其中。

not in：判断字符串是否不包含其中。

成员运算返回逻辑值 True 或 False。

【例 1-32】 字符串成员运算。

```
>>>name_list='xiaomingdaxiyimisharemmderekleguantuatara'
>>>print('m' in name_list)              # 运行结果：True
>>>print('ma' in name_list)             # 运行结果：False
>>>print('xiaoming' in name_list)       # 运行结果：True
>>>print('Xiaoming' in name_list)       # 运行结果：False
>>>print('derek' not in name_list )     # 运行结果：False
```

5．字符串的比较

=、>、>=、<、<=、!=这 6 个比较运算符同样适用于字符串，只是比较的是字符的编码，英文字符的编码是 ASCII 值。

【例 1-33】 字符串的比较。

```
>>>'AB' > 'ABC'                 #运行结果：False
>>>'AB' == 'ABC'                #运行结果：False
>>>'AB' != 'ABC'                #运行结果：True
>>>'AB' <= 'ABC'                #运行结果：True
```

注意，Python 3 中的汉字统一用 Unicode 编码，因此比较的依据是汉字的 Unicode 编码值。

【例 1-34】 汉字的比较。

```
>>>zf='张飞'
>>>zyd='张翼德'
>>>gy='关羽'
>>>gyc='关云长'
>>>print(zf>zyd)
True
>>>print(ord('张'), ord('飞'), ord('翼'), ord('德'))
24352 39134 32764 24503
```

汉字“飞”和“翼”的Unicode值分别为39134和32764，所以汉字字符在比较大小的时候不能简单按拼音的先后顺序。

6．字符与编码

计算机中用得最早、最广泛的字符集及其编码方案是ASCII，只有127个字符，包括大小写英文字母、数字和一些符号。为了使计算机能处理中文，我国制定了GB2312编码方案，使用2字节来编码。随着计算机的普及，世界上百种语言的编码方案陆续出现，各国（或地区）都有自己的标准，这样就不可避免地出现了冲突。Unicode编码就是为了解决传统的字符编码方案的局限而产生的，所有语言文字都统一编码，为每种语言中的每个字符设定了统一且唯一的二进制编码，以满足跨语言、跨平台进行文本转换、处理的要求。UTF-8编码是针对Unicode的一种可变长度的字符编码，把Unicode字符根据不同的数字大小编码成1～6字节，常用的英文字母被编码成1字节，汉字通常用3字节，而生僻的字符可能被编码成4～6字节。

ord()函数可以查询某个字符的UTF-8编码，而chr()函数可以把编码转换为对应的字符。

【例1-35】 字符与编码。

```
>>>chr(65), chr(90)
('A', 'Z')                              # ASCII值为65对应的字符为A，90对应Z
>>>ord('大'), ord('蜥'), ord('蜴')
(22823, 34597, 34612)                   # “大蜥蜴”对应的Unicode编码分别为22823、34597、34612
>>>chr(9808)
'♐'                                     # Unicode值从9800～9811是十二星座的图标
```

【例1-36】 输入一个整数值（0～65535），打印对应的字符。

```
code=int(input('请输入一个整数值(0~65535):'))
print(code,'对应的字符是：', chr(code))
```

运行结果：

```
请输入一个整数值(0~65535):13
13 对应的字符是：
```

编码13对应的字符不可见。其实，这是一个回车符，对于类似这样的控制字符，Python可以用转义来实现。

7．转义字符

转义字符即转换字符的含义，在字母前加'\'来表示那些不能显示的ASCII字符。如'\n'，把'\'和'n'合在一起，代表一个字符，换行符。常见的转义字符如表1-8所示。

表1-8 转义字符

转义字符	含　义	转义字符	含　义
\'	单引号	\r	返回光标至行首
\"	双引号	\f	换页
\\	反斜杠	\t	水平制表符
\n	换行	\v	垂直制表符

例如，打印路径“C:\nowhere”的语句：

```
print('C:\nowhere')
```

运行结果：

```
C:
owhere
```

显然，print()函数把'\n'作为换行符看待了。将语句修改为：

```
print('C:\\nowhere')
```

运行结果：

```
C:\nowhere                                    # 转义符'\\'代表一个反斜杠
```

例如，对“C:\Program Files\fnord\foo\bar\baz\frozz\bozz”用转义符去处理路径，格式为：

```
C:\\Program Files\\fnord\\foo\\bar\\baz\\frozz\\bozz
```

路径太过烦琐，这时可以换另一种操作方法，使用原始字符串的写法。在字符串前加前缀“r”，表示所有的字符都直接按照字面的意思来使用，如

```
r'C:\nowhere'
```

这时就不用理会转义符了，可直接表示字符串"C:\nowhere"。

【例 1-37】 原始字符串的表达。

```
>>> print(r'C:\nowhere')
C:\nowhere
>>> print(r'C:\Program Files\fnord\foo\bar\baz\frozz\bozz')
C:\Program Files\fnord\foo\bar\baz\frozz\bozz
```

1.7.3 字符串常用方法

在 Python 解释器内部，所有数据类型都封装为一个类，采用面向对象方式实现。字符串也是一个类，具有 a.b 形式的字符串处理函数，在面向对象的概念中，这类函数被称为“方法”。字符串具有 6 类共 37 个常用方法，这些方法将极大地帮助我们高效处理字符串。

1. 字符串常用方法

字符串常用方法如表 1-9 所示。

表 1-9 字符串常用方法

方 法	功 能
s.upper()	返回字符串 s 的副本，全部字符大写
s.lower()	返回字符串 s 的副本，全部字符小写
s.title()	每个单词的首字母大写
s.capitalize()	字符串首字符大写
s.swapcase()	大小写互换

【例 1-38】 字符串常用方法。

```
>>>msg='hello Beautiful PYTHON world!'
>>>print(msg.upper())
HELLO BEAUTIFUL PYTHON WORLD!
>>>print(msg.lower())
hello beautiful python world!
```

```
>>>print(msg.title())
Hello Beautiful Python World!
>>>print(msg.capitalize())
Hello beautiful python world!
>>>print(msg.swapcase())
HELLO bEAUTIFUL python WORLD!
```

2. 字符串常用格式化方法

字符串常用格式化方法如表 1-10 所示。

表 1-10 字符串常用格式化方法

方 法	功 能
s.center()	返回指定长度的字符串，原字符串 s 处中心位置，两侧新增字符采用指定字符填充
s.ljust()	字符串 s 左对齐，右侧添补指定字符
s.rjust()	字符串 s 右对齐，左侧添补指定字符
s.zfill()	返回字符串 s 的副本，指定长度，不足部分在左侧添补零

【例 1-39】 字符串常用格式化方法。

```
print('欢迎光临在线宠物商店'.center(80,'='))
print('输入要购买的宠物类型'.ljust(80,' '))
print('您当前的账户余额不足：'.rjust(68,' '),'90.0'.zfill(10))
print('='*90)
```

运行结果：

```
===================================欢迎光临在线宠物商店===================================
请输入要购买的宠物类型
                                                          您当前的账户余额不足： 00000090.0
==========================================================================================
```

3. 字符串常用统计查找方法

字符串常用统计查找方法如表 1-11 所示。

表 1-11 字符串常用统计查找方法

方 法	功 能
count( )	统计指定字符出现的次数
find( )	正向查找指定字符串出现的首位置，若不存在，则返回-1
rfind( )	逆向查找指定字符串出现的首位置，若不存在，则返回-1
index( )	正向查找指定字符串出现的首位置，若不存在，则抛出异常
rindex( )	逆向查找指定字符串出现的首位置，若不存在，则抛出异常
endswith( )	判断字符串是否以指定字符串结束
startwith( )	判断字符串是否以指定字符串开始
split( )	返回一个列表，以指定字符为分隔符，拆分当前字符串成多个子字符串
splitlines( )	按行拆分

【例 1-40】 字符串常用统计查找方法。

```
web_site='http://www.tedu.cn'
```

```
email='xiaoming@tedu.cn'
print(web_site.count('/'))                          # 2
print(web_site.find('.'),web_site.rfind('.'))       # 10 15
pos=email.find('@')
print(email[:pos])                                  # xiaoming
print(email.startswith('xiao'),email.endswith('.cn')) # True True
print('my name is xiaoming'.split(' '))             # ['my', 'name', 'is', 'xiaoming']
print('my name is xiaoming'.split('m'))             # ['', 'y na', 'e is xiao', 'ing']
poem='''静夜诗
床前明月光，
疑是地上霜。
举头望明月，
疑是地上霜。'''
print(poem.splitlines())
```

运行结果：

```
2
10 15
xiaoming
True True
['my', 'name', 'is', 'xiaoming']
['', 'y na', 'e is xiao', 'ing']
['静夜思', '床前明月光，', '疑是地上霜。', '举头望明月，', '疑是地上霜。']
```

4．字符串常用替换方法

字符串常用替换方法如表 1-12 所示。

表 1-12 字符串常用替换方法

方 法	功 能
expandtabs()	替换制表符
join()	将指定字符插入变量的元素之间，拼接形成新的字符串
strip()	从字符串两端去掉指定的字符
lstrip()	截取左侧指定字符
rstrip()	截取右侧指定字符
replace()	用新字符替换指定字符
partition()	根据指定的分隔符将字符串进行分割
rpartition()	逆向查找分割符，根据指定的分隔符将字符串进行分割
translate()	返回一个新字符串，该字符串的每个字符根据给定的转换表进行替换
maketrans()	创建字符映射的转换表

【例 1-41】 字符串常用替换方法。

```
>>> ",".join('12345')
'1,2,3,4,5'
>>> 'aabbccdadeeeffg'.strip('gaf')
'bbccdadeee'
>>>"Python is an excellent language.".replace('Python', 'C')
'C is an excellent language.'
```

```
>>> 'http://www.w3cschool.cc/'.partition('://')
('http', '://', 'www.w3cschool.cc/')
#trans.py(maketrans和translate函数的使用)
intab = "aeiou"
outtab = "12345"
trantab = str.maketrans(intab, outtab)                        # 制作翻译表
str = "this is string example....wow!!!"
print(str.translate(trantab))
```

运行结果：

```
th3s 3s str3ng 2x1mpl2....w4w!!!
```

5．字符串常用编码/解码方法

字符串常用编码/解码方法如表 1-13 所示。

表 1-13　字符串常用编码/解码方法

方　法	功　　能	方　法	功　　能
encode	字符串编码	decode	字符串解码

网络传输有时会出现乱码，通常是编码或者解码出现了问题。Python 字符编码类型是 Unicode，字符可以转换为其他各种类型，如 GB2312 编码或 GBK 编码等。但是编码和解码必须对应地使用同一种类型。

【例 1-42】 字符串常用编码或解码方法。

```
name='小明'
print(name)
print(name.encode('utf-8'))
print(name.encode('utf-8').decode('utf-8'))
```

运行结果：

```
小明
b'\xe5\xb0\x8f\xe9\x93\xad'
小明
```

6. 字符串常用判断方法

字符串常用判断方法如表 1-14 所示。

【例 1-43】 字符串常用判断方法。

```
>>>print('xiaoming18'.isalnum())            # 运行结果：True
>>>print('xiaoming 18'.isalnum())           # 运行结果：False ，因为有空格
>>>print('xiaoming'.isalpha())              # 运行结果：True
>>>print('xiao ming'.isalpha())             # 运行结果：False
>>>print('1234567890'.isdecimal())          # 运行结果：True
>>>print('1234.567890'.isdecimal())         # 运行结果：False，因为有小数点
>>>print('1234567890'.isdigit())            # 运行结果：True
>>>print('1234.567890'.isdigit())           # 运行结果：False
>>>print('1234567890²'.isdigit())           # 运行结果：True
>>>print('Xiaoming'.islower())              # 运行结果：False
>>>print('1234567890'.isnumeric())          # 运行结果：True
```

表 1-14　字符串常用判断方法

方　法	功　　能
isalnum()	判断字符串是否只由字母数字构成，返回 True 或 False
isalpha()	判断字符串是否只由字母构成，返回 True 或 False
isdecimal()	判断是否为十进制数字，返回 True 或 False
isdigit()	判断字符串是否为数字，包含次方位数字，如 2^5，返回 True 或 False
islower()	判断字符串是否为全部小写，返回 True 或 False
isupper()	判断字符串是否为全部大写，返回 True 或 False
isnumeric()	判断字符串是否为数字，支持汉字，返回 True 或 False
isspace()	判断字符串是否为空格，返回 True 或 False
istitle()	判断字符串是否每个单词首字母大写，返回 True 或 False
isidentifier()	判断字符串是否为有效的标识符，返回 True 或 False

```
>>>print('一二三四五六七八九十'.isnumeric())        # 运行结果：True
>>>print('   '.isspace())                          # 运行结果：True
>>>print('xiao Ming'.isspace())                    # 运行结果：False
>>>print('Xiao Ming'.istitle())                    # 运行结果：True
>>>print('Xiao ming'.istitle())                    # 运行结果：False
>>>print('xiaoming18'.isidentifier())              # 运行结果：True
```

1.7.4　格式化字符串

在格式化字符串时，Python 先使用一个字符串作为模板，模板中有一些固定的字符，也有一些需要后期填入的字符。需后期填入的字符即可变元素，在模板中用占位符表示，再把真实值按照位置关系对应填充到占位符的地方，这样就把整个字符串拼装起来了。

格式化字符串有两种方法：%格式方法，或者 format()函数方法。

1．%格式

【例 1-44】 格式化字符串。

```
name, age = '小明', 18
print('我叫%s，今年%s 岁。'%(name,age))
```

运行结果：

```
我叫小明，今年 18 岁。
```

%s 就是占位符，真实值“小明”和“18”会填充到占位符的地方，很像考试时的填空题，需把答案一一填入到指定位置。只是，当真实值不止一个时，使用“( )”括起来。

不同的格式符有着不同的含义，表 1-15 是 Python 中的格式符。

（1）%d、%s、%f 常见格式符的使用

【例 1-45】 Python 中的格式符。

```
print('%d'%1)                              # 真实值为整型 1
print('%d'%1.7)                            # 浮点型会自动转为整型 1
print('%s'%'hello')                        # 真实值为字符串'hello'
print('%f'%1.2)                            # 真实值为浮点型 1.200000
print(('%.2f'%3.1415926333))               # 真实值为浮点型 3.14
```

表 1-15　Python 中的格式符

格式符	对应格式
%s	字符串（采用 str( )的显示）
%r	字符串（采用 repr( )的显示，即将对象转化为供解释器读取的形式）
%c	单个字符
%b	二进制整数
%d	十进制整数
%o	八进制整数
%x	十六进制整数
%e	指数（基底写为 e）
%E	指数（基底写为 E）
%f	浮点数
%F	浮点数，与上相同
%g	指数（e）或浮点数（根据显示长度）
%G	指数（E）或浮点数（根据显示长度）

运行结果：

```
1
1
hello
1.200000
3.14
```

（2）字符串的格式化

格式化字符串的语法格式如下：

```
% [(name)][flags][width].[precision]typecode
```

① name 参数，可选，用于选择指定的变量名。例如：

```
print('%(ln)s%(fn)s'%{'fn':'ramm','ln':'derek'})
```

运行结果：

```
derekramm
```

注意，若指定了变量名'ln'和'fn'，那么后面的真实值需要用“{}”的形式表示。

② flags 参数指定符号标记，可以是+、-或空格。

❖ +：右对齐，正数前加正号，负数前加负号。

❖ -：左对齐，正数前无符号，负数前加负号。

❖ 空格：右对齐，正数前加空格，负数前加负号。

③ width 参数指定输出的宽度，不足时补空格。

【例 1-46】 flags、width 参数的使用。

```
print('%+10d%+10d'%(12, -12))
print('%-10d%-10d'%(12, -12))
print('%10d%10d'%(12, -12))
print('%010d%-10d'%(12, -12))
```

运行结果：

```
      +12      -12
12       -12
       12      -12
0000000012-12
```

④ precision 参数，可选，表示小数点后保留的位数。

【例 1-47】 precision 参数的使用。

```
import math
print('%.2f'%math.pi)
```

运行结果：

```
3.14
```

2．format()函数格式化

format()函数格式化字符串的方法更方便，推荐使用。其语法格式如下：

```
{[[fill]align][sign][#][0][width][,][.precision][type]}.format()
```

例如：

```
name, age = '小明', 18
print('我叫{}，今年{}岁。'.format(name,age))
```

运行结果：

```
我叫小明，今年 18 岁。
```

格式化参数：

```
[[fill]align][sign][#][0][width][,][.precision][type]
```

① fill 参数，可选，空白处填充的字符（配合对齐及宽度一起使用才有效）。

【例 1-48】 fill 参数的使用。

```
# 用*作为填充字符
print('{:*<10}'.format(12), '{:*>10}'.format(12), '{:*^10}'.format(12), sep='\n')
```

运行结果：

```
12********
********12
****12****
```

② align 参数，可选，对齐方式（需配合 width 使用）。

❖ <：内容左对齐。

❖ >：内容右对齐（默认）。

❖ ^：内容居中。

【例 1-49】 align 参数的使用。

```
print('{:0<16d}'.format(12))
print('{:0>16d}'.format(12))
print('{:0^16d}'.format(12))
```

运行结果：

```
1200000000000000
0000000000000012
```

```
0000000120000000
```

③ sign 参数，可选，有无符号数字。

❖ +：正数前加正号，负数前加负号。

❖ -：正数前不加正号，负数前加负号。

❖ 空格：正数前加空格，负数前加负号。

【例 1-50】 sign 参数的使用。

```
print('{:*<+10}'.format(12),'{:*>-10}'.format(12),'{:*^10}'.format(12), sep='\n')
```

运行结果：

```
+12*******
********12
****12****
```

④ #参数，可选。若加上“#”，则二进制、八进制、十六进制数前会分别显示 0b、0o、0x，否则不显示。

【例 1-51】 #参数的使用。

```
print('{:#b}'.format(333), '{:#o}'.format(333), '{:#d}'.format(333), '{:#x}'.format(333), sep='\n')
```

运行结果：

```
0b101001101
0o515
333
0x14d
```

⑤ “,” 参数，可选，为数字加上千分位分隔符。

【例 1-52】 “,” 参数的使用。

```
print('{:,}'.format(333333333), '{}'.format(333333333), sep='\n')
```

运行结果：

```
333,333,333
333333333
```

⑥ .precision 参数，可选，小数保留精度位数。

【例 1-53】 .precision 参数的使用。

```
print('{:.2f}'.format(3.1415926), sep='\n')
```

运行结果：

```
3.14
```

⑦ type 参数，可选，格式化类型，用变量方法设定参数。

【例 1-54】 type 参数的使用。

```
print("{fn:.3s} {ln:.2s}".format(fn="ramm",ln="derek"))
```

运行结果：

```
ram de
```

1.8 身份和成员运算符

1．身份运算符 is

is 的语法格式如下：

```
a is b
```

作用：判断两个变量引用的是否为同一个对象。

返回值：布尔值，指向同一个对象时返回 True，否则返回 False。

【例 1-55】 身份运算符 is 示例。

```
age1 = age2 = 18
print(age1 is age2)
```

运行结果：

```
True
```

注意："=="用于判断两个变量所指向的对象的数值是否相等，is 用于判断两个变量所指向的是否为同一个对象。

在计算机中，如果两个变量指向同一个对象，那么它们在计算机中的 id 地址是相同的。

2．身份运算符 is not

is not 语法格式如下：

```
a is not b
```

作用：判断两个变量所引用的是否为不同的对象。

返回值：布尔类型，当变量 a 和 b 指向不同对象的时候，返回值为 True，否则返回 False。

3．id()函数

在 Python 中，可以使用 id(obj)函数获得对象 obj 在内存中的地址。

【例 1-56】 id()函数示例。

```
age1 = -8
age2 = -8
print('age1 的 id 地址为：{}'.format(id(age1)))
print('age2 的 id 地址为：{}'.format(id(age2)))
print('age1 == age2 的结果：', age1 == age2)
print('age1 is age2 的结果：', age1 is age2)
```

运行结果：

```
age1 的 id 地址为：54714512
age2 的 id 地址为：54714512
age1 == age2 的结果：True
age1 is age2 的结果：True
```

4．成员运算符 in

in 的语法格式如下：

```
obj[not] in sequence
```

作用：判断一个元素是否在某一个序列中，如可以判断一个字符是否属于字符串，也可以判断某个对象是否在列表中。

返回值：True 或 False。如果成员在指定的序列中，那么返回 True，否则返回 False。

【例 1-57】 成员运算符 in 示例。

```
>>>animals=['dog', 'cat', 'rabbit']              # 定义列表
>>>an1='dog'
>>>print(an1 in animals)                         # 返回结果是：True，an1 在列表中
>>>an1='snake'
>>>print(an1 in animals)                         # 返回结果是：False，an1 不在列表中
>>>print(an1 not in animals)                     # 返回结果是：True
>>>print(range(10))                              # 定义数值范围 range(0, 10)
>>>print(0 in range(10))                         # 返回结果是：True
>>>print(10 in range(10))                        # 返回结果是：False
```

1.9 二进制和位运算符

1．二进制位运算

二进制位运算是逐位比较、运算（如图 1-7 所示），包括与运算&、或运算|、取反运算~、异或运算^。

```
   0 1 1        0 1 0                       0 1 0
 & 1 0 1      | 1 0 0       ~ 0 1 0       ^ 1 0 0
----------   ----------   ----------    ----------
   0 0 1        1 1 0        1 0 1         1 1 0
```

图 1-7 二进制位运算

① 与运算&，运算规则：有 0 出 0，全 1 出 1。

② 或运算 |，运算规则：有 1 出 1，全 0 出 0。

③ 取反运算~，运算规则：有 1 出 0，有 0 出 1。

④ 异或运算^，运算规则：相同出 0，不同出 1。

【例 1-58】 二进制位运算。

```
>>>bin(0b011 & 0b101)
'0b1'
>>>bin(0b010 | 0b100)
'0b110'
>>>bin(0b010 ^ 0b100)
'0b110'
```

2．二进制权限管理

在项目开发过程中常常需要解决用户权限管理的问题，可以通过与、或、非、异或的位运算解决。具有相同行为和权限的用户被归为一组，称为角色。通常，一类角色拥有很多用户，如张三、李四、王五都是管理员，而赵六、钱七、张八都是会员用户，这里管理员和会员用户就是不同的角色。张三既可以是管理员，也可以是会员用户，即一个用户可以充当多个角色。

当更改角色的定义时，该角色下的所有用户将更改权限。

二进制权限管理规则如下：

❖ 先定义角色，再根据角色定义用户。

❖ 角色用二进制权位 1 表示，每个角色只允许有一位是 1，其余均为 0。

❖ 用户权限通过“或”运算添加目标角色，取“反”后再取“与”，则移除目标角色。

❖ 权限判断一律进行“与”运算，结果非 0，则表示成立。

二进制权限管理步骤如下。

（1）创建角色

创建角色即使用二进制权为 1 来表示，如管理员—0001，主编—0010，普通用户—0100。例如：

```
#首先定义三类角色
admin = 0b0001
editor = 0b0010
user = 0b0100
```

（2）创建用户

例如，刘备—管理员（0001），关羽—主编（0010），张飞—普通用户（0100），赵云—主编（0001）/普通用户（0100），诸葛亮—管理员（0001）/主编（0010）/普通用户（0100）。

赵云既是主编又是普通用户，所以做两类角色的“或”运算（0001）|（0100），结果就是 0101。同理，诸葛亮拥有三类角色的权限，结果是 0111。

例如：

```
# 为用户分配角色
liubei = guanyu = zhangfei = zhaoyun = zhugeliang = 0b0000
liubei = liubei|admin        #liubei 拥有了 admin 权限
print(bin(liubei))
guanyu = guanyu|editor                     # guanyu 拥有了 editor 权限
print(bin(guanyu))
zhangfei = zhangfei|user                   # zhangfei 拥有了 user 权限
print(bin(zhangfei))
zhaoyun = zhaoyun|editor|user              # zhaoyun 同时拥有了 editor 和 user 的权限
print(bin(zhaoyun))
zhugeliang = zhugeliang|admin|editor|user  # zhugeliang 同时拥有了 admin、editor、user 三种权限
print(bin(zhugeliang))
```

运行结果：

```
0b1
0b10
0b100
0b110
0b111
```

（3）判断用户是否属于某个角色

在（2）中已经定义了角色并分配了用户权限，现在需要判断刘备是管理员吗？是主编吗？判断某个用户是否属于某个角色使用“与”运算。例如：

```
print(liubei & admin)                      # liubei 是 0001，admin 是 0001，与运算的结果返回 1
print(liubei & editor)                     # liubei 是 0001，editor 是 0010，与运算的结果返回 0
```

```
print(liubei & user)                          # liubei 是 0001, user 是 0100, 与运算的结果返回 0
```

运行结果：

```
1
0
0
```

（4）将用户从某个角色中移除

在（2）中已经定义了角色并分配了用户权限，现在把诸葛亮从普通用户角色中移除，方法是先把普通用户（0100）取反，变为 1011，再把它与诸葛亮的权限（0111）求与：1011 & 0111，结果是 0011，即只剩下管理员（0001）和主编（0010）这两个权限了。例如：

```
zhugeliang = (~user & zhugeliang)
print(bin(zhugeliang))
```

运行结果：

```
0b11
```

上面讨论了角色和用户的操作，通过创建角色和用户，可以为用户分配角色、判断用户是否属于某个角色，以及为用户删除某个角色权限。同样的思想方法可以运用到其他方面，如创建、新增、删除、修改、读取角色；对不同的角色赋予新的功能，如主编拥有新增功能、管理员拥有删除功能等。

习　题

1．abs(1.5)输出的结果是（　　）。

A．1.5　　B．1

C．2　　D．以上结果都不对

2．对于 a = 21 % 2.5，a 的值是（　　）。

A．1　　B．2

C．0　　D．1.5

3．下例选项中，（　　）是关键字。

A．object　　B．class

C．bool　　D．super

4．关于 Python 语言的注释，以下说法中正确的是（　　）。

A．可以使用“#”进行单行注释

B．“#”注释只能单独出现在一行中，不能和其他内容共占一行

C．可以使用单引号进行单行注释

D．可以使用双引号进行单行注释

5．下列（　　）语句在 Python 中是非法的。

A．x = y = z = 1　　B．x = (y = z+1)

C．x, y = y, x　　D．x, y = (1, 2)

6．对于 S = 'ABCDEFG'，S[-2:-5]运算得到的字符串对象是（　　）。

A．CDEF　　B．FEDC

C. FED　　　　　　　　　　　　　　　　　　D. ""

7. 以下能实现 x 的平方+y 的平方的是（　　）。

A. x * x + y * y　　　　　　　　　　　　　B. x ** 2 + y ** 2

C. pow(x, 2) + pow(y, 2)　　　　　　　　　D. x * 2 + y * 2

8. 以下对于函数式编程的说法中，正确的是（　　）。

A. 允许函数返回一个函数

B. 允许将函数作为参数传入另一个函数

C. 函数式编程就是为了体现面向对象编程

D. 高阶函数是指将函数作为参数或返回值的函数

9. 有集合 a = {1, 2, 3, 4, 5, 6}和 b = {5, 6, 7, 8, 9}，c = {5, 6}，d = {5, 6, 7}，则下列运算结果为 True 的是（　　）。

A. a < b　　　　　　　　　　　　　　　　　B. c < a

C. c in b　　　　　　　　　　　　　　　　D. d < d - c | a

10. 以下语句中，可以正确执行的是（　　）。

A. print ("%s 今年 %d 岁"　%　("小明", 20))

B. print("小明"+'今年'+20+'岁')

C. print("小明" '今年', 20, '岁')

D. print ("%s 今年 %d 岁"　%　"小明", 20)

11. 有字符串 s = 'TarenaPython'，下列描述正确并且结果非空的是（　　）。

A. s[-5:-2:-1]　　　　　　　　　　　　　B. s[-5:-2:]

C. s[2] = "R"　　　　　　　　　　　　　　D. s + "AI" + s

12. 在 Python 中定义字符串，下列说法中正确的是（　　）。

A. 可以使用单引号定义字符串

B. 可以使用双引号定义字符串

C. 可以使用三引号定义字符串

D. 定义字符串的几种方式功能相同，没有区别，可以互相替换

13. 关于 Python 数据类型，下列说法中正确的是（　　）。

A. 整数、浮点数、复数、布尔值都可归为 Python 的数字类型

B. 整数和浮点数相加、减，结果自动升级为浮点数

C. 字符串可以使用"+"运算符进行运算

D. 字符串类型和整数类型可以使用"+"进行运算

14. 在 Python 语言中，不能作为变量的是（　　）。

A. student　　　　　　　　　　　　　　　　B. _bmg

C. 5sp　　　　　　　　　　　　　　　　　　D. Teacher

15. 以下关于 Python 程序的缩进的描述中，错误的是（　　）。

A. 缩进表达了所属关系和代码块的所属范围

B. 缩进是可以嵌套的

C. 判断、循环、函数等都能通过缩进包含一批代码

D. 用严格的缩进表示程序的格式框架，所有代码都需要在行前至少加一个空格

16. 以下代码的输出结果是（　　）。

```
X='R\0S\0T'
print(len(x))
```

A. 3　　B. 5

C. 7　　D. 6

17. 以下代码的输出结果是（　　）。

```
x=12+3*((5*8)-14)//6
print(x)
```

A. 25.0　　B. 65

C. 25　　D. 24

18. 以下不属于 Python 语言保留字的是（　　）。

A. class　　B. pass

C. sub　　D. def

19. 以下关于 Python 字符串的描述中，错误的是（　　）。

A. 字符串中可以混合使用正整数和负整数进行索引和切片

B. 字符串采用[*N*:*M*]格式进行切片，获取字符串从索引 *N* 到 *M* 的子字符串（包括 *N* 和 *M*）

C. 字符串"my\\text.dat"中的第一个"\"表示转义符

D. 空字符串可以表示为''或""

20. Python 语言提供了三种基本的数据类型，它们是（　　）。

A. 整数类型、浮点数类型、复数类型　　B. 整数类型、二进制类型、浮点数类型

C. 整数类型、十进制类型、浮点数类型　　D. 整数类型、二进制类型、复数类型

21. 在 Python 语言中，不属于组合数据类型的是（　　）。

A. 浮点数类型　　B. 字典类型

C. 列表类型　　D. 元组类型

22. 以下关于连续性随机变量的概率密度函数与分布函数说法中，正确的是（　　）。

A. Python 字符使用 ASCII 编码

B. chr(x)和 ord(x)函数用于在单字符和 Unicode 值之间进行转换

C. print(chr('a'))输出 97

D. print(ord(65))输出 A

23. 以下代码的输出结果是（　　）。

```
a = 10.99
print(complex(a))
```

A. 0.99　　B. 10.99i+j

C. 10.99　　D. (10.99+0j)

24. 在 Python 语言中，IPO 模式不包括（　　）。

A. Program（程序）　　B. Input（输入）

C. Process（处理）　　D. Output（输出）

25. 关于二进制整数，正确的是（　　）。

A. 0B1014　　B. 0b1010

C. 0B1019　　D. 0bC3F

26. 以下关于 Python 语言的复数类型的描述中，正确的是（　　）。

A．复数可以进行四则运算
B．实部不可以为 0
C．Python 语言中可以使用 z.real 和 z.imag 分别获取它的实部和虚部
D．复数类型与数学中复数的概念一致

27．以下变量名中，符合 Python 语言变量名规则的是（　　）。
A．33_keyword　　B．key@word33
C．nonlocal　　D．_33keyword

28．在 Python 语言中，以下表达式结果为 False 的选项是（　　）。
A．"CD"<"CDFG"　　B．"DCBA"<"DC"
C．""<"G"　　D．"LOVE"<"love"

29．以下关于浮点数 3.0 和整数 3 的描述，正确的是（　　）。
A．两者使用相同的硬件执行单元　　B．两者使用相同的计算机指令处理方法
C．两者是相同的数据类型　　D．两者具有相同的值

实　验

实验 1.1　输出 Python 保留关键字

【问题】 Python 中有很多保留关键字，我们在定义变量的时候是不允许使用的。
① Python 中的保留关键字有哪些呢？
② 如何快速获取 Python 中的保留关键字？

【方案】
① 通过网络搜索，但是这种方式并不推荐。
② 通过 keyword.kwlist 快速打印出所有的保留关键字。
③ 通过 keyword.iskeyword 判断是否是关键字。

【步骤】 实现本实验需要按照如下步骤进行。
步骤一：通过网络搜索，可以获取保留关键字。
步骤二：通过 keyword.kwlist 快速打印所有的保留关键字。
导入关键字模块；通过 keyworld.kwlist 打印所有的保留关键字；通过 keyword.iskeyword 判断某单词是否为关键字，若是，则返回 True，否则返回 False。

实验 1.2　多行语句的实现方式

【问题】 想在 PyCharm 中打印出一个多行语句有几种实现方式呢？如何在 PyCharm 中打印多行语句？

【方案】
① 可以使用“\”将一行语句分为多行显示。
② 语句中如果包含[ ]、{ }、( )，就不需要使用多行连接符，直接换行。
③ 使用三个单引号或者三个双引号也能实现换行输出。

【步骤】 实现本实验需要按照如下步骤进行。

步骤一：用“\”将一行语句分为多行显示。

步骤二：语句中包含[ ]、{ }、( )，就不需要使用多行连接符，直接换行。

步骤三：用三个单引号或者三个双引号实现换行。

实验 1.3　编写单行和多行注释

【问题】 良好的注释可以描述代码或者抑制代码执行，所以编写注释很重要。

① 如何定义一个单行注释？

② 如何定义多行注释？

【方案】

① Python 中的单行注释使用“#”表示。

② 多行注释使用三个引号表示，可用于文档或者函数首部进行说明。

【步骤】 实现本实验需要按照如下步骤进行。

步骤一：使用“#”编写单行注释（注释在运行过程中是不会被执行的）。

步骤二：使用三引号创建文档说明或函数说明（多行注释）。

实验 1.4　实现控制台输入和输出

【问题】

① 如何使用 input()函数从控制台接收用户传入的数据？

② 如何使用 print()函数输出？

【方案】

① 用 input()函数接收用户从终端传入的参数。

② input()函数接收的是一个字符串类型，如果需要，要对其进行转整型操作，如 int()函数，否则会报错。

③ print()函数可以在控制台打印结果。

【步骤】 实现本实验需要按照如下步骤进行。

步骤一：通过 input()函数（有提示信息），从用户接收数据。

步骤二：通过 type()函数查看当前变量 age 的类型，并通过 print()函数打印。'str'是字符串类型。

步骤三：传入的年龄 18 应该是整型而不是字符串类型，并不符合逻辑，所以需要用 int()函数转换成整型。

实验 1.5　用 sys.stdin 实现输入重定向

【问题】 如何使用 sys.stdin 实现输入重定向？

【方案】

① sys.stdin.readlines()

② sys.stdin.readline()

③ sys.stdin.read()

【步骤】 实现本实验需要按照如下步骤进行。

步骤一：输入重定向又分为多行读取、单行读取、全部一次性读取。

步骤二：新建一个文件 the_zen_of_python，存放《Python 之禅》的代码。

① 在控制台中输入“import this”，打印《Python 之禅》的代码。

② 新建一个文件，命名为 the_zen_of_python，存放《Python 之禅》的代码。

步骤三：通过 sys.stdin.readlines()函数输入重定向到文本。

实验 1.6 用 sys.stdout 实现输出重定向

【问题】 如何用 sys.stdout 实现输出重定向？

【方案】 用 sys.stdout 实现输出重定向。

【步骤】 实现本实验需要按照如下步骤进行。新建 Python 文件，用 sys.stdout 把输出内容存放在指定的 readme.md 文件中。左边栏会出现一个名为 readme.md 的文件，根据重定向输出自动生成，打开文件，即可看到我们想要打印的内容。

实验 1.7 规范地定义并使用变量

【问题】 在 Python 中如何定义变量？有哪些注意事项？

【方案】 定义变量需要严格遵循语法规范，只能由字母、数字、下画线组成。

① 数字不能开头。

② 字母严格区分大小写。

③ 不能使用 Python 的保留关键字。

④ 下画线有特殊的含义。

【步骤】 实现本实验需要按照如下步骤进行。

尝试定义一些合法的变量名，如 a、_name、myAge、my_Name、num1、num_等。

如下是不合法的变量名：$abc（“$”符号不能作为变量名），1_Num（数字不能开头），Class（Python 的保留关键字不能作为变量名），print（print 也是保留关键字）。

变量命名采用蛇形命名法：所有单词都小写，并且每个单词之间用下画线连接。例如：

```
day01
    unit01
        snake_case_example.py                    # 蛇形命名法
    unit02
day02
```

实验 1.8 查看变量的类型

【问题】 在定义变量时可以给变量赋不同类型的初始值，如何查看变量类型很重要。

【方案】 通过 type()函数可以查看是否为某一类型。

【步骤】 实现本实验需要按照如下步骤进行。

步骤一：先定义两个变量。

```
name = 'xiaoming'
```

```
age = 18
heigh = 172.0
```

步骤二：通过 type()函数查看每个变量的类型。

```
print(type(name))                # <class 'str'> 字符串类型
print(type(age))                 # <class 'int'> 整型
print(type(heigh))               # <class 'float'> 浮点类型
```

步骤三：通过 isinstance()函数判断变量是否为某类型。

```
print(isinstance(name, str))     # True：name 变量是字符串类型
print(isinstance(18, int))       # True：18 是整数类型
print(isinstance(heigh, int))    # False：因为 172.0 是小数，所以判断是否为整型，错误
print(isinstance(True, bool))    # True：因为 bool 类型有两个值，True 和 False 的类型都为 True
```

实验 1.9 变量赋值和删除

【问题】

① 在 Python 中如何给变量赋值？例如，给单一变量赋值，给多个变量赋相同的值，给多个变量赋不同的值。

② 如何删除变量？

【方案】

① 通过等号给变量赋值。

② 当给多个变量赋值时，每个变量之间用“,”分隔。

③ 通过 del()函数即可删除变量。

【步骤】 实现本实验需要按照如下步骤进行。

步骤一：通过“=”给单一变量赋值。例如：

```
# 单变量赋值
author = '达内'
age = 18
name = 'xiaoming'
```

步骤二：通过连等给多个变量赋相同的值。

```
变量名 1 = 变量名 2 = 变量名 3... = 对象
```

例如：

```
a = b = c = 1                    # a、b、c 的值都为 1
```

步骤三：给多个变量赋不同的值，每个变量之间用“,”区分。

```
变量名 1, 变量名 2, 变量名 3, … = 对象 1, 对象 2, 对象 3, …
```

例如：

```
a, b, c = 1, 2, 3                # a 的值为 1，b 的值为 2，c 的值为 3
```

注意：可以在 PyCharm 中对变量进行监听。

步骤四：删除变量。用 del()函数可以删除变量：

```
a, b, c = 1, 2, 3
del(b)
print(b)                         # 提示 b 没有被定义
```

第 2 章 程序流程控制

掌握了 Python 语言基础，就可以搭建简单程序了，但是当面对比较复杂的逻辑时，仅有简单的语句就不够用了。其实所有纷繁复杂的程序归根究底只有三种基本控制结构，即顺序结构、分支结构和循环结构，这三种结构是结构化程序设计的基础。在实际应用开发中，不管使用哪种程序设计语言实现业务逻辑或算法，都不可避免地要用到大量的分支结构、循环结构和它们的嵌套。本章首先介绍分支结构和循环结构的语法，然后通过聊天机器人实例让读者深入理解程序控制结构。

2.1 程序基本控制结构

任何复杂的算法都可以用顺序、分支、循环三种控制结构组合来实现，称为算法的三种基本控制结构。如果把每种基本控制结构看成一个积木，那么整个算法是由这三种积木搭建而成的。这样的算法结构清晰，容易阅读、容易理解，被称为结构化的算法。

1. 顺序结构

顺序结构强调按照先后顺序，自上而下，依次执行，如图 2-1 所示。例如：

```
num1 = int(input('请输入第一个数字'))
num2 = int(input('请输入第二个数字'))
total = num1 + num2
print('{}+{}={}'.format(num1, num2, total))
```

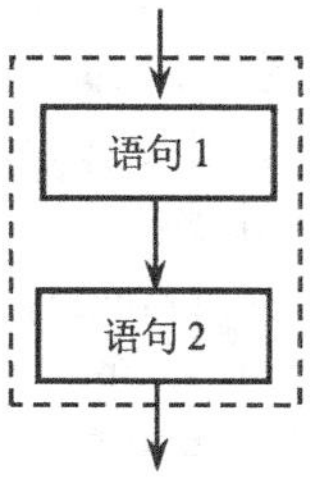

语句 1

语句 2

图 2-1 顺序结构

2. 分支结构

分支结构，又称为选择结构，意思是在多个选择分支中只能选其中一个，有单分支、双分支和多分支之分。在 Python 语言中，单分支结构用 if 实现，双分支结构用 if-else 实现（如图 2-2 所示），多分支结构用 if-elif-else 实现。

【例 2-1】 根据性别区分不同的称呼。

```
name = input('请输入你的姓名')
gender = input('请输入你的性别')
if gender == '男':
```

```
    print('欢迎你，{}小哥哥!'.format(name))
if gender == '女':
    print('欢迎你，{}小姐姐!'.format(name))
```

3．循环结构

在特定条件下不断地重复执行某一段代码，这个重复执行的代码就是循环体。循环条件和循环体组合在一起就是循环结构，如图 2-3 所示。

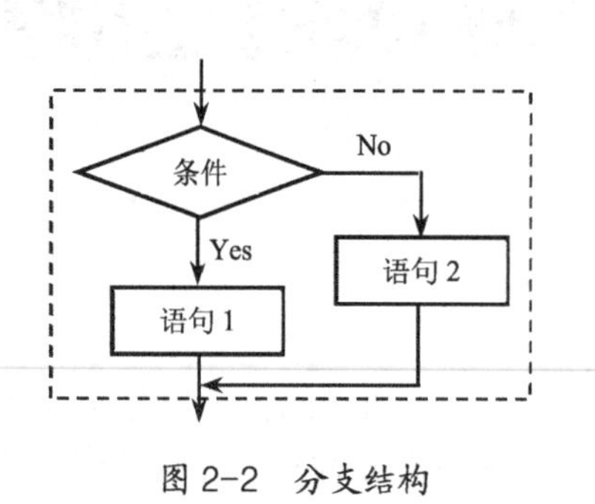

图 2-2　分支结构

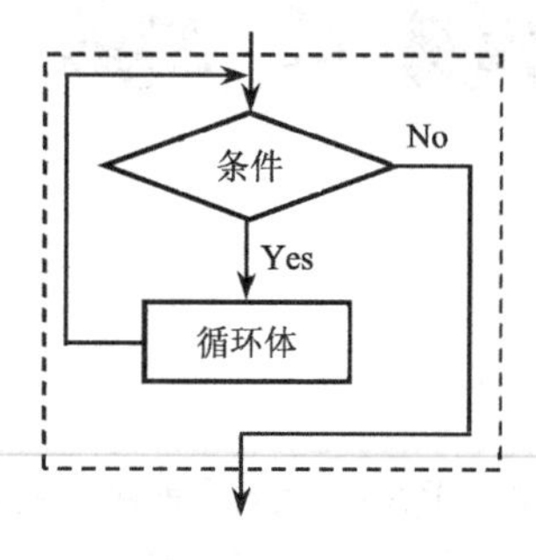

图 2-3　循环结构

Python 有两种基本的循环结构：while 循环和 for 循环。

【例 2-2】 for 循环程序示例：重要的事情说三遍。

```
for i in range(3):                                    # 循环三遍
    print('今天的天气不错！')
    print('我们一起出去玩吧！')
```

分支结构和循环结构变化比较多，尤其当结构嵌套时，复杂度直线上升。

2.2　简单分支结构

单分支选择结构是最简单的一种分支结构，表示若条件成立，则执行相应的代码块，否则什么都不做。其语法格式如下：

```
if 条件:
    代码块
```

【例 2-3】 判断两个数的大小，显示较大的一个数字。

```
a, b = int(input('请输入第一个数字：')), int(input('请输入第二个数字'))
if a > b:
    print('比较大的一个数字是：', a)
if a < b:
    print('比较大的一个数字是：', b)
```

【例 2-4】 小明和小红是一对非常好的朋友，他们平时形影不离，总是一起上课一起逛街。今天小明想去逛街，小明打电话告诉小红：“今天一起去逛街吧？”小红说：“晚上有时间就联系你。”请用编程的方法描述下面的对话：当询问“到底有没有时间呢？”回答“YES”，输出“走，去逛街!”，回答“NO”，则输出“我没时间”。

```
print('小明：今天一起去逛街吧！')
print('小红：晚上有时间就联系你。')
```

```
result = input('到底有没有时间呢？')
if result == 'YES':
    print('走，去逛街！')
if result == 'NO':
    print('小红：我没时间。')
```

假如上述题目要求改为当输入“YES”时输出“走，去逛街！”，否则什么都不做。表达什么都不做，Python 中使用 pass 语句实现。

```
if result == 'YES':
    print('走，去逛街！')
if result == 'NO':
    pass
```

1．pass 语句

pass 又称为空语句，不做任何处理，语法上用来占位，保证格式完整、语义完整，避免语法错误。假如定义一个函数或者写一个循环语句时不知道代码块中应该写什么，可以暂时使用 pass 代替，代码即可正常运行。例如：

```
if a>b:
    pass

def my_func():
    pass

class Myclass:
    pass
```

分支结构最关键的是条件表达式的正确书写，有时条件多且错综复杂，如择友时要求对方身高不低于 180 厘米、体重不高于 70 千克、年龄不大于 30 岁等，用 Python 表达所有条件都满足，则可以使用逻辑运算符 and 一一连接，还可以使用 all 函数更简洁地表达。

2．all()函数

all()函数的语法格式如下：

```
all(iterable)
```

参数：iterable 是一个可迭代对象。如果 iterable 中的多个条件表达式没有一个元素是 0、False 或空格，iterable 也不为空，那么返回 True，否则返回 False，简单地说，就是所有条件都满足，没有一个为假。

【例 2-5】 择友的条件用 all()函数完成。

```
heigh = int(input('请输入您的身高'))
weight = int(input('请输入您的体重'))
age = int(input('请输入您的年龄'))
if all([height >= 185, weight <= 160, age >= 18]):
    print('恭喜你：符合条件！')
```

程序中的条件：all([height >= 185, weight <= 160, age >= 18])与(height >= 185 and weight <= 160 and age >= 18)等价。

all()函数表达的是所有条件都满足，若表达至少有一个条件满足，那么使用 any()函数。

3. any()函数

any()函数的语法格式如下：

```
any(iterable)
```

参数：iterable 是一个可迭代对象。当 iterable 中的多个条件表达式值都是 0、False 或空格时，结果为 False。如果所有元素中有一个值非 0、False 或空格，那么结果为 True，简单说就是至少有一个条件满足。

【例 2-6】 择友的条件用 any 函数完成。

```
heigh = int(input('请输入您的身高'))
weight = int(input('请输入您的体重'))
age = int(input('请输入您的年龄'))
if any([height >= 185, weight <= 160, age >= 18]):
    print('恭喜你：符合条件！')
```

表达式 any([height >= 185, weight <= 160, age >= 18])与(height >= 185 or weight <= 160 or age >= 18)等价，表示只要其中有一个条件满足表达式就为真。

2.3 复杂分支结构

复杂分支结构包括双分支结构、多分支结构和分支嵌套结构。

1. 双分支结构

双分支结构的语法格式如下：

```
if 条件:
    语句 1
else:
    语句 2
```

表达如果条件成立，那么执行语句 1，否则执行语句 2。

【例 2-7】 用双分支结构实现成绩分类。

```
score = int(input('请输入考试成绩：'))
if score >= 60:
    print('考试通过！')
else:
    print('考试不通过！')
print('请继续努力！')
```

双分支结构能够将原来需要使用两个单分支选择语句的程序用一个 if-else 语句实现。

【例 2-8】 幸运数字测试，假设幸运数字是 6。

```
import random
lucky_num = random.randint(1, 10)
print('随机生成的数字是：', lucky_num)
if lucky_num == 6:
    print('获得幸运数字：', lucky_num)
else:
    pass
```

其中，random 是一个随机函数库，random.randint(1, 10)产生一个 1～10 的随机整数。

2. 多分支结构

多分支结构的语法格式如下（如图 2-4 所示）：

```
if 条件1:
    语句块1
elif 条件2:
    语句块2
elif 条件3:
    语句块3
…
else:
    语句块n
```

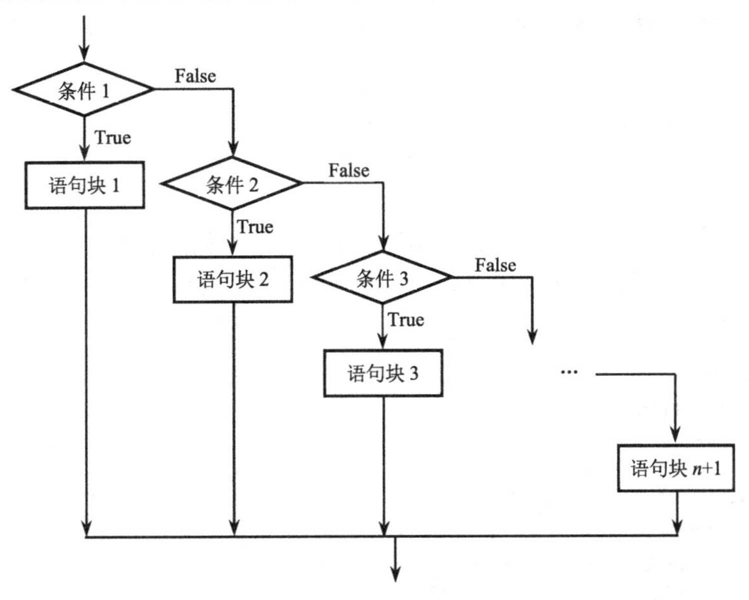

图 2-4　多分支结构

【例 2-9】 用多分支结构划分成绩等级。

```
score = int(input('请输入考试成绩：'))
if score >= 85:
    print('优秀')
elif 60 <= score < 85:
    print('合格')
else:
    print('不合格')
```

【例 2-10】 用多路分支结构实现请假流程。

```
day = int(input('请输入请假的天数：'))
if day <= 1:
    print('找经理请假')
elif 1 < day <= 2:
    print('找总监请假')
```

```
    elif 2 < day <= 3:
        print('找老板请假')
    else:
        print('直接辞职回家了')
```

3．分支嵌套结构

分支嵌套就是在分支语句的语句块中包含另一个或多个分支语句，可以表达复杂的逻辑结构。

【例 2-11】 通过用户名和密码判断是否为合法用户。

```
raw_username, raw_password = 'admin', '123456'
username = input('请输入用户名：')
if username == raw_username:
    password = input('请输入密码：')
    if password == raw_password:
        print('登录成功')
    else:
        print('密码不正确')
else:
    print('用户名不正确')
```

注意：嵌套的分支语句的层次关系，不同的缩进表达不同的层次。

【例 2-12】 公园门票计算规则如下：1，2，3，9，10，11，12 月份是旅游淡季，门票统一 8 折，若游客是未满 13 岁的儿童或超过 70 的老人，则在此基础上再 6 折。

```
ticket_price = 100
month = int(input('请输入月份：'))
age = int(input('请输入年龄：'))

if month not in (4, 5, 6, 7, 8):
    ticket_price *= 0.8
    if any([age <= 12, age >= 70]):
        ticket_price *= 0.6
print('应收金额：', ticket_price)
```

程序说明：(4, 5, 6, 7, 8)表示元组，month not in (4, 5, 6, 7, 8)是成员判断，表示月份不在(4, 5, 6, 7, 8)这个范围内。

程序中分支嵌套层级过多会影响代码的阅读性，后期也不容易维护，所以尽量减少分支嵌套，简化业务逻辑。

【例 2-13】 合法用户身份判断。若用户名为“admin”且密码为“123456”，则是合法用户，显示“登录成功”，否则显示“密码不正确”。

```
def check_password():
    password = input('请输入密码：')
    if password == '123456':
        print('登录成功')
    else:
        print('密码不正确')

username = input('请输入用户名：')
```

```
if username == 'admin':
    check_password()
else:
    print('用户名不正确')
```

check_password( )是用户自定义函数，判断密码是否正确。程序从语句 username=input('请输入用户名：')开始执行，先判断用户名，再判断密码。有关函数的定义将在第 5 章讨论。

2.4 while 循环

while 循环，又称为条件循环，即当条件成立时执行循环体，重复这个过程，直到条件不成立。其语法格式如下：

```
while 条件:
    代码块 1
else:
    代码块 2
```

只有当 while 循环正常结束时，else 子句才执行；若 while 循环非正常结束，则不执行 else 子句。

while 循环包括：循环变量初始值，循环条件，循环变量的改变。

【例 2-14】 计算 1～100 的自然数之和。

```
i, total = 1, 0                                  # 循环变量初始值
while i <= 100:                                  # 循环条件
    total += i
    i += 1                                       # 循环变量的改变
else:
    print('计算已完成，请注意查收。', total)
```

思考：上述 while 循环的 3 个组成要素若缺少了其中任意一个，会产生怎样的结果？

【例 2-15】 求多项式 1-2+3-4+5…+99 的和。

```
i, total = 1, 0
while i <= 99:
    if i % 2 == 0:
        total -= i
    else:
        total += i
    i += 1
print('计算已完成，请注意查收。', total)
```

本例循环中嵌套了选择结构。特别注意，i+=1 语句与 if 语句并列对齐在同一层上。

【例 2-16】 100 元正好买 100 只鸭子，大鸭子 4 元一只，小鸭子 1 元 4 只，问一共可买多少只大鸭子和小鸭子。

```
big = 0

while big <= 25:
    small = 100 - big
```

```
    if big * 4 + small / 4 == 100:
        print('大鸭子有{}只，小鸭子有{}只。'.format(big, small))
    big += 1
```

【例 2-17】 打印所有 0～10 之间的偶数。

```
i=0

while i in range(0,10,2):
    print(i ,end=' ')
    i+=2
```

运行结果：

```
0 2 4 6 8
```

对于生成指定范围内的数据系列，如 0～10 的偶数，Python 中可以由 range 函数实现。range 函数的语法格式如下：

```
range(start, end, step)
```

作用：生成一个可迭代对象，start—起始值，end—终止值，step—步长，返回可迭代对象。

例如：

```
>>>range(10)
range(0, 10)                      # 产生[0,9]这 10 个元素构成的对象
>>>range(0,10,2)
range(0, 10, 2)                   # 产生[0,2,4,6,8]这 5 个元素构成的对象
>>>range(10,0,-2)
range(10, 0, -2)                  # 产生[10,8,6,4,2]这 5 个元素构成的对象
```

可迭代对象就像是一个大的容器，里面存放的是一个个元素，用遍历方法可以依次访问其中的元素。例如，一个班级有 30 个学生，将班级作为可迭代对象，就可以逐个访问所有学生。

在编程中，一个靠自身控制无法终止的程序被称为“死循环”，有时也是程序错误的代名词，用快捷键 Ctrl+C 可以手动终止“死循环”。一般情况下，需要避免在程序中出现死循环。

但是在实际应用中也有利用死循环解决问题的例子。例如，Windows 操作系统的窗口程序通过一个称为消息循环的死循环实现随时等待用户的响应；在单片机、嵌入式编程中也经常用到死循环。

【例 2-18】 编程实现十进制转为二进制。

```
while True:
    str_num=input('请输入十进制整数：')

    if str_num.isdigit():
        print('转换成二进制是：', bin(int(str_num)))
    else:
        if input('格式不正确，需要重新输入吗？ (y/n):')=='y':
            continue
        else:
            break
```

continue 和 break 是循环控制语句，分别表示绕过本次循环和结束本循环（见 2.6 节）。

2.5 for 循环

for 循环用来遍历可迭代对象，如遍历列表、元组、字符串等，列表和元组将在第 3 章中讲述。用引号引起来的字符串也是一个可迭代对象，其中的一个个字符就是这个可迭代对象的元素，因此用 for 循环可方便地遍历字符串中的字符。

for 循环的语法格式如下：

```
for 变量 in 可迭代对象:
    代码块 1
else:
    代码块 2
```

注意：变量用来临时接受可迭代对象中的元素，不需要事先声明。

【例 2-19】 使用 for 循环实现 1～100 之间的所有偶数和。

```
total = 0
for i in range(101):
    if i % 2 == 0:
        total = total + i
print('计算已完成，结果为：', total)
```

运行结果：

```
计算已完成，结果为：2550
```

若将循环改成如下形式，就更简单：

```
for i in range(0, 101, 2):
    total = total + i
```

while 循环有三要素，而 for 循环将这三要素实现了自动化，程序更方便、简洁：① 不需要初始化变量；② 循环变量自动依次取下一个元素，不需要人为改变；③ 一旦遍历完对象，循环便自动终止，没有循环条件。

【例 2-20】 使用 for 循环打印如下图形。

```
********
********
********
********
```

代码如下：

```
for _ in range(4):
    print('*' * 8)
```

当 for 循环的循环变量不关心所存放的内容，只是用来表示循环的次数时，循环变量可以用下画线代替。

【例 2-21】 使用循环实现求字符串长度的功能。如输入“abcd”，则输出 4；若输入“123456789”，则输出 9。

```
msg = input('请输入消息')
length = 0
for _ in msg:
    length += 1
```

```
print('消息的总长度为：', length)
```

【例 2-22】 编写随机加法运算器。依次出 5 道加法题目，由用户输入答案，每答完一道题，就会判断对错，并提示“答对了”或“答错了”。全部答完后，计算得分并输出。

```
import random
score = 0
for _ in range(5):
    a, b = random.randint(1, 10), random.randint(1, 10)
    result = a + b
    answer = int(input('{}+{}=?'.format(a, b)))
    if result == answer:
        score += 1
print('一共答对了{}道题'.format(score))
```

运行结果：

```
4+9=?13
9+2=?11
9+10=?19
5+2=?2
8+10=?4
一共答对了 3 道题
```

random.randint(1, 10)用来产生[1, 10]之间的随机整数。random 是随机函数库，需要事先通过 import 导入。

while 与 for 循环各有特点，区别如下：

① while 循环必须初始化变量，循环条件必须显式表示，循环体中需要修改变量。for 循环自动实现这三点，特点就是遍历迭代对象。

② while 循环用于预先不确定循环次数的场合，而 for 循环用于预先确定循环次数的场合。

很多情况下，while 与 for 循环可以通用。

【例 2-23】 从键盘输入整数 num，打印 0～num 之间的所有整数。

```
num = int(input('请输入整数：'))
i = 0
while i < num:
    print(i, end='')
    i += 1
```

等价于：

```
num = int(input('请输入整数：'))
for i in range(num):
    print(i, end='')
```

2.6 循环嵌套和循环控制

嵌套是程序设计中的常用手段，可以在 while 循环中嵌套 while 循环，也可以与 for 循环互相嵌套。但是，嵌套结构必须是一个结构完全包含另一个结构，否则就是交叉结构。程序设计中不存在交叉结构。

1．while 循环嵌套

while 循环嵌套的语法格式如下：

```
while 条件1:
    代码块1
    while 条件2:
        代码块2
```

条件 1 所在的循环称为外循环，条件 2 所在的循环称为内循环，Python 用缩进表达语句的包含和层次关系，所以书写时内循环作为一个整体必须缩进在外循环的 while 下。

循环嵌套执行时，当条件 1 成立进入外循环的循环体时，先运行代码块 1，再运行内循环；这两部分都运行完毕，则回到外循环，继续判断条件 1 是否成立；若成立，再次进入外循环的循环体。打个比方，地球围绕着太阳公转就好像外循环，转一圈是 365 天，那么地球的自转就是内循环，自转一圈是 24 小时。

2．for 循环嵌套

```
for 变量1 in 可迭代对象1:
    代码块1
    for 变量2  in 可迭代对象2:
        代码块2
```

【例 2-24】 打印九九乘法表。

```
i = 1
while i <= 9:
    j = 1
    while j <= i:
        print('{}*{}={}'.format(j, i, j * i), end='\t')
        j += 1
    print()
    i += 1
```

运行结果：

```
1*1=1
1*2=2	2*2=4
1*3=3	2*3=6	3*3=9
1*4=4	2*4=8	3*4=12	4*4=16
1*5=5	2*5=10	3*5=15	4*5=20	5*5=25
1*6=6	2*6=12	3*6=18	4*6=24	5*6=30	6*6=36
1*7=7	2*7=14	3*7=21	4*7=28	5*7=35	6*7=42	7*7=49
1*8=8	2*8=16	3*8=24	4*8=32	5*8=40	6*8=48	7*8=56	8*8=64
1*9=9	2*9=18	3*9=27	4*9=36	5*9=45	6*9=54	7*9=63	8*9=72	9*9=81
```

程序共执行外循环 9 次，用于控制输出 9 行，内循环用于打印第 i 行，共 i 个算式，所以循环 i 次。每行打印完要换行，所以内循环结束后要单独增加一个 print()函数。

用 for 循环嵌套的代码如下。

```
for i in range(1, 10):
    for j in range(1, i + 1):
        print('{}*{}={}'.format(j, i, j * i), end='\t')
```

```
    print()
```

【例 2-25】 找两个人的共同爱好。

```
xm_hobbies = '吃 旅游 逛街 电影 睡觉 爬山 骑行 蹦极'
dxy_hobbies = '看书 玩游戏 电影 睡觉 画画'
for dxy in dxy_hobbies.split(' '):
    for xm in xm_hobbies.split(' '):
        if dxy == xm:
            print(dxy)
```

运行结果：

```
电影
睡觉
```

3．循环控制语句 break

循环过程中可能发生某些意外，需要提前终止循环，这时可以用 break 语句。break 在 while 或 for 循环语句中的作用是终止本级循环。

【例 2-26】 1～1000 的自然数累加，当累加和首次超过 3000 时，打印加数项及累加和。

```
total = 0
for i in range(1000):
    if total >= 3000:
        print('i = ', i)
        break
    total = total + i
print('total = ', total)
```

运行结果：

```
i = 78
total = 3003
```

【例 2-27】 循环等待，直到输入 exit。

```
while True:
    s = input('请输入字符串 (exit 退出)：')
    if s == 'exit':
        break
    print('input is ', s)
```

上述两个例子都用 break 结束循环。

4．循环控制语句 continue

循环过程中，continue 用于在某种情形下跳过本次循环，提前进入下一轮循环。continue 强调的是不再执行本次循环内当前语句后面的其余语句，重新开始下一次循环。

【例 2-28】 打印自然数 10 以内的偶数。

```
for num in range(10):
    if (num % 2 == 1):                  # 跳过奇数
        continue                        # 跳过下面的语句，即不运行下面的 print，直接进入下一轮循环
    print(num)                          # 打印偶数
```

【例 2-29】 统计 1～100 的自然数的和，但跳过所有个位数为 0 的自然数。

```
sum_ = 0
for i in range(1, 101):
    if i % 10 == 0:
        continue
    sum_ += i
print(sum_)
```

上述两个例子都用 continue 结束本轮循环，直接进入下一轮循环。

注意 continue 与 break 的区别。

2.7 聊天机器人的实现思路

我们已经学习了程序设计基本语法，如变量、数据类型、运算符、表达式及三大程序流程控制语句，可以尝试编写小型应用程序了。本节利用已学的知识搭建一个聊天机器人。

聊天机器人属于人工智能的范畴。人工智能（Artificial Intelligence，AI），起源于 1956 年的达特茅斯（Dartmouth）会议，由人工智能之父约翰·麦卡锡（John MacCarthy）和一批数学家、信息学家、心理学家、神经生理学家、计算机科学家首次提出，是研究、开发用于模拟、延伸和扩展人的智能的理论、方法、技术及应用的一门新的学科。

人工智能是计算机科学的一个分支，试图了解智能的实质，并生产出一种能与人类智能相似的方式做出反应的智能机器，研究方向包括机器人、语音识别、图像识别、自然语言处理和专家系统等。人工智能自诞生以来，理论和技术日益成熟，应用领域也不断扩大。最近几年，人工智能出现井喷式的发展，尤其在模式识别、机器学习、数据挖掘和智能算法领域取得了突破性的进展。人工智能的应用非常广泛，主要应用领域有如下几方面。

① 机器人领域：人工智能机器人，如 PET 聊天机器人能理解人的语言，用人类语言进行对话，能够用特定传感器采集、分析环境中出现的情况，调整自己的动作来达到特定的目的。

② 语音识别领域：把语言和声音转换成可进行处理的信息，如语音开锁（特定语音识别）、语音邮件、未来的计算机输入等。

③ 图像识别领域：利用计算机进行图像处理、分析和理解，以识别不同模式的目标和对象，如人脸识别、汽车牌号识别等。

④ 专家系统：具有专门知识和经验的计算机智能程序系统，采用的数据库相当于人脑具有丰富的知识储备，通过知识数据和知识推理技术模拟专家来解决复杂问题。

说到人工智能就不得不提艾伦·麦席森·图灵（Alan Mathison Turing），他是英国数学家、逻辑学家，被称为计算机科学之父、人工智能之父。他提出了著名的图灵测试：在隔开的情况下，测试者与被测试者（一个人和一台机器）通过一些装置（如键盘）向被测试者随意提问，进行多次测试后，如果这台机器让平均每个参与者做出超过 30%的误判，那么机器就通过了测试，并被认为具有人类智能。

近年诞生了很多图灵机器人，包括国内有专门的智能聊天机器人开放平台，对中文语义的理解准确率高达 90%以上，不仅具备强大的中文语义分析能力，还可以准确理解中文含义并回应，具有自然流畅的人机对话能力。

图灵机器人的基本原理是利用智能机器人接口，提供功能强大的 API，实现中文聊天、情感引擎等。

图灵机器人的实现步骤如下：① 平台注册，获取授权认证：APIKEY；② 按照规范的格式，向服务器发送请求；③ 服务器对发送的请求进行回应，返回信息；④ 对内容进行解析，获取机器人回复。

下面通过图灵机器人开放平台，让读者快速构建自己的专属聊天机器人，并为其添加丰富的机器人云端技能。选用平台为 tuling123，网址为 http://www.tuling123.c*m。

构建流程需要先进行平台注册，创建机器人，获取 APIKEY，然后根据需要设置机器人名称、应用终端（在此选网站）、应用行业和应用场景及简介，如图 2-5 所示。

图 2-5　在 tuling123 平台上创建机器人

操作中需要记录下 apikey、密钥、userid，如图 2-6 所示。

图 2-6　tuling123 平台

操作过程中还需要进行机器人设置、私有语料库、技能拓展、数据中心和在线测试。在私有语料库中新增语料，如问题：你叫什么名字，回答：我叫阿拉蕾，如图 2-7 所示。

图 2-7　机器人设置

单击 API 使用文档，可以进入帮助中心，选择接入教程，可以查看 API V2.0 接入文档，如图 2-8 所示。文档中给出了编写代码的标准和规范，如编码方式 UTF-8（调用图灵 API 的各个环节的编码方式均为 UTF-8），接口地址是 http://openapi.tuling123.c*m/openapi/api/v2，请求方式是 http post，即接口地址通过代码访问。

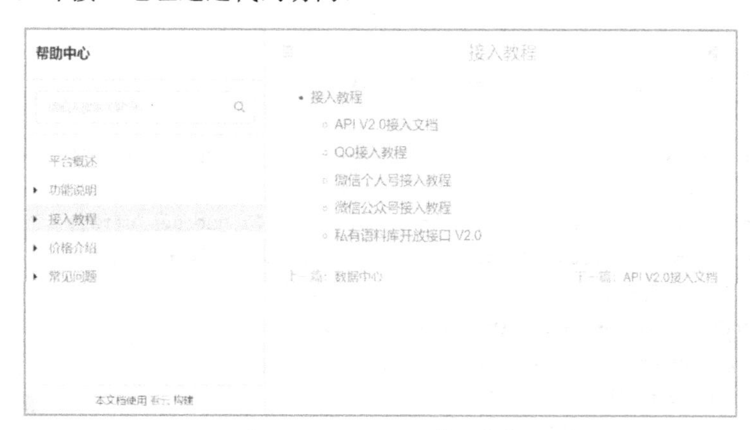

图 2-8　API V2.0 接入文档

2.8　聊天机器人的实现代码

聊天机器人的实现有如下 4 个步骤。

① 认证授权：需要配置 apikey 和 userid，通过授权认证后才能够调用平台接口。

② 发送请求：需要按照标准的格式封装请求内容，通过 urllib 模块将请求提交给服务器。

③ 获取响应：服务器端返回字符串格式通过 read 函数获取内容，将字符串格式的内容通过 JSON 模块进行解析，转为字典格式内容。

④ 解析内容：通过键值对的方式获取机器人的回答，并在终端中显示，可以通过循环实现重复对话。

实现代码如下：

```
import json
import urllib.request

apikey = '******************'                   # 修改为自己申请的key
userid = '**********'                           # 修改为自己的userid
url = 'http://openapi.tuling123.com/openapi/api/v2'
print('图灵机器人测试'.center(74, '='))
while True:
    info = input('我：')
    if info in ('exit', 'quit', '88'):
        break
    # 请求的格式
    request = {
        "perception": {
            "inputText":
                {"text": info
                 }
        },
        "userInfo": {
            "apiKey": apikey,
            "userId": userid
        }
    }
    request = json.dumps(request).encode('utf8')
    # 提交请求
    http_post = urllib.request.Request(url, data=request, headers={'content-type': 'application/json'})
    # 获取服务器端的响应
    response = urllib.request.urlopen(http_post).read().decode('utf8')
    response_dic = json.loads(response)          # 把JSON格式转换成字典格式
    # 获取机器人回答问题的场景
    intent_code = response_dic['intent']['code']
    if intent_code == 10004:
        intent_code = '聊天'
    elif intent_code == 1008:
        intent_code = '天气'
    elif intent_code == 10013:
        intent_code = '科普'
    elif intent_code == 10015:
        intent_code = '菜谱'
    elif intent_code == 10019:
        intent_code = '日期'
    elif intent_code == 10020:
        intent_code = '翻译'
    elif intent_code == 10023:
        intent_code = '链接'
    elif intent_code == 10034:
```

```
        intent_code = '语言库'
    else:
        pass
    # 获取响应的内容
    result_text = response_dic['results'][0]['values']['text']
    print('图灵机器人[{}]：{}'.format(intent_code, result_text))
print('我们下次再见喽~~~'.center(74, '='))
```

运行示例：

```
================================图灵机器人测试================================
我：你好
图灵机器人[聊天]：你好耶~
我：你叫什么名字
图灵机器人[语言库]：我叫阿拉蕾
我：你几岁了
图灵机器人[语言库]：我 18 岁
我：你吃饭了吗
图灵机器人[聊天]：我没吃过诶
我：88
================================我们下次再见喽~~~================================
```

程序中用到了 json 库和 urllib.request 库。JSON 是一种轻量级数据交互格式，易于阅读和编写。urllib.request 库提供了最基本的构造 HTTP 请求的方法，可以模拟浏览器中一个请求的发起过程，同时带有处理 Authenticaton（授权验证）、Redirections（重定向）、Cookies（浏览器 Cookies）和其他内容。对这些内容的进一步了解，请读者阅读其他参考资料。

习　题

1．关于 Python 的 if 语句下列说法不正确的是（　　）。

A．if 语句不可以嵌套　　B．if 分支下的语句块必须要缩进

C．if 语句中 elif 和 else 分支不能同时出现　　D．if 语句块可以为空

2．如下代码的打印结果是（　　）。

```
for x in range(5, 0, -2):
    print(x)
```

A．4 2 0　　B．5 3 1

C．0 2 4　　D．1 3 5

3．关于以下代码，正确的是（　　）。

```
num = 1
while num <= 20:
    print(num)
    num += 1
else:
    print("打印完毕")
```

A．这段代码写法上是错误的　　B．以上代码会打印 1～20 的整数

C. “打印完毕”会被打印　　D. “打印完毕”不会被打印

4. 以下关于 Python 循环结构的描述中，错误的是（　　）。

A. break 用来结束当前当次语句，但不跳出当前的循环体

B. 遍历循环中的遍历结构可以是字符串、文件、组合数据类型和 range()函数等

C. Python 通过 for\while 等保留字构建循环结构

D. continue 只结束本次循环

5. 以下代码的输出结果是（　　）。

```
def Hello(name, age):
    if age > 50:
        print("您好！"+name+"奶奶")
    elif age > 40:
        print("您好！"+name+"阿姨")
    elif age > 30:
        print("您好！"+name+"姐姐")
    else:
        print("您好！"+"小"+name)

Hello(age = 43, name = "赵")
```

A. 您好！赵奶奶　　B. 您好！赵阿姨

C. 您好！赵姐姐　　D. 您好！小赵

6. 以下描述中，不属于 python 语言控制结构的是（　　）。

A. 分支结构　　B. 程序异常

C. 跳转结构　　D. 顺序结构

7. 以下代码的输出结果是（　　）。

```
for i in 'PythonNCRE':
    if s == "N":
        break
print(s, end="")
```

A. PythonCRE　　B. N

C. Python　　D. PythonNCRE

8. 以下保留字不属于分支或循环逻辑的是（　　）。

A. elif　　B. do

C. for　　D. while

9. 在 python 语言中，使用 for..in..方式形成的循环不能遍历的类型是（　　）。

A. 列表　　B. 复数

C. 字符串　　D. 字典

10. 以下代码的输出结果是（　　）。

```
a=[[1,2,3], [4,5,6], [7,8,9]]
s = 0
for c in a:
    for j in range(3):
        s += c[j]
```

```
print(s)
```

A．[1,2,3,4,5,6,7,8,9]　　B．45

C．24　　D．0

11．以下关于 python 分支的描述中，错误的是（　　）。

A．Python 分支结构使用保留字 if、elif 和 else 来实现，每个 if 后面必须有 elif 或 else

B．if-else 结构可以是嵌套的

C．if 语句会判断 if 后面的逻辑表达式，当表达式为真时，执行 if 后续的语句块

D．缩进是 python 分支语句的语法部分，缩进不正确会影响分支功能

12．以下程序的输出结果是（　　）。

```
sum = 1
for i in range(1, 11):
    sum += 1
print(sum)
```

A．1　　B．56

C．67　　D．56.0

实　验

实验 2.1　单分支结构

【问题】 在 Python 中，什么是单分支结构？

单分支语句指的是根据条件选择执行某些语句。当条件成立时，执行代码块，条件不成立时，什么也不做。

语法格式如下：

```
if 判断条件:
    代码块
```

【方案】 使用单分支结构进行判断。

【步骤】 使用单分支结构对小明和大伟成绩进行判断。

```
#!/usr/bin/evn python
# -*- coding:utf-8 -*-
"""ex01_单分支结构.py"""
# 使用单分支结构对学生成绩进行判断
xiaoming_score = 75                          # 小明同学成绩为75
dawei_score = 50                             # 大伟同学成绩为50
if xiaoming_score < 60:
    print('小明同学成绩不合格。')
if xiaoming_score > 60:
    print('小明同学成绩及格了。')
if dawei_score < 60:
    print('大伟同学成绩不合格。')
if dawei_score > 60:
    print('大伟同学成绩及格了。')
```

实验 2.2 双分支结构

【问题】 在 Python 中，什么是双分支结构？为什么需要双分支结构？

在满足条件的情况下，if 分支结构会执行指定的代码；在不满足条件的情况下，往往退出分支结构，继续执行后续代码。但是在很多情况下，需要在两种情况（满足或不满足）中做出选择，分别执行不同的代码块，这时可以使用 else 语句实现。

else 分支只能有一条。

语法格式如下：

```
if 判断条件:
    代码块 1
else:
    代码块 2
```

【方案】 使用双分支结构进行判断。

【步骤】 使用双分支结构对小明和大伟成绩进行判断。

```
#!/usr/bin/evn python
# -*- coding:utf-8 -*-
"""ex02_双分支结构.py"""
# 使用双分支结构对学生成绩进行判断
xiaoming_score = 75                                # 小明同学成绩为 75
dawei_score = 50                                   # 大伟同学成绩为 50
if xiaoming_score < 60:
    print('小明同学成绩不合格。')
else:
    print('小明同学成绩及格了。')
if dawei_score < 60:
    print('大伟同学成绩不合格。')
else:
    print('大伟同学成绩及格了。')
```

实验 2.3 多分支结构

【问题】 在 Python 中，什么是多分支结构？为什么需要双分支结构？

很多时候，选择往往不止两个，在出现多种选择的时候，可以使用 elif 实现多路分支结构。

if 分支在满足条件的情况下执行，elif 分支在不满足 if 分支，但是满足此分支的情况下执行，else 分支在其他都不满足的情况下执行。

elif 分支可以有多条。

语法格式如下：

```
if 判断条件:
    代码块 1
elif:
    代码块 2
else:
    代码块 3
```

【方案】 使用多分支结构进行判断。

【步骤】 使用多分支结构对小明和大伟成绩进行判断。

```
#!/usr/bin/evn python
# -*- coding:utf-8 -*-
"""ex03_多分支结构.py"""
# 使用多分支结构对学生成绩进行判断
# 设定成绩在0~59为不及格，60~79为及格，80分以上为优秀
xiaoming_score = 75                              # 小明同学成绩为75
dawei_score = 50                                 # 大伟同学成绩为50
# 两个elif分支
if xiaoming_score < 60:                          # <60，代表不包括60
    print('小明同学成绩不合格。')
# 执行到此，说明if分支条件不满足，elif条件 60 <= xiaoming_score < 80 可省略60 <=
elif xiaoming_score < 80:
    print('小明同学成绩及格了。')
else:
    print('小明同学成绩优秀！')
# 三个elif分支
if dawei_score < 60:
    print('大伟同学成绩不合格。')
elif dawei_score < 80:
    print('大伟同学成绩及格了。')
elif dawei_score < 100:
    print('大伟同学成绩优秀！')
else:
    print('大伟同学考了满分！')
```

实验 2.4 使用分支嵌套实现用户登录验证

【问题】 在 Python 中，什么是分支嵌套结构？

用 if 进行条件判断，如果希望在条件成立的执行语句中再增加条件判断，那么可以使用 if 的嵌套。if 的嵌套的应用场景是：在之前条件满足的前提下，再增加额外的判断。if 嵌套的语法格式，除了缩进，与之前的没有区别。

语法格式如下：

```
if 外部条件:
    if 内部条件:
        代码块1
    else:
        代码块2
else:
    代码块3
```

【方案】

① 如果用户名输入正确，那么输入密码并进行判断。

② 如果用户名输入错误，那么直接提示错误，不进行密码判断。

【步骤】 实现此案例需要按照如下步骤进行。

步骤一：如果用户名输入正确，那么输入密码并进行判断。

```
#!/usr/bin/evn python
# -*- coding:utf-8 -*-
"""ex01_分支嵌套.py"""
# 使用分支嵌套结构实现用户登录验证
# 设定用户名为：admin，密码为：123456
raw_username, raw_password = 'admin', '123456'
username = input('请输入用户名：' )
# 外层分支，判断用户名是否正确，用户名正确才需要输入密码，否则提示用户名不正确
if username == raw_username:
    password = input('请输入密码：')
    # 当用户名正确才进行密码判断，密码正确提示登录成功，否则提示密码不正确
    if password == raw_password:
        print('登录成功')
    else:
        print('密码不正确')
```

步骤二：如果用户名输入错误，那么不进行密码判断。

```
# 当用户名不正确直接提示‘用户名不正确’，不需要进行密码判断
else:
    print('用户名不正确')
```

实验 2.5　使用分支嵌套实现公园门票折扣计算

【问题】 在 Python 中，如何使用分支嵌套实现公园门票折扣计算？

① 设定公园门票折扣标准。

② 将标准作为 if 语句的判断条件。

语法格式如下：

```
if 外部条件:
    if 内部条件:
        代码块 1
    else:
        代码块 2
    else:
        代码块 3
```

【方案】

① 设定公园门票为 100 元。

② 设定公园 4～8 月为淡季，门票 8 折。

③ 设定游客为儿童（不超过 12 岁）或老人（不低于 70 岁）门票 6 折。

④ 折扣可以叠加。

【步骤】 使用分支嵌套实现公园门票折扣计算。

```
#!/usr/bin/evn python
# -*- coding:utf-8 -*-
"""ex02_分支嵌套结构实现公园门票折扣计算.py"""
# 设定公园门票 100 元
```

```
ticket_price = 100
# 获取游玩月份、游客年龄
month = int(input('请输入月份:'))
age = int(input('请输入年龄:'))
# 外层分支判断月份是否符合折扣月份
if month not in (4, 5, 6, 7, 8):                # 如果是折扣月份，那么门票8折
    ticket_price *= 0.8
    if any([age <= 12, age >= 70]):             # 如果年龄也在折扣范围内，那么再6折
        ticket_price *= 0.6
    else:                                       # 如果外层判断不符合折扣月份，那么直接判断年龄是否符合
        if any([age <= 12, age >= 70]):
            ticket_price *= 0.6
# 打印出最终的门票金额
print('应收门票金额:', ticket_price)
```

实验 2.6　多级分支嵌套语句的分离

【问题】 在 Python 中，为什么要进行多级分支嵌套语句的分离？

层级过多会影响代码的阅读性，后期也不容易维护；可以通过提取方法将分支嵌套分开，从而简化逻辑。

【方案】 多级分支嵌套语句分离。

【步骤】 将门票折扣计算程序进行多级分支嵌套语句的分离。

```
#!/usr/bin/evn python
# -*- coding:utf-8 -*-
"""ex03_多级分支嵌套语句的分离.py"""
ticket_price = 100                              # 设定公园门票100元
month = int(input('请输入月份:'))               # 获取游玩月份，游客年龄
def check_age():                                # 将年龄判断分支分离出来
    age = int(input('请输入年龄:'))
    if any([age <= 12, age >= 70]):
        ticket_price *= 0.6
    # 外层分支判断月份是否符合折扣月份
    if month not in (4, 5, 6, 7, 8):            # 是折扣月份，那么门票8折
        ticket_price *= 0.8
        check_age()
else:                                           # 如果外层判断不符合折扣月份，那么直接判断年龄是否符合
    check_age()
# 打印最终的门票金额
print('应收门票金额：', ticket_price)
```

实验 2.7　简单分支语句组的应用

【问题】 在 Python 中，什么是简单分支语句组？

① 可以通过一行代码实现简单的逻辑判断。

② 成立则执行，不成立则直接跳过该行代码。

【方案】

① 使用简单分支语句组判断今天是不是周末。

② 使用简单分支语句组判断密码是否正确。

【步骤】 实现本实验需要按照如下步骤进行。

步骤一：使用简单分支语句组判断今天是不是周末。

```
#!/usr/bin/evn python
# -*- coding:utf-8 -*-
"""ex04_简单分支语句组的应用.py"""
# 使用简单分支语句组判断今天是不是周末
# 导入 datetime 模块
import datetime
# 获取当前时间：xxxx-xx-xx
today = datetime.date.today()
# 判断当前时间是一周中的第几天（周一到周日为 0-6，0 表示周一，1 表示周二，以此类推）
day_of_week = datetime.date.weekday(today)
# 判断今天是否为周末，是则执行 print 语句，否则什么也不做
if day_of_week >= 5:
    print('今天是周末')
```

步骤二：使用简单分支语句组判断密码是否正确。

```
# 使用简单分支语句组判断密码是否正确
# 设定密码
my_password = '123456'
# 输入密码
my_pwd = input('请输入密码:')
# 判断密码是否正确，是，则执行 print 语句，否则什么也不做
if my_pwd == my_password:
    print('登录成功!')
```

第 3 章　常用组合数据类型

随着计算机处理的数据量越来越大，数据的存储、组织、管理成为了需要重点解决的问题，计算机科学中出现了专门研究数据组织结构的分支——数据结构，即研究数据的组织结构并对这种结构定义相应的运算、设计相应的算法。

根据不同数据的特征，Python 中的数据结构可以抽象为不同的组合数据类型，进而高效地表达和处理批量数据。Python 常用的组合数据类型有序列类型、集合类型和映射类型。序列类型又分为列表、元组和字符串类型。

3.1　列表类型

列表是 Python 的一个内建数据结构，用一对“[]”表达，可以看成一个容器，如图 3-1 所示。该容器被隔成不同的空间，每个空间可以放任何类型的“物体”，列表中的物体之间有前后的位置关系，物体可以被修改、删除、替换，列表的每个格子可以增加或删除，所以列表是一个可变序列。

负索引	-8	-7	-6	-5	-4	-3	-2	-1
正索引	0	1	2	3	4	5	6	7
列　表	1	2	3	4	5	6	'abc'	[7,8]

图 3-1　列表示意

列表是一个灵活的数据结构，具有处理任意长度元素、混合数据类型的能力，并提供了丰富的基础操作符和操作方法。

1. 定义列表

列表的定义方法一：

```
列表名 = [列表内容, …]
```

例如：

```
l=[]                                          # 定义空列表
l=['A','B','C','D','E']
L=['Beijing','Shanghai','Shenzhen']
```

```
l=[1,'two',False,172.0]                    # 列表元素的类型可以各不同
l=[1,2,[3.1,3.2,3.3],4]                    # 嵌套列表，列表的元素也是列表
```

列表的定义方法二：list()函数。

list()或 list(iterable)函数能够将可迭代对象转换为列表。例如：

```
>>>list()                                  # 创建空列表，等同于 l = []
[]
>>> list("Wei")                            # 将字符串转换为列表
['W', 'e', 'i']
>>> list((1,2,3))                          # 将元组转换为列表，(1,2,3)是元组对象
[1, 2, 3]
>>>l=list([1,2,3])                         # 等同于复制列表
>>>l
[1, 2, 3]
```

2．列表的运算

（1）列表拼接运算+

```
>>> [1,2,3]+[4,5,6]
[1, 2, 3, 4, 5, 6]
>>>list(range(5))+list(range(5,10))
[0,1,2,3,4,5,6,7,8,9]
```

（2）元素重复运算*

```
>>>[8]*5                                   # 列表元素重复 5 次
[8, 8, 8, 8, 8]
>>>['A','B','C']*5                         # 列表元素重复 5 次
```

['A', 'B', 'C', 'A', 'B', 'C', 'A', 'B', 'C', 'A', 'B', 'C', 'A', 'B', 'C']

（3）列表关系运算==、!=

```
>>>x = [1,2,3]
>>>y = [4,5,6]
>>>x != y                                  # 逐个元素比较
True
>>>y = [1,2,3]                             # 逐个元素比较，直至比较到不一致或比较完毕
>>>x == y
True
>>>y = [1,2,4]
>>>x<y
True
```

（4）列表成员运算 in

in 用于成员运算，若对象在列表中，则返回 True，否则返回 False。

```
>>>'aa' in [1,'aa',2]
True
>>>3 in [1,'aa',2]
False
>>>'xm' in ['xiaoming']                    # 列表中只有一个元素'xiaoming'
False
```

（5）列表逻辑运算 not、and、or

```
>>>[] and [1,2,3]
[]
>>>[1,2] and ['aa']          # and 的左边为真，继续判断右边的表达式，返回右边表达式的值
['aa']
>>>[] or [1,2]               # or 的左边为假，继续判断右边的表达式，返回右边表达式的值
[1, 2]
>>>[1,2] or [3,4]            # or 的左边为真，直接短路，返回左边表达式的值
[1, 2]
>>>not []
True
>>>not [1,2]
False
```

3．索引和切片

列表的索引与字符串的索引含义一样。设列表长度为 n，那么正向索引范围是$[0,n-1]$，逆向索引范围是$[-n,-1]$。

（1）索引基本操作

例如：

```
>>>a = [1,5,9,10]
>>>a[0],a[-1]
(1, 10)
>>>a[0] = 'a'
>>>a
['a', 5, 9, 10]
>>>a[4]
IndexError: list index out of range        # 下标越界错误
```

（2）列表切片

列表切片的语法格式如下：

```
slice[起始:结束:步长]
```

例如：

```
>>>x = [0,1,2,3,4,5,6,7,8]
>>>x[1:9:2]
[1, 3, 5, 7]
>>>x[-3:0]
[]
>>>x[-3:0:-1]
[6, 5, 4, 3, 2, 1]
>>>x[::-1]
[8, 7, 6, 5, 4, 3, 2, 1, 0]
>>>a[99:]                                  # 切片操作不会产生越界错误
[]
```

（3）列表切片赋值

例如：

```
>>>a = [1,2,3,4]
>>>a[1:3] = [5,6]                    # 通过切片赋值，一次性修改多个元素
>>>a
[1, 5, 6, 4]
>>>a[1:] = [7,8,9,10]                # 通过切片赋值增加元素
>>>a
[1, 7, 8, 9, 10]
>>>a[2:2] = ['a','b']                # 通过切片赋值插入元素
>>>a
[1, 7, 'a', 'b', 8, 9, 10]
>>>a[1:6] = []                       # 通过切片赋值删除元素
>>>a
[1, 10]
```

3.2 列表操作

列表具有丰富的函数和方法，所以具有了强大的功能。读者熟练掌握列表的函数和方法可以快速地使用列表解决问题。

1．列表常用函数

列表常用函数如表 3-1 所示。

表 3-1 列表常用函数

函 数	说 明
len(s)	s 的长度
max(s)	s 的最大项
min(s)	s 的最小项
sum(s,[start])	s 中所有元素的和加上 start（默认为 0）
s.index(x[, i[, j]])	x 在 s 中首次出现的索引号（索引号在 i 后且在 j 前）
s.count(x)	x 在 s 中出现的总次数
s.append(x)	将 x 添加到序列的末尾（等同于 s[len(s):len(s)] = [x]）
s.extend(t)或 s += t	用 t 的内容扩展 s（等同于 s[len(s):len(s)] = t）
s.insert(i, x)	将 x 插入 s 的索引位置 i 处（等同于 s[i:i] = [x]）
s.pop([i])	提取在 i 位置上的项，并将其从 s 中移除
s.remove(x)	删除 s 中第一个等于 x 的项目
del s[i:j:k]	从列表中移除 s[i:j:k]的元素
s.reverse()	就地将列表中的元素逆序
s.sort(*, key=None, reverse=False)	key 用于从每个列表元素中提取比较键（如 key=str.lower）作为排序的键值，默认值 None 表示直接对列表项排序而不计算一个单独的键值。若参数 reverse=True，则表示按逆序排序
s.clear()	从 s 中移除所有项（等同于 del s[:]）

（1）len()函数

```
>>>a = [1,2,3,4]
>>>len(a)
4
```

(2) max()函数

```
>>>max([1,2,3,4])
4
>>>max(['aa','yy','dd'])
'yy'
```

(3) min()函数

```
>>>min(['aa','yy','dd'])
'aa'
>>>min(['aa','yy','dd',1])        # max()和 min()函数要求列表元素类型一致，否则报警 TypeError 错误
TypeError: '<' not supported between instances of ' int' and 'str'
```

(4) sum()函数

```
>>>sum([1,2,3])                   # 元素类型都为数值类型
6
>>>sum([1,2,3],10)                # 列表元素和再加上 10
16
```

(5) index()函数

索引查找函数 index()的作用是找到被查找对象的下标位置，若找不到，则返回错误。

```
>>>a=[1,2,5,6,10,4,9,9]
>>>a.index(9)                     # 第一次出现 9 是在下标为 6 的位置
6
>>>a.index(9,7,8)                 # 在位置[7,8)之间找 9
7
>>>a.index(9,7)                   # 在位置 7 之后找 9
7
>>>a.index(11)                    # 找不到 11，则返回错误
ValueError: 11 is not in list
```

(6) count()函数

```
>>>a=[1,2,5,6,10,4,9,9]
>>>a.count(1)                     # 1 出现了 1 次
1
>>>a.count(9)                     # 9 出现了 2 次
2
>>>a.count(100)                   # 找不到，则返回 0
0
```

(7) append()函数

```
>>>a = [1,2,5,6,10,4,9,9]
>>>a.append(10)
>>>a
[1, 2, 5, 6, 10, 4, 9, 9, 10]
>>> b = a.append(10)              # 添加元素 10 到末尾，但 append()函数本身不返回值，所以 b 为空类型
>>> type(b)
<class 'NoneType'>
>>>a.append([100,200])            # 将[100,200]作为一个元素加到列表尾部
>>>a
```

```
[1, 2, 5, 6, 10, 4, 9, 9, 10,10, [100, 200]]
```

（8）extend()函数

extend()函数用来拼接新的列表到原列表末尾。

```
>>>a = [1,2,5,6,10,4,9,9]
>>>a.extend('aa')                        # 先将'aa'转换为列表['a', 'a']
>>>a
[1, 2, 5, 6, 10, 4, 9, 9, 'a', 'a']
>>>a.extend(100)                         # 参数必须是列表的形式，所以返回错误
TypeError: 'int' object is not iterable
>>>a.extend([20,30,40])
>>>a
[1, 2, 5, 6, 10, 4, 9, 9, 'a', 'a', 20, 30, 40]
```

（9）insert()函数

```
>>>a = [1,2,5,6,10,4,9,9]
>>>a.insert(2,[100,200])                 # 在下标为 2 的位置插入元素[100, 200]
>>>a
[1, 2, [100, 200], 5, 6, 10, 4, 9, 9]
>>>a.insert(2,'aa')
>>>a
[1, 2, 'aa', [100, 200], 5, 6, 10, 4, 9, 9]
>>>a.insert(30,'bb')                     # 找不到位置 30，就插入最后
>>>a
[1, 2, 'aa', [100, 200], 5, 6, 10, 4, 9, 9, 'bb']
>>>a.insert(-40,'cc')                    # 找不到位置-40，就插入最前
>>>a
['cc', 1, 2, 'aa', [100, 200], 5, 6, 10, 4, 9, 9, 'bb']
```

（10）pop()函数

pop()函数的作用是删除指定索引的元素并返回该值，默认为列表的最后一个元素。

```
>>>a = [1,2,5,6,10,4,9,9]
>>>a.pop()                               # 删除列表 a 的最后一个元素 9，并返回
9                                        # 返回值 9
>>>a
[1, 2, 5, 6, 10, 4, 9]
>>>a.pop(0)                              # 删除列表 a 的第 0 号元素 1
1                                        # 返回值 1
>>>a
[2, 5, 6, 10, 4, 9]
>>>a.pop(-1)                             # 删除最后一个元素，值为 9
9
>>>a
[2, 5, 6, 10, 4]
>>>a.pop(30)                             # 下标越界，返回错误
IndexError: pop index out of range
```

（11）remove()函数

remove()函数在列表中从左往右依次搜索指定的元素，若找到，则删除，否则返回错误。

```
>>>a = [1,2,[5,6],10,4,9,9]
>>>a.remove(2)                                    # 删除元素 2
>>>a.remove([5,6])                                # 删除元素[5,6]
>>>a
[1, 10, 4, 9, 9]
>>>a.remove(300)                                  # 找不到元素 300，则返回错误
ValueError: list.remove(x): x not in list
```

（12）del()函数

del()函数具有删除列表元素或列表片段的功能，甚至删除列表本身。

```
>>>a = [1,2,[5,6],10,4,9,9]
>>>del a[0]
>>>a
[2, [5, 6], 10, 4, 9, 9]
>>>del a[-3:-1]
>>>a
[2, [5, 6], 10, 9]
>>>del a
>>>a                                              # 返回错误，因为 a 已不存在
NameError: name 'a' is not defined
```

（13）reverse()函数

reverse()函数的作用是反转列表元素的顺序。

```
>>>a = [1,2,[5,6],10,4,9,9]
>>>a.reverse()
>>>a
[9, 9, 4, 10, [5, 6], 2, 1]
```

（14）sort()函数

sort()函数将列表按关键字值排序，默认按升序排列，若 reverse=True，则按降序排列。

```
>>>a = [1,2,0,10,4,9,7]
>>>a.sort()
>>>a
[0, 1, 2, 4, 7, 9, 10]
>>>a.sort(reverse = True)                # reverse = True 表示降序
>>>a
[10, 9, 7, 4, 2, 1, 0]
```

（15）clear()函数

clear()函数的作用是清空列表元素，但不会删除列表对象本身。

```
>>>a = [1,2,0,10,4,9,7]
>>>id(a)
2185655882816
>>>a.clear()
>>> a
[]
```

上述操作等价于

```
a[:]=[]
>>>id(a)                                    # 列表a还存在
2185655882816
```

2. 列表遍历

【例 3-1】 通过 while 循环遍历，求列表元素的和。

```
a = [1,2,5,6,10,4]
i = 0
sum = 0
while i < len(a):
    sum += a[i]
    i += 1
print(sum)
```

【例 3-2】 通过 for 循环遍历，求列表元素的和。

```
a = [1,2,5,6,10,4]
sum = 0
for n in a:
    sum += n
print(sum)
```

3. 列表复制

列表复制分为浅拷贝和深拷贝。

（1）列表浅拷贝

方法一（如图 3-2 所示）：

```
>>>x = [0, 1, 2, 3, 4, 5, 6, 7, 8]
>>>y = x                                    # 浅拷贝
y[0] = 'a'
>>>x
['a', 1, 2, 3, 4, 5, 6, 7, 8]
>>>y                                        # 修改列表x同步修改了列表y
['a', 1, 2, 3, 4, 5, 6, 7, 8]
```

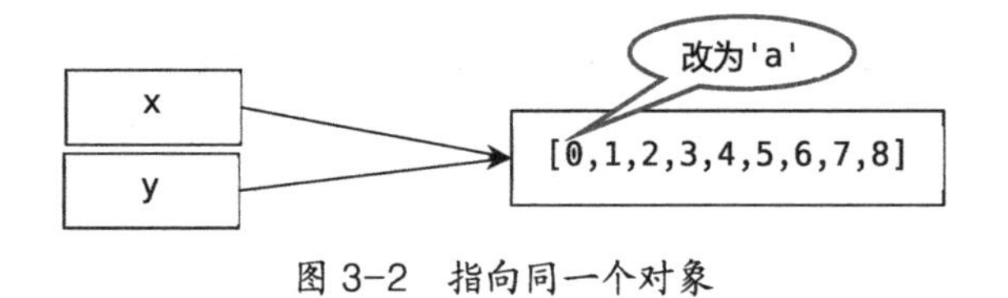

图 3-2　指向同一个对象

方法二（如图 3-3 所示）：

```
>>>x = [0, 1, 2, 3, 4, 5, 6, 7, 8]
>>>y = x[:]                                 # 也是浅拷贝，等价于 y=x.copy()
>>>y[0] = 'a'
>>>x
[0, 1, 2, 3, 4, 5, 6, 7, 8]
>>>y                                        # 修改列表x不会同步修改列表y
['a', 1, 2, 3, 4, 5, 6, 7, 8]
```

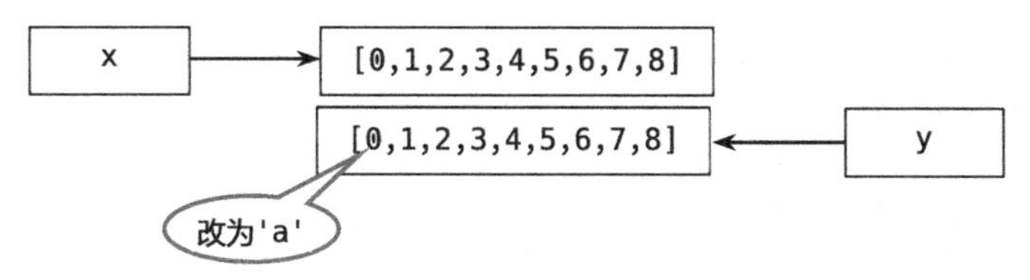

图 3-3　不是指向同一个对象

（2）嵌套列表的浅拷贝

```
>>>x = [3,2,[20,10],8,4]
>>>y = x.copy()                                  # 浅拷贝
>>>y
[3, 2, [20, 10], 8, 4]
>>>x[2][0] = 'a'
>>>x
[3, 2, ['a', 10], 8, 4]
>>>y
[3, 2, ['a', 10], 8, 4]
```

这里，列表 x 和 y 又同步改变了，如图 3-4 所示。

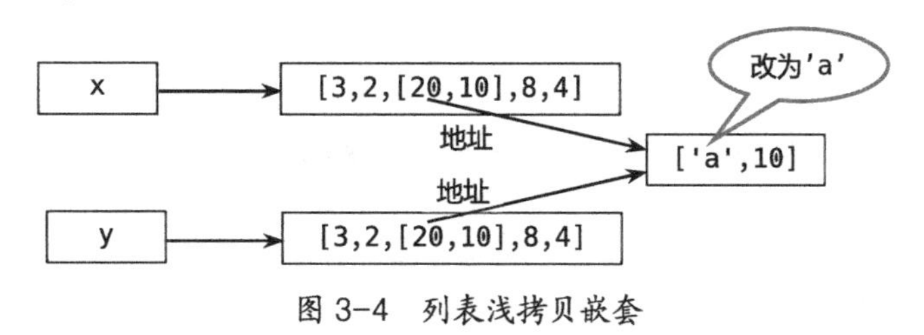

图 3-4　列表浅拷贝嵌套

列表 x 存储了嵌套列表[3, 2, [20, 10], 8, 4]在内存中的地址，复制后开辟了新的内存空间存放[3, 2, [20, 10], 8, 4]，列表 y 指向它。但列表中第 2 号元素的地方存储的是子列表[20, 10]的地址，此时 x[2]和 y[2]两个地址指向的是内存同一区域。所以在对嵌套的子列表进行修改时，修改的是同一个内存地址的真实数据，结果就是列表 x 和 y 的子列表元素都被修改了。

（3）嵌套列表的深拷贝

若需要在列表复制时把嵌套的子列表也复制一份，那么需要使用深拷贝。例如：

```
>>>import copy
>>>a = [3,2,[30,10],8,4]
>>>b = copy.deepcopy(a)                      # 深拷贝
>>>a
[3, 2, [30, 10], 8, 4]
>>>b
[3, 2, [30, 10], 8, 4]
>>>b[2][0] = 'a'
>>>a
[3, 2, [30, 10], 8, 4]
>>>b
[3, 2, ['a', 10], 8, 4]
```

深拷贝是把列表及所嵌套的子列表的值全部复制一份，然后存到新的内存空间，即使列表嵌套了多层，处理方法也一样。

```
>>>a = [3,[[100,200],[3,4]],[30,10],8,4]
>>>c = copy.deepcopy(a)
>>>c
[3, [[100, 200], [3, 4]], [30, 10], 8, 4]
>>>c[1][0][1] = 'b'
>>>c
[3, [[100, 'b'], [3, 4]], [30, 10], 8, 4]
>>>a
[3, [[100, 200], [3, 4]], [30, 10], 8, 4]
```

3.3 元组类型

元组与列表非常相似，都属于序列类型，但元组是不可变的序列。所谓不可变，就是既不能修改元素，也不能删除元素，这是元组的最大特征。元组提高了数据的安全性，也提高了数据的处理速度。元组用一对“( )”表达，好比是凝固的列表。

1．定义元组

方法一：(元素, …)。例如：

```
>>>t = ()                                    # 空元组
>>>t = (10,)                                 # 单个元素的元组要加逗号
>>>t = (1,'yy',22)
>>>t = (1,'yy',(2,3,4),22)                   # 嵌套的元组
```

方法二：tuple()函数。

```
>>>t = tuple()                               # 等同于 t = (), 定义空的元组
>>>t = tuple('abcdefg')                      # 将字符串转换为元组
>>>t
('a', 'b', 'c', 'd', 'e', 'f', 'g')
>>>t = tuple([1,2,3,4,5])                    # 将列表转换为元组
>>>t
(1, 2, 3, 4, 5)
>>>a = tuple(t)                              # 复制元组, 等价于 a = t
>>>a
(1, 2, 3, 4, 5)
>>>t is a                                    # 元组 t 和 a 指向同一个对象
True
```

2．元组的访问

元组的访问方法与列表的访问方法完全相同。例如：

```
>>>t = (1,'yy',(2,3,4),22)
>>>t[1]
'yy'
>>>t[2]
(2, 3, 4)
>>>t[-1]
22
```

```
>>>t[:]
(1, 'yy', (2, 3, 4), 22)
>>>t[4]                                          # 下标越界错误
IndexError: tuple index out of range
>>>t[0] = 3                                      # 错误，元组的元素不可改变
TypeError: 'tuple' object does not support item assignment
>>>del t[0]                                      # 错误，元组的元素不可改变
TypeError: 'tuple' object doesn't support item deletion
>>>del t                                         # 删除元组对象
```

3．元组的相关函数

元组的相关函数如表 3-2 所示。

表 3-2　元组的相关函数

函　数	说　明
len(seq)	返回元组序列的长度
max(x)	返回元组序列的最大值
min(x)	返回元组序列的最小值
sum(x)	返回元组序列中所有元素的和
reversed(seq)	返回逆向元组序列顺序的迭代器对象

例如：

```
>>>a = (1,2,3)
>>>len(a)
3
>>>max(a)
3
>>>min(a)
1
>>>sum(a)
6
>>>reversed(a)                                   # 生成新的逆向可迭代对象
<reversed object at 0x000001FCE33DD580>
>>>for n in reversed(a):                         # 遍历可迭代对象
        print(n,end=' ')
3 2 1
```

4．元组的常用方法

元组的常用方法有 count、index 等，含义与列表中的同名函数相同。

（1）s.count(value)

s.count(value)用于统计在元组 s 中值 value 出现的次数。

```
>>>a = (1,2,3,2)
>>>a.count(3)
1
>>>a.count(2)
2
```

（2）s.index(value[, start[, stop]])

s.index(value[, start[, stop]])用于在指定的 start 到 stop 区间内查找值 value 第一次出现的下标位置。

```
>>>a = (1,2,3,2)
>>>a.index(2)
1
>>>a.index(3)
2
```

在 Python 中，元组、列表、字符串被统称为序列。序列是个抽象名词，归纳了元组、列表、字符串的普遍共性，如序列中的每个元素被分配一个序号称为索引，可以正序访问序列元素，也可以逆序访问序列元素，可以用切片访问序列片段。

序列还有一些通用的操作函数和方法，如序列相加、序列相乘、序列成员运算、求序列长度、求最大值、求最小值、获得索引等，如表 3-3 所示。

表 3-3　常用序列函数

函　数	说　明
len(seq)	返回序列的长度
max(x)	返回序列的最大值
min(x)	返回序列的最小值
sum(x)	返回序列中所有元素的和
index(value)	返回 value 值第一次出现在序列中的下标位置
reversed(seq)	返回逆向顺序的迭代对象
sorted(iterable, reverse=False)	排序可迭代对象
str(object)	把对象序列化为一个字符串
list(iterable)	复制可迭代对象，生成一个列表
tuple(iterable)	复制可迭代对象，生成一个元组

3.4　字典类型

人们常常把姓名及其电话号码同时记录，如“小明：1581862135”或“大伟：1581862136”，通过姓名可以查找电话号码。又如，在查阅英汉字典时，人们可以通过英文单词找到对应的中文含义，如“help：帮助；协助、援助”或“test：测验；考查；（医疗上的）检查；化验”。这两种使用场景都表达了同一种关系：映射。

Python 用字典类型实现上述功能，用于查找的特征词如姓名、英文单词称为关键字，对应的电话号码和中文翻译称为值。字典就是用来表达键到值的映射关系，用“{}”表示，如：

```
{'小明':1581862135, '大伟':1581862135}
```

键值对之间用“,”隔开，键与值之间用“:”分隔。一个键值对就是字典的一个元素。字典是无序的，即字典元素没有先后顺序之分。

1. 字典的创建

（1）定义字典

定义字典的语法格式如下：

```
字典名 = {key1:value1, key2:value2, …}
```

字典名即字典对象名；key 是字典的键，是用于查找的依据，在字典中必须唯一，键必须是不可变数据对象，如字符串、整数、元组；value 是键对应的值，一个键可以对应多个值，多个值可以用组合数据类型表达，如列表、元组或字典，字典的值可以用任意数据类型。例如：

```
>>>d={}                                                        # 定义空字典 d
>>>d1={'name':'xiaoming','age':18}
>>>d1={'xiaoming':[ '1581862135', '12345678']}                 # 'xiaoming'有多个电话号码，用列表表示
>>>d2={'xm':1234567,'dxy':{'mob':2345678,'addr':'北京'}}       # 字典嵌套，表达键'dxg'的多项信息
```

（2）初始化字典（dict()函数）

dict()函数有以下 3 种使用方法。

dict()：生成一个空字典，等同于{}。

dict(iterable)：将可迭代对象转换为字典。

dict(mapping)：以(key, value)的形式初始化字典。

例如：

```
>>>d = dict()                                                  # 等同于 d = {}，创建一个空字典
>>> books=dict(
    [
        ('xyj','西游记'),
        ('hlm','红楼梦'),
        ('shz','水浒传'),
        ('sgyy','三国演义')
    ])                                                         # 把列表对象转换为字典
>>> books
{'xyj': '西游记', 'hlm': '红楼梦', 'shz': '水浒传', 'sgyy': '三国演义'}
```

也可以用命名变量的方法定义字典。例如：

```
>>> books = dict(xyj = '西游记', hlm = '红楼梦', shz = '水浒传', sgyy = '三国演义')
>>> books
{'xyj': '西游记', 'hlm': '红楼梦', 'shz': '水浒传', 'sgyy': '三国演义'}
```

（3）生成字典（dict.fromkeys()函数）

```
>>>dict.fromkeys((1,2,3,4))                                    # 只有 key 的值，value 值缺省
{1: None, 2: None, 3: None, 4: None}
>>>dict.fromkeys((1,2,3,4),'Hello')                            # value 值统一
{1: 'Hello', 2: 'Hello', 3: 'Hello', 4: 'Hello'}
```

（4）字典值的查询

通过键 key 查询字典的值。例如：

```
>>>d2 = {'xm': 1234567, 'dxy': {'mob': 2345678, 'addr': '北京'}}
>>>d2['xm']                                                    # 通过 key 查询值
1234567
>>>d2['age']                                                   # key 必须存在，否则报错
KeyError: 'age'
```

（5）增加字典元素

增加字典元素的语法格式如下：

```
d[key] = value
```

例如：

```
>>>d = {}
>>>d['name'] = 'xiaoming'              # 用赋值的形式新增字典元素
>>>d
{'name': 'xiaoming'}
>>>d['name'] = 'daxyyi'                # 对字典的键重复赋值，会覆盖原键值对
>>>d
{'name': 'daxyyi'}                     # 键值对已更新
```

（6）删除字典元素

del()函数用于删除字典元素，甚至删除字典。

```
>>>d2 = {'xm': 1234567, 'dxy': {'mob': 2345678, 'addr': '北京'}}
>>>del d2['xm']
>>>d2
{'dxy': {'mob': 2345678, 'addr': '北京'}}
>>>del d2                              # 删除字典d2
>>>d2
NameError: name 'd2' is not defined
```

（7）字典的 in 运算

in 运算用于检测 key 是否为字典的键。

```
>>>d2 = {'xm': 1234567, 'dxy': {'mob': 2345678, 'addr': '北京'}}
>>>'mob' in d2
False
>>>'mob' in d2['dxy']                  # 'mob'是嵌套的字典{'mob': 2345678, 'addr': '北京'}的键
True
>>>'age' in d2
False
>>>d2={'xm': 1234567, 'dxy': {'mob': 2345678, 'addr': '北京'}}
>>>for a in d2:                        # 循环遍历字典的键，等价于 for a in d2.keys():
     print(a,d2[a])
```

运行结果：

```
xm 1234567
dxy {'mob': 2345678, 'addr': '北京'}
```

3.5 字典操作

字典有丰富的内建函数，如表 3-4 所示。

（1）len()函数

len()函数用于获取字典中元素的个数，也就是键的总数。例如：

```
>>>d = {'name':'xm','age':18,'height':172}
>>>len(d)
3
```

表 3-4　字典的内建函数

函　数	描　　述
len(d)	返回字典 d 的元素个数
pop(key[, default])	若 key 存在于字典中，则将其移除并返回对应的值，否则返回 default；若 default 未给出且 key 不存在于字典中，则会报警 KeyError
popitem( )	从字典中移除并返回一个键值对。键值对会按后进先出（LIFO）的顺序被返回。若字典为空，则会报警 KeyError
get(key[, default])	若 key 存在于字典中，则返回 key 的值，否则返回 default；若 default 未给出，则默认为 Nonc，因而不会引发 KeyError 报警
update([other])	使用来自 other 的键值对更新字典，覆盖原有的键值对，返回 None；或者接受另一个字典对象，或者一个包含键值对（以长度为 2 的元组或其他可迭代对象表示）的可迭代对象。若给出了关键字参数，则会以其所指定的键值对更新字典，即 d.update(red=1, blue=2)
list(d)	返回字典 d 中所有键组成的列表
keys()	返回由字典的键组成的一个新的可迭代对象 dict_keys
values( )	返回由字典的值组成的一个新的可迭代对象 dict_values
items( )	返回由字典项键值对组成的一个新的可迭代对象 dict_items
copy( )	返回原字典的浅拷贝
deepcopy( )	字典的深拷贝，同 list 的深拷贝
clear( )	移除字典中的所有元素

（2）pop()函数

pop()函数的语法格式如下：

```
pop(key[, default])
```

根据 key 删除字典中的元素，返回对应的 value。若有 default 值，则当 key 在字典中不存在时，返回 default 的值。例如：

```
>>>d = {'name': 'xm', 'age': 18, 'height': 172}
>>>d.pop('name')
'xm'
>>>d
{'age': 18, 'height': 172}
>>>d.pop('mob',0)                          # 不存在键'mob'，故返回默认值 0
0
```

（3）get()函数

get()函数的语法格式如下：

```
get(key[, default])
```

根据 key 得到对应的 value。若有 default 值，则当 key 在字典中不存在时，返回 default 值，否则返回 None。例如：

```
>>>d = {'name':'xm','age':18,'height':172}
>>>d.get('name')
'xm'
>>>d.get('weight',60)                      # 不存在键'weigh'，故返回默认值 60
60
```

（4）update()函数

update()函数用于合并字典，若有重复，则覆盖原键值对。

```
>>>d = {'name': 'xm', 'age': 18, 'height': 172}
```

```
>>>e = {'dxy':19}
>>>d.update(e)                          # 合并两个字典
>>>d
{'name': 'xm', 'age': 18, 'height': 172, 'dxy': 19}
>>>d={'name': 'xm', 'age': 18, 'height': 172, 'dxy': 19}
>>>d.update(name='dxy')                 # 键值对'name':'xm'被替换为'name':'dxy'
>>>d
{'name': 'dxy', 'age': 18, 'height': 172, 'dxy': 19}
```

（5）keys()函数

keys()函数用于获取由字典键组成的 dict_keys 对象。例如：

```
>>>d = {'name': 'dxy', 'age': 18, 'height': 172, 'dxy': 19}
>>>list(d.keys())                       # 先用 keys 方法获得所有的键，再用 list()函数得到 key 的列表
['name', 'age', 'height', 'dxy']
```

（6）values()函数

values()函数用于获取由字典值组成的 dict_values 对象。

```
>>>d = {'name': 'dxy', 'age': 18, 'height': 172, 'dxy': 19}
>>>d.values()
dict_values(['dxy', 18, 172, 19])
>>>list(d.values())
['dxy', 18, 172, 19]
```

（7）items()函数

items()函数用于返回由字典的键值对构成的 dict_items 对象。例如：

```
>>>d = {'name': 'dxy', 'age': 18, 'height': 172, 'dxy': 19}
>>>d.items()
dict_items([('name', 'dxy'), ('age', 18), ('height', 172), ('dxy', 19)])
>>>list(d.items())
[('name', 'dxy'), ('age', 18), ('height', 172), ('dxy', 19)]
```

（8）copy()函数

copy()函数用于字典浅拷贝，得到字典的副本，同列表的 copy()函数。例如：

```
>>>d = {'name': 'dxy', 'age': 18, 'height': 172, 'dxy': 19}
>>>a = d.copy()
>>>a
{'name': 'dxy', 'age': 18, 'height': 172, 'dxy': 19}
>>>a is d                               # 判断两个对象的地址是否一致
False
>>>a == d                               # 判断两个对象的值是否一致
True
```

（9）clear()函数

clear()函数用于清除字典中的元素。

```
>>>d = {'name': 'dxy', 'age': 18, 'height': 172, 'dxy': 19}
>>>d.clear()
>>>d
{}
```

字典强调数据间的映射关系，元素以键值对的形式出现。与序列不同，字典不能用下标来访问元素，不能使用序列的索引、切片等运算。字典中增加新的键赋值，就是向字典中添加元素。当访问的键不存在时，系统报错，为了避免这类错误，推荐使用 get()函数。

3.6 集合类型

Python 的集合与数学的集合概念非常接近，是由一个或者多个确定的元素构成的整体。Python 的集合是一个容器，容器内含有任意多个无序元素，所以集合不支持元素的索引访问。集合中的对象不能重复，具有自动去除重复元素的功能，集合的元素必须是不可变对象，如整数、字符串、元组，这些都与字典中对键的要求完全一致。若把字典的值去掉，只留下键，就是集合。集合与字典颇有渊源，表达符号都一样，都用{}，如集合{1,2,3}。

Python 的集合分为可变集合（set）和不可变集合（frozenset）。可变集合支持增加元素、删除元素操作，不能作为字典的键使用。不可变集合不支持增加元素、删除元素等操作，可以作为字典的键使用。

1. 创建集合

（1）创建可变集合

set()、set(iterable)、{}可以创建可变集合。例如：

```
>>>s = set()                          # 创建空集合
>>>type(s)
<class 'set'>
>>>set((1,4,2))                       # 将元组转换为集合，注意集合是无序的
{1, 2, 4}
>>>set(['a','b','c'])                 # 将列表转换为集合，注意集合是无序的
{'b', 'a', 'c'}
>>>set('123456321')                   # 将字符串转换为集合，自动去重
{'4', '5', '3', '1', '6', '2'}
>>> set({1:'yy',2:'zz'})              # 将字典转换为集合，去掉值，只留下键
{1, 2}
>>>{1,2,3,8,2}                        # 用{}创建集合，自动去重
{8, 1, 2, 3}
>>>{1,"abc",0,(1,2)}
{0, 1, 'abc', (1, 2)}
>>>s={1,[1,2],0,(1,2)}                # 运行结果错误，集合元素必须是不可变对象，而列表是可变对象
TypeError: unhashable type: 'list'
>>>s={1,{1:'2'},'22'}                 # 运行结果错误，集合元素必须是不可变对象，而字典是可变对象
TypeError: unhashable type: 'dict'
```

（2）创建不可变集合

frozenset()、frozenset(iterable)可以创建不可变集合。例如：

```
>>>s = frozenset()
>>>type(s)
<class 'frozenset'>
>>>frozenset("abcd")                  # 将字符串转换为 frozenset
```

```
frozenset({'b', 'a', 'd', 'c'})
>>>frozenset((1,2,8,4))                    # 将元组转换为 frozenset
frozenset({8, 1, 2, 4})
>>> frozenset([1,2,5])                     # 将列表转换为 frozenset
frozenset({1, 2, 5})
>>>d={1:'yy',2:'zz'}
>>>frozenset(d)                            # 将字典转换为 frozenset，只留下键
frozenset({1, 2})
```

2．集合运算

（1）并运算

并运算（|）是两个集合的全集，由所有属于集合 A 和属于集合 B 的元素组成。例如：

```
>>>A = {1,2,3}
>>>B = {4,1,6}
>>>A|B
{1, 2, 3, 4, 6}
```

（2）交运算

交运算（&）是两个集合的公共部分，由属于集合 A 且属于集合 B 的元素组成。例如：

```
>>>A = {1, 2, 3}
>>>B = {1, 4, 6}
>>>A & B
{1}
```

（3）补运算

补运算 A−B 产生的集合 C 由只属于集合 A 而不属于集合 B 的元素组成。补运算（−）不满足交换律，即 A−B 与 B−A 的结果不同。

```
>>>A = {1, 2, 3}
>>>B = {1, 4, 6}
>>>A-B
{2, 3}
```

（4）对称运算（^）

集合 A、B 的对称集 C 由只属于集合 A 或者只属于集合 B 的元素组成，不能包含同时属于两个集合的元素。例如：

```
>>>A = {1, 2, 3}
>>>B = {2, 3, 4}
>>>A^B
{1, 4}
```

A ^ B 等价于：

```
(A | B) - (A & B)
```

（5）等价、不等价运算

集合等价（相等）、不等价（不相等）的运算符分别是==、! =。例如：

```
>>>s1 = {1,2,3}
>>>s2 = set((1,2,3))
```

```
>>>s1 == s2                                 # s1与s2的值相同
True
>>>s1!=s2
False
>>>s1 is s2                                 # s1与s2指向不同的地址
False
>>>s3 = frozenset((1,2,3))
>>>s3 == s2                                 # s3与s2的值相同
True
```

（6）子集、超集运算

如果集合A中的每个元素都在集合B中且集合B中可能包含A中没有的元素，那么集合B就是A的一个超集，反之，A是B的子集。

设B是A的超集，B中一定有A中没有的元素，则B是A的真超集，反之，A是B的真子集。

```
>>>A = {1, 2, 3}
>>>B = {1,2,3,4}
>>>A <= B                                   # A是B的子集
True
>>>A < B                                    # A是B的真子集
True
>>>A > B
False
```

（7）成员运算

成员关系运算in、not in用来判断一个对象是否为集合的元素。例如：

```
>>>A = {1, 2, 3}
>>>1 in A
True
>>>1 not in A
False
>>>4 not in A
True
```

（8）遍历集合元素

for in用于遍历集合中的每个元素，可运用于可变集合和不可变集合。例如：

```
>>>A = {1, 2, 3}
>>>for i in A:
       print(i,end=' ')
1 2 3
>>>B = frozenset(('a','b','c'))
>>>for c in B:
       print(c,end=' ')
b a c
```

3.7 集合常见应用

集合的常用方法如表3-5所示。

表 3-5　集合常用方法

方　法	说　　明	备　注
s.copy()	返回 s 的副本（浅拷贝）	
s.update(t)	将 t 中的元素添加到 s 中	仅适用于可变集合
s.add(obj)	增加操作，将 obj 添加到 s 中	
s.remove(obj)	删除操作，将 obj 从 s 中删除，若 s 中不存在 obj，则引发异常	
s.pop()	弹出操作，移除并返回 s 中的任意一个元素	
s.clear()	清除操作，清除 s 中的所有元素	

（1）混合类型集合操作

进行混合类型集合操作时需要注意运算对象的左右顺序，运行结果的集合类型与被操作对象类型一致。例如：

```
>>>A = {1,2,3}
>>>B = frozenset({1,2,3,4})
>>>A | B                                    # 结果是可变集合
{1, 2, 3, 4}
>>>B | A                                    # 结果是不可变集合
frozenset({1, 2, 3, 4})
>>>A-B                                      # 空集合
set()
>>>B-A
frozenset({4})
```

（2）update 方法

update 方法用于更新集合，把新集合中的元素加入原集合。例如：

```
>>>A = {1, 2, 3}
>>>B = {4, 5, 6}
>>>A.update(B)
>>>A
{1, 2, 3, 4, 5, 6}
```

（3）add 方法

add 方法用于向集合中添加一个新的元素。例如：

```
>>>A = {1, 2, 3, 4, 5, 6}
>>>A.add(17)
>>>A
{1, 2, 3, 4, 5, 6, 17}
>>>A.add('yy')
>>>A
{1, 2, 3, 4, 5, 6, 17, 'yy'}
>>>s3 = {8,1,7}
>>>A.add(tuple(s3))                    # 把元组作为一个元素添加到集合中
>>>A
{1, 2, 3, 4, 5, 6, 17, 'yy', (8, 1, 7)}
```

【例 3-3】 批量添加元素到集合。

```
s = set()
```

```
for i in range(5):                          # 批量地添加元素到集合中
    s.add(i)
print(s)
```

运行结果：

```
{0, 1, 2, 3, 4}
```

（4）remove 方法

removc 方法用于从集合中删除指定元素，若元素不存在，则会产生一个 KeyError 错误。例如：

```
>>>A = {1, 2, 3, 4, 5, 6, 17, 'yy', (8, 1, 7)}
>>>A.remove('yy')
>>>A
{1, 2, 3, 4, 5, 6, 17, (8, 1, 7)}
>>>A.remove('zz')                           # 元素'zz'不存在，返回错误
KeyError: 'zz'
>>>b = A.remove(17)                         # remove 原地操作，不返回值
>>>type(b)
<class 'NoneType'>
```

（5）pop 方法

pop 方法用于从集合中随机地删除一个元素，并返回该元素。例如：

```
>>>A = {1, 2, 3, 4, 5, 6, 17, (8, 1, 7)}
>>>B = A.pop()
>>>B
1
>>>C = set()                                # C 是空集合
>>>B = C.pop()
KeyError: 'pop from an empty set'
```

（6）clear 方法

clear 方法用于清空集合中的元素。例如：

```
>>>A = {2, 3, 4, 5, 6, (8, 1, 7)}
>>>A.clear()
>>>A
set()
>>>B = frozenset({1, 2, 3, 4})
>>>B.clear()                                # frozenset 是不可变对象，不支持 clear 方法
AttributeError: 'frozenset' object has no attribute 'clear'
```

（7）copy 方法

可变集合和不可变集合都有 copy 方法，但含义不同。例如：

```
>>>A = {2, 3, 4, 5, 6, (8, 1, 7)}
>>>B = A.copy()                             # 集合 A 复制一份新的集合到内存，变量 B 指向新的集合
>>>B
{2, 3, 4, 5, 6, (8, 1, 7)}
>>>B == A                                   # B 和 A 的值相同
True
```

```
>>>B is A                                        # B和A的指向不同的对象
False
>>>B = frozenset({1, 2, 3, 4})
>>>C = B.copy()                                  # 不可变集合B复制对象的地址给C，C和B指向同一对象
>>>C
frozenset({1, 2, 3, 4})
>>>B == C
True
>>>B is C
True
```

（8）del 方法

del 方法用于删除对象。例如：

```
>>>A = {(1,3,8)}
>>>del A                                         # 删除对象A
>>>A
NameError: name 'A' is not defined
>>>B = frozenset({1, 2, 3, 4})
>>>del B                                         # 删除对象B
>>>B
NameError: name 'B' is not defined
```

可变集合支持对集合元素的增、删、改，所以有 add、update、remove、clear 方法。不可变集合，一旦创建就不能改变内部的元素，所以不支持 add、update、remove、clear 方法。可变集合和不可变集合都有 copy 方法，但含义不同。

可变集合与不可变集合进行混合运算时，结果类型需要考虑运算对象的先后顺序。不可变集合可以作为字典的键，可变集合不能作为字典的键，它们都不支持索引操作。集合的最大特点是无序、不重复，集合最大的作用是去重。

3.8 推导式

推导式是 Python 编程中的一个技巧，使代码更紧凑、简洁，提高代码书写效率。推导式首先是一个表达式，其值是列表、字典、集合三者之一；其次，推导是指通过迭代对象和条件判断进行推论和引导。根据推导式返回值的类型，推导式可分为列表推导式、字典推导式、集合推导式。

1. 列表推导式

列表推导式是用可迭代的对象依次生成列表内元素的方式，外面用“[ ]”包裹。

（1）简单列表推导式

简单列表推导式的语法格式如下：

```
[表达式 for 变量 in 可迭代对象]
```

或

```
[表达式 for 变量 in 可迭代对象 if 条件语句]
```

等价于

```
result = []
for 变量 in 可迭代对象:
    if 条件语句:
        result.append(表达式)
```

列表推导式的执行有三个步骤：① 循环遍历可迭代对象；② 在遍历过程中进行条件判断，留下满足条件的元素；③ 把所有的元素组织成列表的形式返回。例如：

```
>>>[x ** 2 for x in range(1, 10)]
[1, 4, 9, 16, 25, 36, 49, 64, 81]
>>>[x ** 2 for x in range(1, 10) if x % 2 == 1]          # 1～10 中奇数的平方构成列表
[1, 9, 25, 49, 81]
>>>"".join([chr(c) for c in range(97, 123)])            # 生成 26 个小写字母
'abcdefghijklmnopqrstuvwxyz'
```

（2）嵌套列表推导式

嵌套列表推导式的语法格式如下：

```
[表达式 1 for 变量 1 in 可迭代对象 1 if 条件语句 1 for 变量 2 in 可迭代对象 2 if 条件语句 2 ]
```

用 for 实现两层循环嵌套，从左到右，先外循环，再内循环。例如：

```
>>>z = [x * y for x in [2, 3, 5] for y in [7, 11, 13]]
>>>z
[14, 22, 26, 21, 33, 39, 35, 55, 65]
```

等价于

```
z=[]
for x in [2,3,5]:                                       #从左到右，先外循环，再内循环
    for y in [7, 11, 13]:
        z.append(x*y)
print(z)
```

2. 字典推导式

字典推导式与列表推导式相似，区别在于，返回值是由键值对构成的字典，所以用“{}”包裹。其语法格式如下：

```
{键表达式:值表达式 for 变量 in 可迭代对象}
```

或

```
{键表达式:值表达式 for 变量 in 可迭代对象 if 条件语句}
```

例如：

```
>>>{x: x ** 2 for x in [1, 2, 3, 4]}
{1: 1, 2: 4, 3: 9, 4: 16}
>>>e = {x: x ** 2 for x in [1, 2, 3, 4] if x % 2 != 0}
>>>e
{1: 1, 3: 9}
```

等价于

```
e = {}
for x in [1, 2, 3, 4]:
    if x % 2 != 0:
```

```
        e[x]=x**2
    print(e)
```

zip()函数的作用是将两个列表的元素逐个环环相扣，类似于拉链。例如：

```
>>> list(zip(['a', 'b', 'c'], [1, 2, 3]))
[('a', 1), ('b', 2), ('c', 3)]
>>> e = {k: v for (k, v) in zip(['a', 'b', 'c'], [1, 2, 3])}
>>>e
{'a': 1, 'b': 2, 'c': 3}
```

3．集合推导式

集合推导式是用可迭代的对象依次生成集合内元素的方式。集合是无序的、不重复的，所以如果有重复元素产生，那么集合会自动过滤。集合推导式的语法格式如下：

```
{表达式 for 变量 in 可迭代对象}
```

或

```
{表达式 for 变量 in 可迭代对象 if 条件语句}
```

例如：

```
>>>names = [1,3,'Name','Mob']
>>> {n for n in names}
{1, 3, 'Mob', 'Name'}
>>>s = {n for n in names if n != 3}
>>>s
{1, 'Mob', 'Name'}
```

等价于

```
names = [1,3,'Name','Mob']
s=set()
for n in names:
    if n != 3:
        s.add(n)
print(s)
```

运行结果：

```
{1, 'Name', 'Mob'}
```

【例 3-4】 显示英文语句中所有不重复的字母。

```
message = "The Zen of Python"
s = {c for c in message if not c.isspace()}
print(s)
```

运行结果：

```
{'y', 't', 'o', 'h', 'e', 'P', 'n', 'T', 'Z', 'f'}
```

4．推导式综合举例

【例 3-5】 九九乘法表的列表推导式。

```
mt = ['{}*{} = {}'.format(j,i,j*i) for i in range(1,10) for j in range(1,i+1)]
print(mt)
```

【例 3-6】 矩阵行列互换。

```
matrix = [                                        # 二维列表
    [1,2,3,4],
    [5,6,7,8],
    [9,10,11,12]
]
rev_matrix = [[r[i] for r in matrix] for i in range(4)]
print(rev_matrix)
```

运行结果：

```
[[1, 5, 9], [2, 6, 10], [3, 7, 11], [4, 8, 12]]
```

注意：[[r[i] for r in matrix] for i in range(4)]在表达式的位置使用了列表，通过列表嵌套构成二维列表。

上述代码等价于：

```
rev_matrix = []
for i in range(4):
    t = []
    for r in matrix:
        t.append(r[i])
    rev_matrix.append(t)
print(rev_matrix)
```

【例 3-7】 使用列表推导式降维。

```
matrix = [
    [1,2,3],
    [4,5,6],
    [7,8,9]
]
print([i for r in matrix for i in r])
```

运行结果：

```
[1, 2, 3, 4, 5, 6, 7, 8, 9]
```

把原来的二维列表展平成一维列表。

【例 3-8】 模拟投掷硬币 10 次，显示结果。

```
from random import random
results = [int(round(random())) for x in range(10)]
print(results)
```

运算结果：

```
[1, 1, 1, 0, 1, 1, 0, 1, 0, 0]
```

【例 3-9】 统计字母在文本中出现的次数。

```
message = 'The Zen of Python, by Tim Peters'
d = {k:message.count(k) for k in {c for c in message}}
print(d)
```

运行结果：

```
{'y': 1, 'o': 2, 'Z': 1, 'h': 2, 'T': 1, ' ': 3, 'e': 2, 'P': 1, 'n': 2, 't': 1, 'f': 1}
```

3.9 生成器和迭代器

3.8节介绍了列表推导式、字典推导式、集合推导式，但没有介绍元组推导式，因为元组没有推导式只有生成器（generator）。

列表推导式创建的列表需要一次性装入内存，但内存容量有限，列表元素不能太多；同时，在大容量列表中，即使仅仅访问前面部分元素，同样需要把全部列表元素装入内存，这显然不合理。例如：

```
nums = [i for i in range(10000000)]
```

这条语句的运行时间明显延迟。

假如列表元素可以按照某种算法推算出来，在循环的过程中不断推算出后续的元素，这样就不必一次性创建完整的列表，只要每产生一个元素使用一个，用完就丢弃，从而可节省大量的内存空间。在Python中，这种一边循环一边计算的机制被称为生成器（generator）。

生成器的语法格式如下：

```
(表达式 for 变量 in 可迭代对象)
```

或

```
(表达式 for 变量 in 可迭代对象 if 条件语句)
```

将列表推导式中的[ ]改为( )，就成为了一个生成器。例如：

```
>>>lst = [i for i in range(10)]                    # 列表推导式
>>>print(lst)
[0, 1, 2, 3, 4, 5, 6, 7, 8, 9]
>>>gtr = (i for i in range(10))                    # 生成器
>>>print(gtr)
<generator object <genexpr> at 0x00000269128DA120>
```

运行得到的结果是生成器对象（Generator Object），用next方法遍历生成器中的每个元素，每次遍历，自动计算下一个元素并返回。例如：

```
>>>g = (i for i in range(2))
>>>print(next(g))
0
>>>print(next(g))
1
>>print(next(g))                                   # 元素取完了，返回错误信息
StopIteration
```

生成器也可以用循环遍历：

```
g = (i for i in range(10))
for n in g:
    print(n, end = ' ')
```

【例 3-10】 用生成器显示前30项斐波那契数列。斐波那契数列是除第一个和第二个数外，任意一个数都可由前两个数相加得到，如1、1、2、3、5、8、13、…。

代码一：

```
i, a, b = 0, 0, 1
```

```
while i < 30:
    print(b, end = ' ')
    a, b = b, a+b
    i += 1
```

代码二：

```
def fib():
    i, a, b = 0, 0, 1
    while i < 30:
        yield b                          # 带yield的函数就是一个生成器，通过next函数不断生成下一个数
        a, b = b, a + b
        i += 1
f = fib()                                # 生成器
while True:
    try:
        ret1 = next(f)
        print(ret1)                      # 输出结果最后一项832040
    except StopIteration :
        break
```

可以通过 for 循环遍历的对象统称为可迭代（Iterable）对象，如列表、元组、字典、集合、字符串、生成器。isinstance()函数可以判断某个对象是否为可迭代对象。例如：

```
from collections import Iterable
print(isinstance([], Iterable))                              # 运行结果：True
print(isinstance({}, Iterable))                              # 运行结果：True
print(isinstance('xiaoming', Iterable))                      # 运行结果：True
print(isinstance((x for x in range(18)), Iterable))          # 运行结果：True
print(isinstance(18, Iterable))                              # 运行结果：False
```

可以被 next()函数调用并不断返回下一个值的对象被称为迭代器（Iterator）。同样，函数isinstance()可以判断一个对象是否是 Iterator 对象。例如：

```
from collections import Iterator
print(isinstance([], Iterator))                              # 运行结果：False
print(isinstance({}, Iterator))                              # 运行结果：False
print(isinstance('xiaoming', Iterator))                      # 运行结果：False
print(isinstance((x for x in range(18)), Iterator))          # 运行结果：True
print(isinstance(18, Iterator)) #运行结果：  False
```

生成器都是可迭代对象，但列表、字典、字符串虽然是可迭代的，却不是迭代器。iter()函数可以将列表、字典、字符串等可迭代对象转成迭代器。例如：

```
from collections import Iterator
print(isinstance(iter([]), Iterator))                        # 运行结果：True
print(isinstance(iter({}), Iterator))                        # 运行结果：True
print(isinstance(iter('xiaoming'), Iterator))                # 运行结果：True
print(isinstance((x for x in range(18)), Iterator))          # 运行结果：True
```

迭代器表示的是一个数据流，可以被 next()函数调用并不断返回下一个数据，当没有数据时，抛出 StopIteration 错误。这个数据流可以看成一个有序序列，但不能提前知道序列的长度，只能不断通过调用 next()函数按需计算下一个数据，所以迭代器的计算是惰性的，只有在需要

返回下一个数据时才进行计算。

迭代器甚至可以表示一个无限大的数据流，如全体自然数，而使用列表是不可能存储全体自然数的。

习　题

1．有集合 a = {1, 2, 3, 4, 5, 6}和 b = {5, 6, 7, 8, 9}，则 a & b 的结果是（　　）。

A．{1, 2, 3, 4}　　B．{7, 8, 9}

C．{5, 6}　　D．{1, 2, 3, 4, 5, 6, 7, 8, 9}

2．如下代码的执行结果是（　　）。

```
a = {'one': 1, 'two': 2, 'three': 3}
a['one'] += 1
print(a['one'])
```

A．1　　B．2

C．None　　D．有语法错误不能执行

3．字典 a = {"one": 1, "two": 2, "three": 3}，那么 print(a.get("one"))显示的是（　　）。

A．1　　B．None

C．"one"　　D．("one", 1)

4．Python 3 中，如下代码的执行结果是（　　）。

```
x = [1, "Two", 3, "Four"]
a = x.sort()
```

A．[1, 3, "Four", "Two"]　　B．[1, "Two", 3, "Four"]

C．不能执行　　D．以上都不对

5．调用 fun01 方法，返回值是（　　）。

```
def fun01():
    yield 1
```

A．1　　B．iterable

C．generator　　D．iterator

6．set("123456654321")得到的结果是（　　）。

A．{"3", "6", "4", "2", "1", "5"}　　B．{"1", "2", "3", "4", "5", "6"}

C．{"6", "5", "4", "2", "1", "3"}　　D．以上都有可能

7．关于 Python 语言集合的描述中，正确是（　　）。

A．集合是无序的　　B．集合对象由互不相同的 hashable 对象组成

C．集合是可变的　　D．集合不记录元素位置和插入顺序

8．以下说法中，正确的是（　　）。

A．迭代器一定有__next__实例方法

B．可迭代对象一定有__iter__实例方法

C．一个类可以包含__next__方法的同时再包含__iter__方法

D．能够进行 bool(obj)取值的对象一定有__bool__实例方法

9．对于 a = frozenset((1, 2, 3))，b = {2, 3, 4}，以下操作可正确执行的是（　　）。

A．a & b　　B．1 in a

C．a – b　　D．a + b

10．对于 a = frozenset((1, 2, 3))，b = {2, 3, 4}，以下操作可正确执行的是（　　）。

A．a.add(8)　　B．b.remove(4)

C．b.add(3)　　D．c = a.copy()

11．以下关于列表的说法中，正确的是（　　）。

A．列表是个容器，可以存放任何类型的元素的引用

B．列表是不可变数据类型

C．列表是序列的一种，不支持切片访问

D．可以使用 list 函数创建列表

12．有如下代码：

```
a = dict(one=1, two=2, three=3)
b = {'one': 1, 'two': 2, 'three': 3}
c = dict(zip(['one', 'two', 'three'], [1, 2, 3]))
d = dict([('two', 2), ('one', 1), ('three', 3)])
e = dict({'three': 3, 'one': 1, 'two': 2})
```

下列表达式结果为 True 的是（　　）。

A．a == b　　B．a == c

C．a == d　　D．a == b == c == d == e

13．有字典 d = {"a": 3, "b": 2, "c": 1}，以下表达式为 True 的是（　　）。

A．3 in d　　B．("a",3) in d

C．"b" in d　　D．bool(d.clear())

14．有集合 x = {"0", 1, 3, 4, 8}，下列语句可正确执行并有结果的是（　　）。

A．max(x)　　B．print(sum(x))

C．print(any(x))　　D．print(len(x))

15．在 Python 3 交互模式下，执行如下代码：

```
L1 = [1, 2, 3]
L2 = [L1, 4, 5]
L3 = L2
L4 = L3.copy()
L1[1] = 10
L3[1] = 40
L4[2] = 50
```

以下说法中，正确的是（　　）。

A．L2 的值为：[[1, 10, 3], 40, 5]　　B．L3 的值为：[[1, 10, 3], 40, 5]

C．L4 的值为：[[1, 2, 3], 4, 50]　　D．L4 的值为：[[1, 10, 3], 4, 50]

16．以下关于列表的说法中，正确的是（　　）。

A．列表是个容器，可以存放任何类型的元素的引用

B．列表是不可变数据类型

C．列表是序列的一种，不支持切片访问

D．可以使用 list()函数创建列表

17．以下关于列表变量 ls 操作的描述中，错误的是（　　）。

A．ls.copy()：生成一个新列表，复制 ls 的所有元素

B．ls.remove(x)：删除 ls 中所有 x 元素

C．ls.append(x)：在 ls 最后增加一个元素

D．ls.reverse()：反转列表 ls 中所有元素

18．以下关于 Python 的列表的描述中，正确的是（　　）。

A．列表的长度和内容都可以改变，但元素类型必须相同

B．不可以对列表进行成员运算操作、长度计算和切片

C．列表索引是从 1 开始的

D．可以使用比较操作符（如>或<等）对列表进行比较

19．以下关于 Python 的字典的描述中，错误的是（　　）。

A．在 Python 中，用字典来实现映射，通过整数索引来查找其中的元素

B．在定义字典对象时，键和值用“:”连接

C．字典中的键和值对之间没有顺序并且不能重复

D．字典中引用与特定键对应的值，用字典名称和中括号中包含键名的格式

20．以下用来处理 Python 的字典的方法中，正确的是（　　）。

A．interleave　　B．get

C．insert　　D．replace

21．以下代码的输出结果是（　　）。

```
ls = ['book', 666, [2019, 'Python', 314], 20]
print(Is[2][1][-2])
```

A．n　　B．Python

C．o　　D．结果错误

22．以下代码的输出结果是（　　）。

```
d = {'food':{ 'cake':1, 'egg':5}}
print(d.get('egg', 'no this food'))
```

A．egg　　B．1

C．food　　D．no this food

23．给定列表 ls=[1, 2, 3, '1', '2', '3']，其中元素包含两种数据类型，列表 ls 的数据组织维度是（　　）。

A．二维数据　　B．一维数据

C．多维数据　　D．高维数据

24．对于 ls = [2, 'apple', [42, 'yellow', 'misd', 1.2]，那么表达式 ls[2][-1][2]的结果是（　　）。

A．m　　B．i

C．s　　D．d

25．以下程序的输出结果是（　　）。

```
ls = ['Python', 'family', 'miss']
def func(a):
    ls.append(a)
func('pink')
```

```
print(ls)
```

A. ['pink']

B. ['Python', 'family', 'miss', 'pink']

C. ['Python', 'family', 'miss']

D. 语法错误

实　验

实验 3.1　常见列表运算

【问题】 Python 中有哪些常见的列表运算？

① 列表的算术运算。

② 列表的关系运算。

③ 列表的成员运算。

④ 列表的逻辑运算。

【方案】

① 对列表进行算术运算。

② 对列表进行关系运算。

③ 对列表进行成员运算。

④ 对列表进行逻辑运算。

【步骤】 实现本实验需要按照如下步骤进行。

步骤一：对列表进行算术运算。

```
#!/usr/bin/evn python
# -*- coding:utf-8 -*-
"""ex02_常见列表运算.py"""
# 列表的算术运算
# 列表链接
>>>a = [1, 2, 3] + [4, 5, 6]
>>>a
[1, 2, 3, 4, 5, 6]
>>>a = a + [7, 8]
>>>a
[1, 2, 3, 4, 5, 6, 7, 8]
>>>b = [9, 10]
>>>c = a + b
>>>c
[1, 2, 3, 4, 5, 6, 7, 8, 9, 10]
# += 运算
>>>a = [1, 2, 3]
>>>a += [4, 5, 6]
>>>a
[1, 2, 3, 4, 5, 6]
# *运算
>>>a = [8] * 5
>>>a
```

```
[8, 8, 8, 8, 8]
# *=运算
>>>a = [12, 3]
>>>a *= 3
>>>a
[12, 3, 12, 3, 12, 3]
```

步骤二：对列表进行关系运算。

```
# 列表的关系运算
>>>x = [1, 2, 3]
>>>y = [2, 3, 4]
>>>x != y
True
>>>x == y
False
>>>y = [1, 2, 3]
>>>x == y
True
>>>x = [1, 2, 3]
>>>y = [1, 2, 4]
>>>x < y
True
>>>x > y
False
```

步骤三：对列表进行成员运算。

```
# 列表的成员运算。若对象在列表中，则返回 True，否则返回 False
>>>x = [1, 2, 3]
>>>2 in x
True
>>>4 in x
False
>>>"aa" in [1, "aa", 2]
True
>>>3 in [1, "aa", 2]
False
```

步骤四：对列表进行逻辑运算。

```
# 列表的关系运算。列表 and 运算，x and y，如果 x 为 False，那么不计算 y 的值，直接返回 x，否则返回 y
>>>[] and [1,2,3]
[]
>>>[1,2,3] and []
[]
>>>[1,2,3] and [4,5,6]
[4, 5, 6]
# 列表 or 运算，x or y，如果 x 为 True，那么不计算 y 的值，直接返回 x，否则返回 y
>>>[] or [1,2,3]
[1, 2, 3]
>>>[1,2,3] or []
```

```
[1, 2, 3]
>>>[1,2,3] or [4,5,6]
[1, 2, 3]
# 列表 not 运算 not x，如果 x 为 False，那么返回 True，否则返回 False
>>>not []
True
>>>not [1,2,3]
False
```

实验 3.2　字典操作常用函数

【问题】 Python 中有哪些字典操作常用函数？

① list()：将字典对象转换成列表。

② len(dict)：获取字典中 key 的个数。

③ dict.pop(key[, default])：根据 key 删除字典中的元素，返回对应的 value；default 可选，若有 default，则当 key 在字典中不存在时，返回 default 指定的值。

④ dict.get(key[, default])：根据 key 得到字典中的对应的 value；default 可选，指定了 key 不存在时 get 方法的返回值，如果不指定，那么默认使用 None。

⑤ dict_1.update(dict_2)：合并字典，将 dict_2 中的 key-value 对合并到 dict_1 中；如果 dict_1 中 key 已经存在，那么替换 key 对应的值。

⑥ dict.keys()：获取所有的 key，通常与 list()一起使用。

⑦ dict.values()：获取所有的 value，通常与 list()一起使用。

⑧ dict.items()：获取所有的 key-value 对，通常与 list()一起使用。

⑨ copy()：字典的浅拷贝，同 list 浅拷贝。

⑩ deepcopy()：字典的深拷贝，同 list 深拷贝。

⑪ clear()：清空字典中的 key-value 对。

【方案】 使用以上函数对字典进行操作。

【步骤】 实现本实验需要按照如下步骤进行。

① len(dict)：获取字典中 key 的个数。

```
#!/usr/bin/evn python
# -*- coding:utf-8 -*-
"""ex01_字典操作常用函数.py"""
# len(dict)：获取字典中 key 的个数。
>>>dic_1 = {'name': 'xiaoming', 'age': 18, 'addr': 'Beijing', 'height': 175}
>>>len(dic_1)
4
```

② dict.pop(key[, default])：根据 key 删除字典中的元素，返回对应的 value；default 可选，如果有 default，那么当 key 在字典中不存在时，返回 default 指定的值。

```
>>>dic_1 = {'name': 'xiaoming', 'age': 18, 'addr': 'Beijing', 'height': 175}
>>>dic_1.pop('name')
'xiaoming'
>>>dic_1
{'age': 18, 'addr': 'Beijing', 'height': 175}
```

```
>>>dic_1.pop('hobby','None')
'None'
```

③ dict.get(key[, default])：根据 key 得到字典中对应的 value；default 可选，指定了 key 不存在时的返回值，如果不指定，那么默认使用 None。

```
>>>dic_1 = {'name': 'xiaoming', 'age': 18, 'addr': 'Beijing', 'height': 175}
>>>dic_1.get('name')
'xiaoming'
>>>dic_1.get('hobby','None')
'None'
```

④ dict_1.update(dict_2)：合并字典，将 dict_2 中的 key-value 合并进 dict_1，如果 dict_1 中 key 已经存在，那么替换 key 对应的值。

```
>>>dic_1 = {'name':'xiaoming','age':18}
>>>dic_2 = {'addr':'Beijing','height':175}
>>>dic_1.update(dic_2)
>>>dic_1
{'name': 'xiaoming', 'age': 18, 'addr': 'Beijing', 'height': 175}
>>>dic_3 = {'name':'leguan','age':25}
>>>dic_1.update(dic_3)
>>>dic_1
{'name': 'leguan', 'age': 25, 'addr': 'Beijing', 'height': 175}
```

⑤ dict.keys()：获取所有的 key，通常与 list()一起使用。

```
>>>dic_1 = {'name':'xiaoming','age':18,'addr':'Beijing','height':175}
>>>dic_1.keys()
dict_keys(['name', 'age', 'addr', 'height'])
>>>list(dic_1.keys())
['name', 'age', 'addr', 'height']
```

⑥ dict.values()：获取所有的 value，通常与 list()一起使用。

```
>>>dic_1 = {'name':'xiaoming','age':18,'addr':'Beijing','height':175}
>>>dic_1.values()
dict_values(['xiaoming', 18, 'Beijing', 175])
>>>list(dic_1.values())
['xiaoming', 18, 'Beijing', 175]
```

⑦ dict.items()：获取所有的 key-value 对，通常与 list()一起使用。

```
>>>dic_1 = {'name':'xiaoming','age':18,'addr':'Beijing','height':175}
>>>dic_1.items()
dict_items([('name', 'xiaoming'), ('age', 18), ('addr', 'Beijing'), ('height', 175)])
>>>list(dic_1.items())
[('name', 'xiaoming'), ('age', 18), ('addr', 'Beijing'), ('height', 175)]
```

⑧ list()：将字典对象转换成列表。

```
>>>dic_1 = {'name':'xiaoming','age':18,'addr':'Beijing','height':175}
>>>list(dic_1.keys())
['name', 'age', 'addr', 'height']
>>>list(dic_1.values())
['xiaoming', 18, 'Beijing', 175]
```

```
>>>list(dic_1.items())
[('name', 'xiaoming'), ('age', 18), ('addr', 'Beijing'), ('height', 175)]
```

⑨ copy()：字典的浅拷贝，同 list 浅拷贝。

```
>>>dic_1 = {'name':'xiaoming','age':18,'body':{'height':175,'weight':45}}
>>>dic_2 = dic_1.copy()
>>>dic_2
{'name': 'xiaoming', 'age': 18, 'body': {'height': 175, 'weight': 45}}
>>>
>>>dic_1['name']='leguan'
>>>dic_1
{'name': 'leguan', 'age': 18, 'body': {'height': 175, 'weight': 45}}
>>>dic_2
{'name': 'xiaoming', 'age': 18, 'body': {'height': 175, 'weight': 45}}
>>>
>>>dic_1['body']['height'] = 185
>>>dic_1
{'name': 'leguan', 'age': 18, 'body': {'height': 185, 'weight': 45}}
>>>dic_2
{'name': 'xiaoming', 'age': 18, 'body': {'height': 185, 'weight': 45}}
```

⑩ deepcopy()：字典的深拷贝，同 list 深拷贝。

```
>>>import copy                                          # 导入复制模块
>>>dic_1 = {'name':'xiaoming','age':18,'body':{'height':175,'weight':45}}
>>>dic_2 = copy.deepcopy(dic_1)
>>>dic_2
{'name': 'xiaoming', 'age': 18, 'body': {'height': 175, 'weight': 45}}
>>>
>>>dic_1['name']='leguan'
>>>dic_1
{'name': 'leguan', 'age': 18, 'body': {'height': 175, 'weight': 45}}
>>>dic_2
{'name': 'xiaoming', 'age': 18, 'body': {'height': 175, 'weight': 45}}
>>>
>>>dic_1['body']['height'] = 185
>>>dic_1
{'name': 'leguan', 'age': 18, 'body': {'height': 185, 'weight': 45}}
>>>dic_2
{'name': 'xiaoming', 'age': 18, 'body': {'height': 175, 'weight': 45}}
```

⑪ clear()：清空字典中的键值对。

```
>>>dic_1 = {'name':'xiaoming','age':18,'body':{'height':175, 'weight':45}}
>>>dic_1.clear()
>>>dic_1
{}
```

实验 3.3 列表浅拷贝和深拷贝

【问题】 Python 列表中有几种拷贝方式？

① 不拷贝：将一个对象赋值给两个变量，两个变量同时绑定在一个对象上。

② 浅拷贝：指在复制过程中只复制一层变量，不会复制深层变量绑定的对象的复制过程。

③ 深拷贝：指在复制过程中复制所有变量及变量关联的深层变量绑定的对象，实现两个对象完全独立。

④ 如果深层内容是不是可变的，如数字和字符串，那么不需用到深拷贝。

【方案】

① 对列表进行不拷贝操作。

② 对列表进行浅拷贝操作。

③ 对列表进行深拷贝操作。

【步骤】 实现本实验需要按照如下步骤进行。

步骤一：对列表进行不拷贝操作。

```
#!/usr/bin/evn python
# -*- coding:utf-8 -*-
"""ex02_列表的深拷贝浅拷贝.py"""
# 不拷贝
>>>list_1 = [1, 2, [3.1, 3.2]]
>>>list_2 = list_1                    # 不拷贝，两个变量同时绑定在一个对象上
>>>list_2[1] = 2.2
>>>list_2[2][0] = 3.14                # 把3.1修改成3.14
>>>list_1
[1, 2.2, [3.14, 3.2]]
>>>list_2
[1, 2.2, [3.14, 3.2]]
```

步骤二：对列表进行浅拷贝操作。

```
# 浅拷贝
>>>list_1 = [1, 2, [3.1, 3.2]]
>>>list_2 = list_1.copy()             # 浅拷贝，等同于list_2 = list_1[::]
>>>list_2[1] = 2.2
>>>list_2[2][0] = 3.14                # 把3.1修改成3.14
>>>list_1
[1, 2, [3.14, 3.2]]
>>>list_2
[1, 2.2, [3.14, 3.2]]                 # 外层元素改变，不会相互影响，内层元素改变，都会改变
```

步骤三：对列表进行深拷贝操作。

```
# 深拷贝，需要用到copy模块中的deepcopy()函数
import copy                           # 导入复制模块
>>>list_1 = [1, 2, [3.1, 3.2]]
>>>lsit_2 = copy.deepcopy(list_1)     # 深拷贝，复制整个树型关联对象
>>>list_2[1] = 2.2
>>>list_2[2][0] = 3.14                # 把3.1修改成3.14
>>>list_1
[1, 2, [3.1, 3.2]]
>>>list_2
[1, 2.2, [3.14, 3.2]]                 # 新列表与原列表无关，修改新列表不会影响原列表
```

第 4 章　简单应用实例

本章带领读者开发一个简单的人工智能项目——人脸识别。首先，介绍软件体系的架构模式和实体模型，学习用 JSON 作为轻量级的数据交换模式；然后，用 MySQL 作为大量数据存储和管理的模式，用 PyMySQL 连接数据库并作为数据库读取的方式，再介绍基于分布式文件存储的数据库 MongoDB 的使用，让读者理解实现一个完整的项目需要软件开发模型各层之间的数据衔接；最后，基于百度 AI 平台，让读者实践人脸识别的技术和应用。

4.1　软件开发分层架构

在软件体系架构设计中，分层式结构是最常见也是最重要的一种方式。常见的分层式结构分为三层，从上至下分别为表示层、业务逻辑层（又称为领域层）、数据访问层。三层架构基于“高内聚，低耦合”思想，各层之间采用接口访问，上一层依赖下一层，改变上层的设计对于其调用的下层没有任何影响。在软件开发过程中，三层架构的设计思想是将不同的逻辑放在不同的模块中实现，重视业务系统的分析、设计和开发过程，明确开发人员的工作分工，这对提高信息系统的开发质量和开发效率、对信息系统日后的更新维护有着重要意义。

1．三层架构

通常意义上的三层架构如图 4-1 所示。

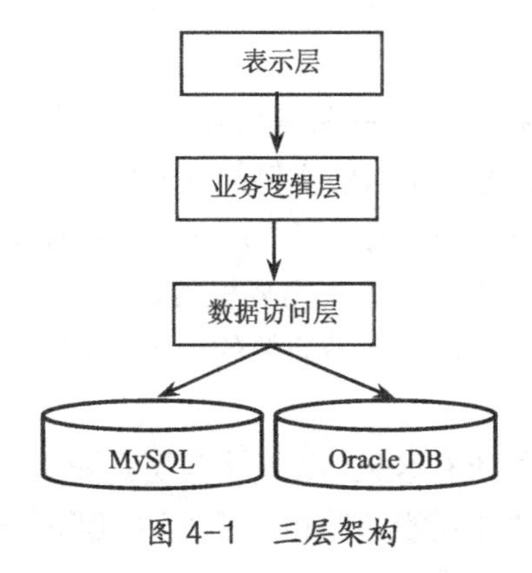

图 4-1　三层架构

（1）表示（User Interface，UI）层

表示层位于最外层（最上层），离用户最近，用于显示数据和接收用户输入，为用户提供交互式操作界面，接受用户的请求，显示系统的运行结果，为客户端提供应用程序的访问接口。

（2）业务逻辑层（Business Logic Layer，BLL）

业务逻辑层关注业务规则的制定、业务流程的实现，以及与业务需求有关的系统设计，与系统对应的领域逻辑有关，因此也被称为领域层。

业务逻辑层是系统架构中体现核心价值的部分，主要针对具体问题的操作，处于数据访问层与表示层中间，起到了数据交换中承上启下的作用。业务逻辑层也可以理解成对数据业务的逻辑处理。如果说数据层是积木，那么逻辑层就是对这些积木的搭建。

（3）数据访问层（Data Access Layer，DAL）

数据访问层是对原始数据（数据库或者以文本文件等形式存放的数据）的操作层，为业务逻辑层或表示层提供数据服务，不是原始数据，不是数据库，是对数据的操作。

2．三层架构的优点

三层架构的优点如下：

❖ 开发人员可以只关注整个结构的某一层。
❖ 可以容易地用新的实现来替换原有层次的实现。
❖ 可以降低层与层之间的依赖。
❖ 有利于标准化。
❖ 有利于各层逻辑的复用。
❖ 结构更加明确。
❖ 后期维护时，可以极大降低维护成本和维护时间。

3．三层架构的缺点

三层架构的缺点如下：

❖ 降低了系统的性能。如果不采用分层式结构，那么很多业务可以直接访问数据库，并获取相应的数据，现在必须通过中间层来完成。
❖ 导致级联的修改，这种修改尤其体现在自上而下的方向。如果表示层中需要增加一个功能，为保证其设计符合分层式结构，可能需要在相应的业务逻辑层和数据访问层中增加相应的代码。
❖ 增加了开发成本。

基于软件系统的分层结构在设计软件系统前需先设计软件框架。框架是整个或部分系统的可重用设计，表现为一组抽象构件及构件实例间交互的方法。框架也被认为是为应用开发者定制的骨架，规定了应用的体系结构，阐明了整体设计、协作构件之间的依赖关系、责任分配和控制流程。因此，构件库的大规模重用也需要框架。

下面根据系统分层的原理，创建一个最简单的模拟系统：根据小明有否吃饭的回答，决定水果分配数量。

数据层存放了小明喜欢吃的所有水果，数据访问层是随机从水果集中返回两种水果，业务逻辑层规定吃水果的规则：如果小明没有吃饭，那么可以吃两种水果，否则只能吃一种水果。表示层是人机交互的接口：询问今天吃饭了没有？等待小明的回答。

（1）数据层，将代码保存为文件 db.py

```
import random
fruits = ['apple','banana','grape','orange','watermelon']
```

（2）数据访问层，将代码保存为文件 dal.py

```
import random
import db                                                    # 导入db模块
def get_fruit():
    return random.sample(db.fruits,2)
```

（3）业务逻辑层，将代码保存为文件 bll.py

```
import dal                                                   # 导入dal模块
def choose(flag):                                            # 定义函数，此处flag为形参
    if flag:                                                 # 如果没吃饭，只能吃一种水果
        return dal.get_fruit()
    else:
        return dal.get_fruit()[0]
```

（4）表示层，将代码保存为文件 UI.py

```
import bll                                                   # 导入bll模块
flag=input('你今天吃饭了吗？（y/n):')
if flag=='y':
    flag=True
else:
    flag=False
print(bll.choose(flag))                                      # 调用函数choose，此处flag为实参
```

运行结果：

```
你今天吃饭了吗？（y/n):y
['orange', 'apple']
你今天吃饭了吗？（y/n):n
watermelon
```

程序实现了预定的业务和交互，运行结果用列表的形式显示，如果进一步考虑数据的包装和呈现，考虑数据在不同层之间传递，就涉及实体模型。

4．实体模型

实体模型是对数据的描述，在 Python 中通过字典模拟一个实体，通过列表嵌套字典来模拟多个实体。

【例 4-1】 图书管理系统中有图书类别、出版社、图书三个实体，每个实体具有各自的属性，具体定义如下：图书类别 (<u>类别编号</u>, 类别名称)，出版社 (<u>出版社编号</u>, 出版社名称, 出版社地址)，图书 (<u>图书编号</u>, 标题, 作者, 价格, <u>类别</u>, <u>出版社名称</u>)。

图书类别实例：

```
category = {'id':1,'name':'计算机类'}                         # 一个图书类别
categories = [                                               # 所有的图书类别
    {'id':1,'name':'计算机类'},
    {'id':2,'name':'文学类'},
```

```
    {'id':3,'name':'计算机类'}
]
```

出版社实例：

```
publisher = [
    {'id':1,'name':'人民出版社'},
    {'id':2,'name':'中信出版社'},
    {'id':2,'name':'电子工业出版社'}
]
```

图书实例：

```
books = [
    {'id':1,'title':'Python','author':'guido','price':10.99},
    {'id':2,'title':'傲慢与偏见','author':'奥斯汀','price':20.99},
    {'id':3,'title':'人工智能','author':'培生','price':30.99}
]
```

建立实体模型之间的关系，将图书类别和图书之间建立一对多的关系，即一个图书类别下有很多本不同的书，出版社与图书之间也建立了一对多的关系，即一个出版社出版了很多本图书。建立一对多关系的方法是修改图书实例，为每本书增加 publisherid、categoryid 两个属性，对应图书类别实体中的 id、出版社实体的 id。

```
books=[
    {'id':1,'title':'Python','author':'guido','price':10.99,'publisherid':1,'categoryid':1},
    {'id':2,'title':'傲慢与偏见','author':'奥斯汀','price':20.99,'publisherid':2, 'categoryid':2},
    {'id':3,'title':'人工智能','author':'培生','price':30.99,'publisherid':3,'categoryid':3}
]
```

如上述图书实体中有一本书，书名是“人工智能”，它的出版社编号 publisherid=3，查找出版社实体，查找到编号 id=3 是“电子工业出版社”，就知道了“人工智能”是“电子工业出版社”出版的。同理，根据图书类别编号 categoryid=3，找到图书类别实体中 id=3，就知道是计算机类。因此，建立了实体与实体间的联系后，就可以实现实体的关联信息查询了。

查询某本书的具体信息：

```
b = books[0]                                # 取一本书
print(
    b['id'],
    b['title'],
    b['author'],
    b['price'],
    # 查询这本书的图书类别
    [c for c in categories if c['id']==b['categoryid']][0]['name'],
    # 查询这本书的出版社名称
    [p for p in publishers if p['id']==b['publisherid']][0]['name'],
    sep = '\n'
)
```

程序中只罗列了三本图书，如果表示和存储很多本图书，那么上述表示方法显示出极大的不便，因为图书信息直接写在程序中，数据和程序混为一谈，数据不能共享。因此考虑把数据和程序分离，把数据独立保存为文件，最简单的方法是保存为 JSON 文件。

4.2 JSON 格式预定义

JSON（JavaScript Object Notation）是一种轻量级的数据交换格式，采用完全独立于编程语言的文本格式来存储和表示数据，可以用记事本程序来编写，如图 4-2 所示。

xm_info.json - 记事本

文件(F) 编辑(E) 格式(O) 查看(V) 帮助(H)

```
{
"name":"小铭",
"age":18,
"height":172.0,
"weight":52.0,
"gender":false
}
```

100%　Windows (CRLF)　UTF-8

图 4-2　JSON 文件

JSON 文件的扩展名是 .json，是纯文本格式的文件，文件内容在形式上与 Python 的字典类似，也是用“{}”括起来，其键和值用“:”成对表示，描述的内容容易读懂。但是 JSON 文件的内容是文本，即字符串。所以，JSON 文件既易于程序员阅读和编写，也易于机器解析和生成，而且相比 XML 格式，能有效地提升网络传输效率。

由于 JSON 文件层次结构简洁清晰，采用纯文本格式编辑，很多软件都支持这种格式，使它成为了理想的数据交换格式。例如，通过 JSON 文件先将 Python 中的字典转换为字符串，方便在网络或者程序之间传递这个字符串，并在需要的时候将它还原为字典。

1. 创建 JSON 文件

启动 PyCharm 程序，选择菜单命令“File → New → File”，在弹出的对话框中，用 .json 作为扩展名，即创建了 JSON 文件。

【例 4-2】 创建 JSON 文件。

小明的个人信息（xm.json）：

```
{
    "name":"小明",
    "age":18,
    "height":172.0,
    "weight":52.0,
    "gender":false
}
```

图书信息（book.json）：

```
{
    "title":"python",
    "author":"guido",
    "price":10.99,
    "pubdate":"2019-01-01",
    "category":"IT 计算机"
```

```
}
```

人民出版社出版的四大名著（books.json）：

```
{
    "publisher":"人民出版社",
    "books": [
        {
            "title":"红楼梦"
            "author":["曹雪芹","高鹗"],
            "price":10
        },
        {
            "title":"西游记"
            "author":"吴承恩",
            "price":20
        },
        {
            "title":"水浒传"
            "author":"施耐庵",
            "price":20
        },
        {
            "title":"三国演义"
            "author":"罗贯中",
            "price":20
        }
    ]
}
```

"books"后面使用了“[ ]”，表达一组信息，包含多个对象。"红楼梦"这本书的作者有两位，用"author": ["曹雪芹", "高鹗"]来表示。

小明的爱好（xm_favourite.json）：

```
{
    "name":"小明",
    "favor": {
        "music":"往后余生",
        "food":"冰激凌",
        "sport":"骑行"
    }
}
```

上述 JSON 格式在“{ }”中嵌套了“{ }”，可以表达高维的数据信息。

JSON 语法规则总结如下：① 数组（Array）用“[]”表示；② 对象（Object）用“{ }”表示；③ 名称/数值（name/value）之间用“:”隔开；④ 名称（name）置于双引号中，值（value）的类型有字符串、数值、布尔值、null、对象和数组；⑤ 并列的数据之间用“,”分隔。

2．XML 格式

XML 是可扩展标记语言（标准通用标记语言的子集），源自 HTML，是一种简单的数据存储语言，同样是纯文本格式文件，可以用记事本程序建立文件。

XML 使用一系列简单的标记来描述数据，这些标记可以自己命名，易于掌握和使用。

【例 4-3】 用 XML 格式描述小明的个人信息（xm.xml）。

```
<?xml version="1.0" encoding="utf-8" ?>
<xm>
    <name>xiaoming</name>
    <age>18</age>
    <weight>52.0</weight>
    <height>172.0</height>
    <gender>false</gender>
</xm>
```

XML 使用成对的标记来描述数据，因此相对 JSON 有更多的冗余，占用的空间也更多。

【例 4-4】 四大名著的 XML 格式描述（books.xml）。

```
<?xml version="1.0" encoding="utf-8" ?>
<books>
    <book title="红楼梦" author="曹雪芹"></book>
    <book title="西游记" author="吴承恩"></book>
    <book title="水浒传" author="施耐庵"></book>
    <book title="三国演义" author="罗贯中"></book>
</books>
```

【例 4-5】 描述红楼梦的两位作者（author.xml）。

```
<books>
    <book title="红楼梦">
        <author>曹雪芹</author>
        <author>高鹗</author>
    </book>
    <book title="西游记" author="吴承恩"></book>
    <book title="水浒传" author="施耐庵"></book>
    <book title="三国演义" author="罗贯中"></book>
</books>
```

3．JSON 与 XML 的异同

JSON 和 XML 都是纯文本，都具有“自描述性”，带有层级结构。但是，相比 XML，JSON 没有结束标签，信息表达更高效，读写速度更快。

当数据量比较少的时候，用列表对象直接就可以解决问题，当数据量比较大时，用 JSON、XML 文件存储非常方便。如果数据量更大，对数据的安全性要求更高，就需要采用专门的数据库来存储数据。其中，开源数据库软件 MySQL 得到了广泛应用。为方便使用 MySQL 数据库，Python 提供了专门的第三方库 PyMySQL，读者可以轻松地建立与 MySQL 数据库的连接，并对数据进行操作。

4.3 PyMySQL 数据库读取

PyMySQL，从字面拆解大致可以理解意思，Py 说明这是一个 Python 的第三方库，MySQL 是一个常用的数据库软件，所以 PyMySQL 是在 Python 3.x 版本中用于连接 MySQL 数据库服

务器的一个第三方库。使用前，先安装 MySQL 数据库，再安装 PyMySQL 第三方库。

PyMySQL 相当于先建立一条铁轨，一端连接着 MySQL，另一端连接着 Python，再造一辆火车，火车从 Python 端获得命令（货物）传递到 MySQL 端；MySQL 端执行完命令后，带着执行的结果(货物)回到 Python 端，由 Python 端解析并呈现结果。铁轨是建立的连接(connect 对象)，火车是命令（command 对象)。

1．PyMySQL 的安装

先安装 MySQL 数据库软件，再安装 PyMySQL。PyMySQL 下载地址为 https://github.com/PyMySQL/PyMySQL，下载后离线安装。

也可以通过 pip 命令进行在线安装：

```
pip install pymysql
```

2．PyMySQL 基本使用

【例 4-6】 连接数据库，查看数据库版本。

```
# 导入 pymysql 模块
import pymysql
# 连接 database
# "localhost"是本地数据库服务器，"guest"、"123456"为用户名和密码，"test"为测试数据库
# 通过 pymysql.connect 建立连接通道，通道对象用变量 db 表示
db = pymysql.connect("localhost","guest","123456","test")
# 创建 cursor 对象，cursor 类似于跑在铁轨上的火车
cursor = db.cursor()
# 火车 cursor 传递命令 select version()，查询数据库版本
cursor.execute("select version()")
# fetchone 表示执行完命令带回结果，一个一个地卸货，若使用 fetchall，则一次性将货卸下来
data = cursor.fetchone()
print(f"databasse version:{data}")
# 关闭数据库连接，释放资源
db.close()
```

运行结果：

```
databasse version:('5.6.15',)
```

【例 4-7】 创建 mybookshopdb 数据库。

```
import pymysql
# root 用户名是超级管理员，mysql 是自带的管理数据库名
db = pymysql.connect("localhost","root","123456","mysql")
cursor = db.cursor()
# SQL (Structural Query Language，结构化查询语言)
# create database mybookshopdb，创建新数据库，名称为 mybookshopdb
cursor.execute("create database mybookshopdb")
db.close()
```

代码运行后，创建了新数据库 mybookshopdb。

【例 4-8】 在数据库中新建表 book。

```
import pymysql
```

```
db = pymysql.connect("localhost","root","123456","mybookshopdb")
cursor=db.cursor()
# 如果 book 表已经存在，就删除这张表，便于新建
cursor.execute('drop table if exists book')
# SQL 语句，重新建立表 book。book 有 5 个字段：id、title、author、price、pubdate
# id 为主键
sql = '''create table book(id int primary key,
                           title nvarchar(50) not null unique,
                           author nvarchar(255) not null,
                           price decimal(18,2) check(price>=0),
                           pubdate date)'''
cursor.execute(sql)
db.close()
```

运行结果如图 4-3 所示，在数据库 mybookshopdb 中已新建了表 book。

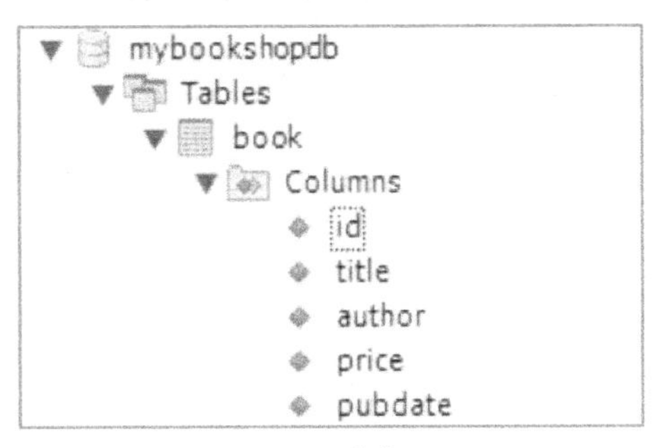

图 4-3　新建表 book

【例 4-9】 向表 book 中插入 4 条数据，表示增加 4 本新书。

```
db = pymysql.connect("localhost","root","123456","mybookshopdb")
cursor = db.cursor()
# SQL 语句，插入 4 条记录到表 book
sql = '''INSET INTO book(id, title, author, price, pubdate)
         VALUES(1,'Python','Guido van Rossum',10,'2010-1-1'),
               (2,'Java','James Gosling',20,'2020-2-1'),
               (3,'C#','Anders Hejlsberg',30,'2010-3-1'),
               (4,'C','Dennis Ritchie',40,'2020-4-1'),
      '''
try:
   cursor.execute(sql)
# commit 提交命令
   db.commit()
except Exception as ex:
# 若命令执行失败，则回滚，相当于撤销本次操作
   db.rollback()
   print(ex)
db.close()
```

查看数据库中的表，结果如图 4-4 所示。

【例 4-10】 查询数据库中表 book 的内容。

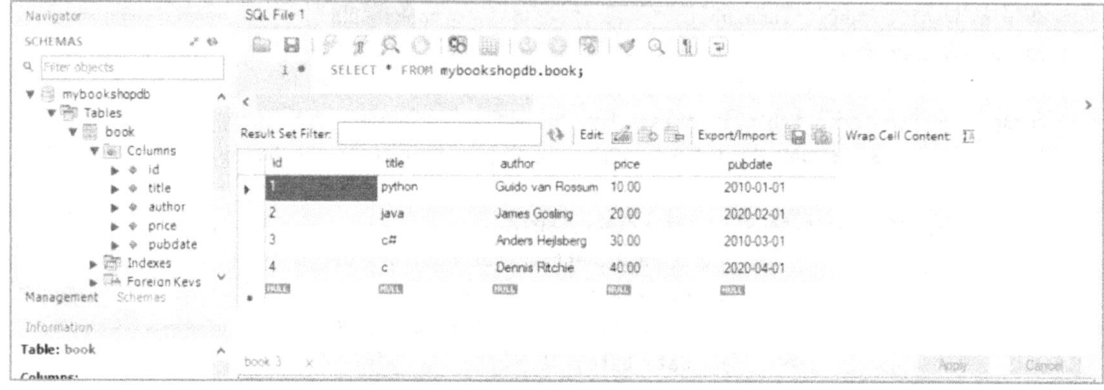

图 4-4　插入数据

```
import pymysql
db = pymysql.connect("localhost","root","123456","mybookshopdb")
cursor = db.cursor()
sql = 'SELECT *  FROM book'
cursor.execute(sql)
books = cursor.fetchall()
db.close()
for book in books:
   print(book)
```

运行结果：

```
(1, 'Python', 'Guido van Rossum', Decimal('10.00'), datetime.date(2010, 1, 1))
(2, 'Java', 'James Gosling', Decimal('20.00'), datetime.date(2020, 2, 1))
(3, 'C#', 'Anders Hejlsberg', Decimal('30.00'), datetime.date(2010, 3, 1))
(4, 'C', 'Dennis Ritchie', Decimal('40.00'), datetime.date(2020, 4, 1))
```

【例 4-11】 根据条件查询数据库，选择 title 中包含字符“C”的书。

```
import pymysql
db = pymysql.connect("localhost","root","123456","mybookshopdb")
cursor = db.cursor()
sql = 'SELECT  * FROM book  WHERE title  LIKE %s'
cursor.execute(sql,'%C%')
books = cursor.fetchall()
db.close()
for book in books:
   print(book)
```

运行结果：

```
(3, 'C#', 'Anders Hejlsberg', Decimal('30.00'), datetime.date(2010, 3, 1))
(4, 'C', 'Dennis Ritchie', Decimal('40.00'), datetime.date(2020, 4, 1))
```

【例 4-12】 根据条件更新记录，将 id=1 的记录的价格修改为 20 元。

```
cursor = db.cursor()
sql = 'UPDATE book  SET price = %s  WHERE id=%s'
try:
   cursor.execute(sql,(20,1))
```

```
    db.commit()
except Exception as ex:
    print(ex)
    db.rollback()
db.close()
```

【例 4-13】 根据条件删除记录。

```
import pymysql
db = pymysql.connect("localhost","root","123456","mybookshopdb")
cursor = db.cursor()
sql = 'DELETE FROM book  WHERE id=%s'
try:
    cursor.execute(sql,1)                    # 删除 id = 1 的记录
    db.commit()
except Exception as ex:
    print(ex)
    db.rollback()
db.close()
```

经过更新和删除操作后，表 book 的信息为：

```
(2, 'Java', 'James Gosling', Decimal('20.00'), datetime.date(2020, 2, 1))
(3, 'C#', 'Anders Hejlsberg', Decimal('30.00'), datetime.date(2010, 3, 1))
(4, 'C', 'Dennis Ritchie', Decimal('40.00'), datetime.date(2020, 4, 1))
```

MySQL 数据库是关系型数据库，以二维表形式表达数据间的各种关系，采用 SQL 语句。

4.4 MongoDB 简介

随着 Web 2.0 的兴起，关系型数据库的缺陷越来越明显，在此背景下诞生了 NoSQL（Not only SQL）数据库，NoSQL 不使用 SQL 作为查询语言，其数据存储更加自由、灵活。MongoDB 是这一新型数据库的主流产品。

MongoDB 是一个基于分布式文件存储的数据库，旨在为 Web 应用提供可扩展的高性能数据存储解决方案。MongoDB 是非关系数据库中功能最丰富的一个产品，支持松散的数据结构，类似 Python 的字典的键值对格式，可以存储比较复杂的数据类型。MongoDB 最大的特点是支持的查询语言功能非常强大，其语法类似面向对象的查询语言，几乎可以实现类似关系数据库单表查询的绝大部分功能，还支持对数据建立索引。

1．安装 MongoDB

进入 MongoDB 官网 https://www.mongodb.***/，下载对应的版本，如使用安装包 mongodb-win32-x86_64-2008plus-ssl-3.4.10-signed.msi 进行安装，根据提示信息，依次单击“Next”按钮即可，如图 4-5 所示。系统默认在 MongoDB 安装路径下新建 data 目录，在 data 目录下创建 db 子目录，用于存放数据库文件，同时在 MongoDB 安装目录下创建 log 目录，存放日志文件（如图 4-6 所示）。进入终端命令窗口，输入如下命令，启动 MongoDB 服务：

```
C:\user\lenovo>mongod --dbpath D:\MongoDB\data
```

D:\MongoDB\data 表示所创建的数据库目录。

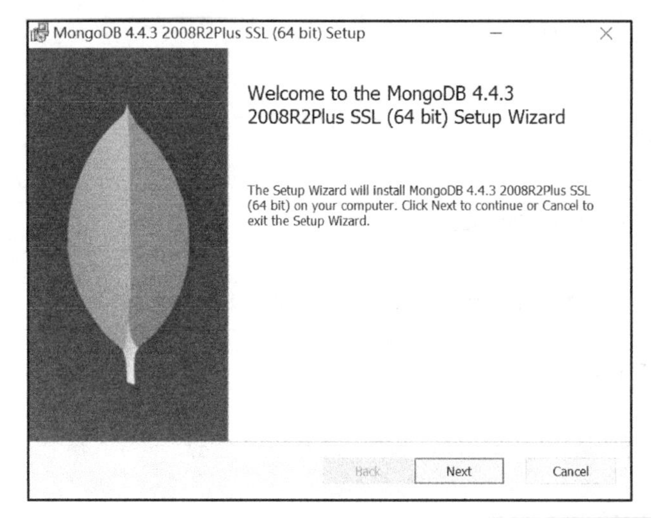

图 4-5　安装 MongoDB

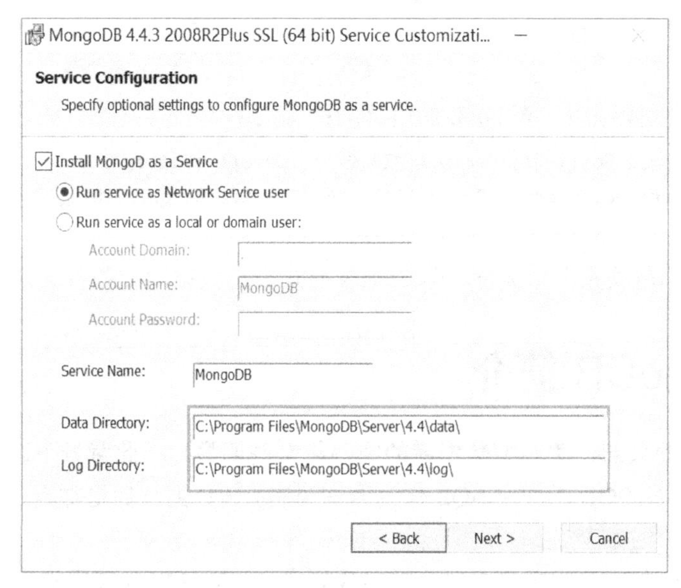

图 4-6　默认安装目录

以上步骤完成后，可以在浏览器中输入：http://localhost:27017/，测试结果如图 4-7 所示。说明 MongoDB 服务成功启动。

图 4-7　测试 MongoDB 服务

2．MongoDB 常用命令使用

启动 MongoDB 服务后，在终端命令行中输入“mongo”命令，启动客户端。

```
C:\user\lenovo>mongo
```

出现提示符“>”（如图 4-8 所示），表示已进入客户端环境，然后可以运行 MongoDB 的数据库操作命令了。

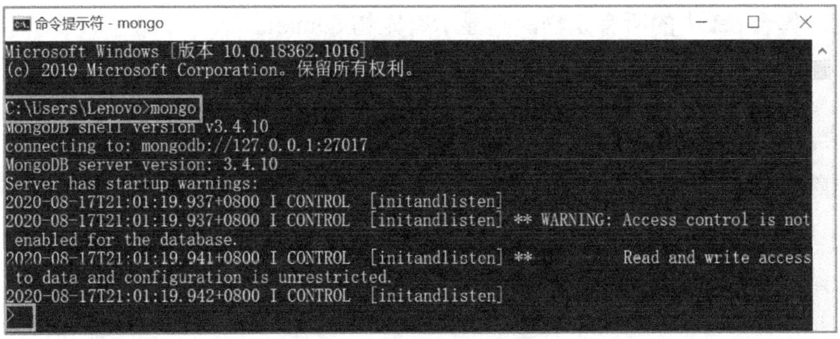

```
命令提示符 - mongo
Microsoft Windows [版本 10.0.18362.1016]
(c) 2019 Microsoft Corporation。保留所有权利。

C:\Users\Lenovo>mongo
MongoDB shell version v3.4.10
connecting to: mongodb://127.0.0.1:27017
MongoDB server version: 3.4.10
Server has startup warnings:
2020-08-17T21:01:19.937+0800 I CONTROL  [initandlisten]
2020-08-17T21:01:19.937+0800 I CONTROL  [initandlisten] ** WARNING: Access control is not
 enabled for the database.
2020-08-17T21:01:19.941+0800 I CONTROL  [initandlisten] **          Read and write access
 to data and configuration is unrestricted.
2020-08-17T21:01:19.942+0800 I CONTROL  [initandlisten]
>
```

图 4-8　启动 MongoDB

常用 MongoDB 数据库命令如表 4-1 所示。

表 4-1　常用 MongoDB 数据库命令

命　令	功　能
show dbs	查看数据库
use dbname	创建数据库
db.createCollection('collection_name')	创建集合
show collections	显示集合
db.collection.insert({})	插入数据
db.collection.find()	查询数据
db.collection.find({colname:{$eq:value}},{_id:0})	按条件查询数据
db.collection.update({},{$set:{colname:value}})	修改数据
db.collection.remove({colname:{$eq:value}})	删除数据

【例 4-14】 创建一个宠物商店的数据库。

（1）创建 petshop 数据库

```
>use petshop
```

（2）创建集合 pet

```
>db.createCollection('pet')
```

（3）显示集合

```
>show collection
```

（4）插入数据，在集合 pet 中增加两只宠物 tom 和 jerry

```
>db.pet.insert({name:'tom',age:2,color:'white'})
>db.pet.insert({name:'jerry',age:1.5,color:'yellow'})
```

（5）查找集合 pet 中的所有宠物

```
> db.pet.find({},{_id:0})
```

显示结果如下：

```
{ "name" : "tom", "age" : 2, "color" : "white" }
{ "name" : "jerry", "age" : 1.5, "color" : "yellow" }
```

（6）修改宠物 jerry 的姓名为 domkn

```
>db.pet.update({name:'jerry'},{$set:{name:'domkn'}})
```

再次显示集合 pet 中的所有宠物，则显示有宠物 domkn。

```
> db.pet.find({},{_id:0})
{ "name" : "tom", "age" : 2, "color" : "white" }
{ "name" : "domkn", "age" : 1.5, "color" : "yellow" }
```

（7）删除宠物 tom

```
> db.pet.remove({name:'tom'})
```

显示一条记录已删除。

```
WriteResult({"nRemoved" : 1})
```

3．安装 pymongo 库

pymongo 是 Python 中用来操作 MongoDB 的第三方库。安装 MongoDB 后，就可以在 Python 上安装 pymongo 库。安装方法为：

```
pip install pymongo
```

【例 4-15】 pymongo 简单使用举例。新建数据库 test，在数据库 test 下新建集合 students。使用 insert_one 方法和 insert_many 方法插入数据，使用 find_one 方法查询单个数据，使用 find 方法查询满足条件的多个数据。

```
# 连接 MongoDB
import pymongo
client = pymongo.MongoClient(host='localhost', port=27017)
# 指定数据库
db = client.test
# 指定集合
collection = db.students
# 插入数据，新建一条学生数据，以字典形式表示
student = {
    'id': '20170101',
    'name': 'Jordan',
    'age': 20,
    'gender': 'male'
}
result = collection.insert_one(student)
# 对于 insert_many()方法，可以将数据以列表形式传递
student1 = {
    'id': '20170103',
    'name': 'Jerry',
    'age': 20,
    'gender': 'male'
}
student2 = {
    'id': '20170202',
    'name': 'Mike',
    'age': 21,
    'gender': 'male'
}
```

```
result = collection.insert_many([student1, student2])
# 查询、插入数据后，find_one 或 find 方法可以进行查询，find_one 得到单个结果，find 返回多个结果
result = collection.find_one({'name': 'Mike'})
print(result)
# 运行结果
{'_id':ObjectId('5f3a9b92806ed5638d50df73'), 'id':'20170202', 'name':'Mike', 'age':21, 'gender':'male'}

# 对于多条数据的查询，使用 find 方法，如查找年龄为 20 的数据
results = collection.find({'age': 20})
for result in results:
    print(result)
# 运行结果
{'_id': ObjectId('5f3a9b92806ed5638d50df71'), 'id': '20170101', 'name': 'Jordan', \
 'age': 20, 'gender': 'male'}
{'_id': ObjectId('5f3a9b92806ed5638d50df72'), 'id': '20170103', 'name': 'Jerry', \
 'age': 20, 'gender': 'male'}
```

4.5 人脸识别实现思路

人脸识别涉及人工智能的范畴，因此先澄清人工智能、机器学习和深度学习的关系。

机器学习（Machine Learning）是指根据算法指导计算机利用已知数据得出适当的模型，并基于此模型对新的情境给出判断的过程。机器学习是对人类生活中学习过程的一个模拟，其中最关键的是数据。任何通过数据训练的学习算法及其相关研究都属于机器学习，机器学习的常用模型有线性回归、*K*-均值、决策树、随机森林等。

深度学习的概念源于人工神经网络的研究，是机器学习的一个新的研究领域，目标是建立、模拟人脑进行分析学习的神经网络，通过组合低层特征形成更加抽象的高层表示属性类别或特征，以发现数据的分布式特征表示。

人工智能与机器学习、深度学习的关系如图 4-9 所示。

图 4-9　人工智能与机器学习、深度学习的关系

早期的机器学习属于统计学范畴，目前机器学习是人工智能的一种最重要的实现方式，机器学习的方法被大量应用于解决人工智能的问题。深度学习是机器学习的一个热门方向，是神

经网络算法的衍生，在图像、语音等富媒体的分类和识别上取得了非常好的效果。

本节利用百度 AI 平台，让读者实践人脸识别的技术和应用。

1．人脸识别原理及应用

人脸识别是基于人的脸部特征信息进行身份识别的一种生物识别技术，用摄像机或摄像头采集含有人脸的图像或视频流，自动在图像中检测和跟踪人脸，进而对检测到的人脸进行脸部识别的一系列相关技术，通常也被称为人像识别、面部识别。

人脸识别系统集成了人工智能、机器识别、机器学习、模型理论、专家系统、视频图像处理等技术，同时结合了中间值处理的理论与实现，是生物特征识别的最新应用。当前，由于视频监控正在快速普及，众多的视频监控应用迫切需要一种远距离、用户非配合状态下的快速身份识别技术，以实现智能预警。目前，人脸识别产品已广泛应用于金融、司法、军队、公安、边检、政府、航天、电力、工厂、教育、医疗等领域。随着技术的进一步成熟和社会认同度的提高，人脸识别技术将应用于更多领域。

2．基于百度 AI 平台实现人脸识别

百度 AI 平台提供人脸识别技术，包括人脸搜索、人脸比对、人脸验证、活体检测等功能。

（1）注册平台账户

登录百度 AI 开放平台 https://ai.baidu.com/tech/face，单击右上角的控制台，注册百度智能云账户并登录。在平台上选择左侧导航栏中的“人脸识别”，然后创建新应用，如图 4-10 所示，在出现的窗口中依次填入信息，设置应用名称为 face_detect。

图 4-10　百度 AI 开放平台

创建完毕，应用列表中显示新建的应用 face_detect，如图 4-11 所示，记下 App_ID、API_Key、Secrect_Key。

单击“face_detect”，将进入应用详情，显示查看文档、下载 SDK、查看教学视频，如图 4-12 所示。

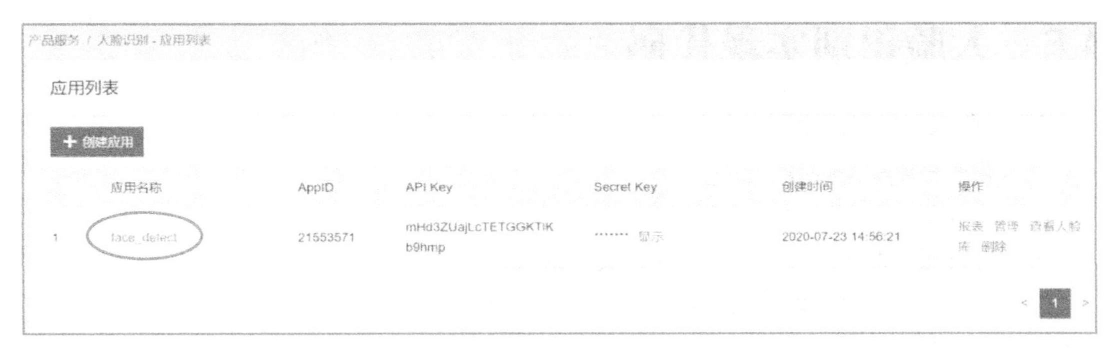

图 4-11　新建应用

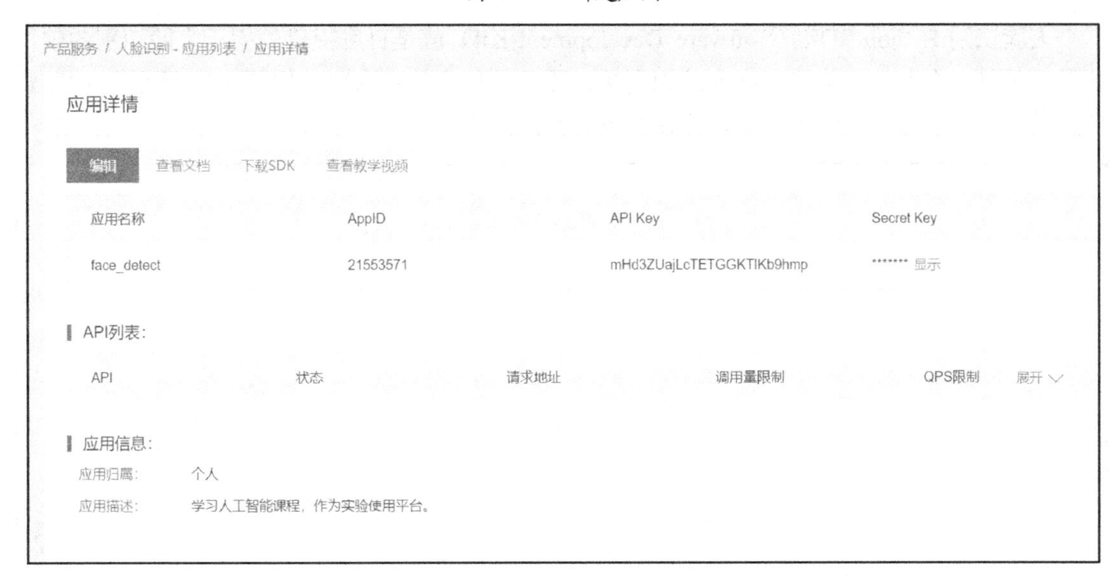

图 4-12　应用详情

单击“查看文档”，左侧导航栏中出现 API 文档、SDK 文档等，右窗格中显示各应用的接口能力、业务应用、调用方式、请求说明等技术参数，如图 4-13 所示。

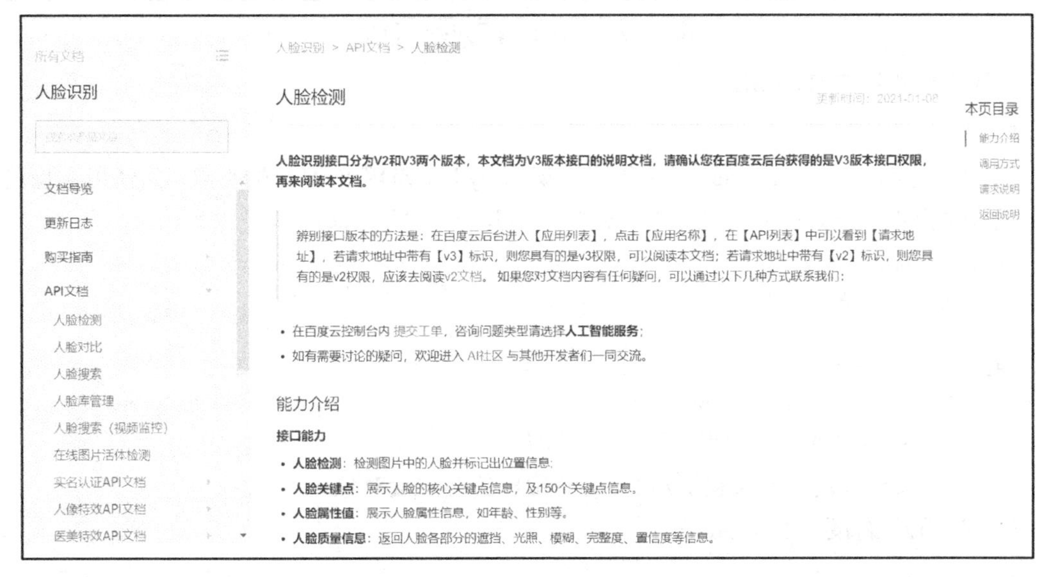

图 4-13　查阅 API 文档

4.6 人脸识别实现代码

1. 人脸识别代码的步骤

（1）获取授权（Access Token）。

（2）获取图片并发送请求。

（3）接收服务器响应并处理 JSON 格式的结果。

（4）优化客户端显示处理结果。

2. 人脸识别 Python-SDK

人脸识别 Python-SDK（Software Development Kit）就是百度提供的用于人脸识别的软件开发工具包，有完整的描述百度人脸识别接口服务的相关技术内容，如图 4-14 所示。SDK 软件开发工具包就是一个开发框架，方便开发者在此基础上的二次开发。

图 4-14 人脸识别 Python-SDK

安装人脸识别 Python-SDK：

```
pip install baidu-aip
```

然后新建 AipFace。AipFace 是基于人脸识别 Python SDK 的客户端对象，为使用人脸识别的开发人员提供了一系列的交互方法。例如，新建一个 AipFace：

```
from aip import AipFace
""" 你的 APPID AK SK """
APP_ID = '你的 App ID'
API_KEY = '你的 Api Key'
SECRET_KEY = '你的 Secret Key'
client = AipFace(APP_ID, API_KEY, SECRET_KEY)
```

生成的 client 就是基于人脸识别 Python-SDK 的客户端对象。

【例 4-16】 百度人脸识别。

```
from aip import AipFace
```

```
import base64
APP_ID = "*******"                                          # 写上自己的 App ID
API_KEY = '***********'                                     # 写上自己的 API Key
SECRECT_KEY = "*************"                               # 写上自己的 Secret Key
client = AipFace(APP_ID,API_KEY,SECRECT_KEY)
#人脸识别的项目，如年龄，颜值，表情，脸型等
options = {"face_field":"age,beauty,expression,faceshape,gender,glasses,race,facetype"}
filename = 'images/derek.png'
# 事先准备好的一张人脸图片，放在当前目录的 images 子目录下，文件名为 derek.png
with open(r'images/derek.png','rb')as f:
    image = base64.b64encode(f.read())                      # base64 是用于传输 8 bit 字节码的编码方式
    image = str(image,'utf-8')
    imageType = 'BASE64'
    # 调用 AipFace 对象(client)的 detect 方法
    print(client.detect(image,imageType,options))
```

运行结果：


```
{'error_code': 0, 'error_msg': 'SUCCESS', 'log_id': 8984001201991, 'timestamp': 1595510285,
 'cached': 0, 'result': {'face_num': 1, 'face_list': [{'face_token':
 'db2a95685e77d0b9642b261d3ef86d6a', 'location': {'left': 173.88, 'top': 63.15,
 'width': 76, 'height': 71, 'rotation': 1}, 'face_probability': 1, 'angle': {'yaw': 1.88,
 'pitch': 17.42, 'roll': 0.68}, 'age': 31, 'beauty': 46.39, 'expression': {'type': 'none',
 'probability': 1}, 'face_shape': {'type': 'oval', 'probability': 0.78}, 'gender': {'type':
 'male', 'probability': 1}, 'glasses': {'type': 'none', 'probability': 1}, 'race': {'type':
 'white', 'probability': 1}, 'face_type': {'type': 'human', 'probability': 1}}]}}
```


运行结果是用字典表达的高维数据结构，在 PyCharm 中新建 JSON 文件，复制内容后粘贴，然后按快捷键 Ctrl+Alt+L 进行格式化，则展示清晰的格式，如图 4-15 所示。

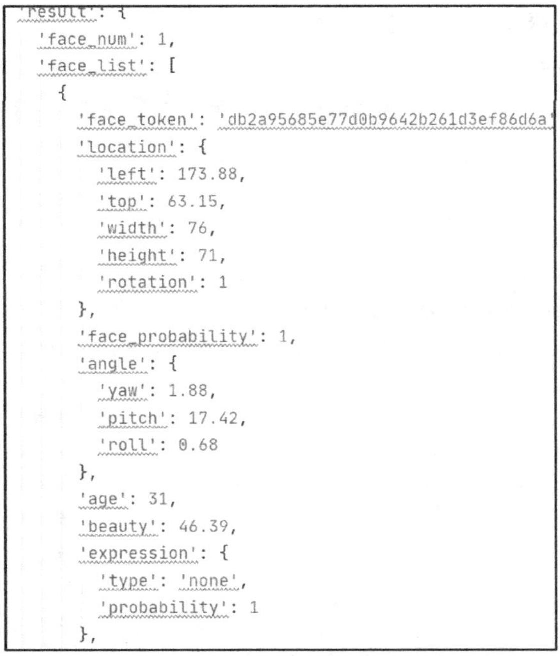

```
'result': {
  'face_num': 1,
  'face_list': [
    {
      'face_token': 'db2a95685e77d0b9642b261d3ef86d6a'
      'location': {
        'left': 173.88,
        'top': 63.15,
        'width': 76,
        'height': 71,
        'rotation': 1
      },
      'face_probability': 1,
      'angle': {
        'yaw': 1.88,
        'pitch': 17.42,
        'roll': 0.68
      },
      'age': 31,
      'beauty': 46.39,
      'expression': {
        'type': 'none',
        'probability': 1
      },
```


图 4-15　JSON 格式化

提取 age:31、beauty:46.39 等数据，按照需要的形式显示，如图 4-16 所示。

```
filename='images/dxy.jpg'
with open(r'images/derek.png','rb')as f:
    image=base64.b64encode(f.read())
    image=str(image,'utf-8')
    imageType='BASE64'
    data=client.detect(image,imageType,options)
    face=data['result']['face_list'][0]
    print('age:',face['age'])
    print('beauty:',face['beauty'])
    print('expression:', face['expression']['type'])
    print('gender:', face['gender']['type'])
    print('glasses:', face['glasses']['type'])
    print('faceshape:', face['face_shape']['type'])
    print('race:', face['race']['type'])
```

图 4-16　人脸识别结果

对照右侧的人脸图片，运行结果为：

```
age: 31
beauty: 46.39
expression: none
gender: male
glasses: none
facetype: oval
race: white
```

上述信息表明人脸图片的识别结果是：年龄 31 岁，颜值 46.39，无表情，男性，没戴眼镜，椭圆脸型，白色人种。

若用摄像头捕捉人脸，实时传输照片并识别，用动态抓图替代静态图片，只是多了一个捕捉人脸的过程。

【例 4-17】 打开摄像头，人脸扫描识别。

```
from aip import AipFace
import cv2                          # 先安装 opencv-python 库, pip install opencv-python
import base64
import time
APP_ID = "*******"
API_KEY = '**********'
SECRECT_KEY = "*********"
client = AipFace(APP_ID,API_KEY,SECRECT_KEY)
options = {"face_field":"age,beauty,expression,faceshape,gender,glasses,race,facetype"}
capture = cv2.VideoCapture(0)
while True:                                           # 摄像头不断捕捉图像
    ret, frame = capture.read()                       # 打开摄像头捕捉每一帧
    cv2.imshow('capture', frame)                      # 显示摄像头
    k = cv2.waitKey(1)                                # 延迟 1 ms 后, 接受用于输入
    if k == 27:                                       # 若按 Esc 键, 则退出循环
        break
    elif k == ord('s'):                               # 输入 s 截屏
        file_name = 'images/'+str(time.time())+'.jpg' # 生成抓取图片的文件名
        cv2.imwrite(file_name,frame)                  # 存放文件
```

```
        with open(file_name, 'rb') as f:
            image = base64.b64encode(f.read())
            image = str(image, 'utf-8')
            imageType = 'BASE64'
            data = client.detect(image,imageType, options)
            face = data['result']['face_list'][0]
            print('age:',face['age'])
            print('beauty:',face['beauty'])
            print('expression:', face['expression']['type'])
            print('gender:', face['gender']['type'])
            print('glasses:', face['glasses']['type'])
            print('facetshape:', face['face_shape']['type'])
            print('race:', face['race']['type'])
capture.release()                                         # 关闭摄像头
cv2.destroyAllWindows()                                   # 关闭窗体
```

运行结果：

```
age: 39
beauty: 29.85
expression: none
gender: female
glasses: none
facetshape: round
race: yellow
```

将上述抓图的代码提取后作为函数，使程序更加清晰。

```
from aip import AipFace
import cv2
import base64
import time
APP_ID = "*******"
API_KEY = '***********'
SECRECT_KEY = "**************"
client = AipFace(APP_ID, API_KEY, SECRECT_KEY)
options = {"face_field":"age,beauty,expression,faceshape,gender,glasses,race,facetype"}
capture = cv2.VideoCapture(0)                             # pip install opencv-python

def face_det(filename):
    with open(file_name, 'rb') as f:
        image = base64.b64encode(f.read())
        image = str(image, 'utf-8')
        imageType = 'BASE64'
        data = client.detect(image, imageType, options)
        face = data['result']['face_list'][0]
        print('age:', face['age'])
        print('beauty:', face['beauty'])
        print('expression:', face['expression']['type'])
        print('gender:', face['gender']['type'])
        print('glasses:', face['glasses']['type'])
```

```
        print('beauty:', face['beauty'])
        print('race:', face['race']['type'])

while True:                                # 摄像头不断捕捉图像
    ret,frame = capture.read()             # 读取帧
    cv2.imshow('capture',frame)            # 打开摄像头
    k = cv2.waitKey(1)                     # 延迟 1ms 后，接受输入
    if k == 27:                            # 若按了 Esc 键
        break
    elif k == ord('s'):                    # 输入 s 截屏
        file_name = 'images/'+str(time.time())+'.jpg'
        cv2.imwrite(file_name,frame)       # 存放文件
        face_det(file_name)                # 调用函数 face_det，用于对 file_name 的人脸识别
capture.release()
cv2.destroyAllWindows()
```

4.7 项目打包和发布

经过开发、调试后，我们获得了一个人脸识别的 Python 程序，这个程序打包后，发布为一个 Windows 可执行程序，可以方便程序的分发和共享。

Python 提供了 zipapp 模块，可以将一个 Python 模块（可能包含很多个源程序）打包成一个 Python 应用，或者发布为一个 Windows 的可执行程序。实现过程如下。

1．生成可执行的 Python 档案包

zipapp 是一个可以直接运行的模块，用于将单个 Python 文件或整个目录下的所有文件打包成可执行的档案包，这里打包意指归档和压缩。

zipapp 模块的命令行语法如下：

```
python -m zipapp source [options]
```

source 参数代表要打包的 Python 源程序或目录，既可以是单个 Python 文件，也可以是目录。如果 source 参数是目录，那么 zipapp 模块会打包该目录中的所有 Python 文件。

options 参数主要的选项如下。

- -o <output>：指定输出档案包的文件名。如果不指定该选项，那么所生成的档案包的文件名默认为 source 参数值，并加上 .pyz 后缀。
- -m <mainfn>：指定 Python 程序的入口函数。该选项为 pkg.mod:fn 形式，其中 pkg.mod 是一个档案包中的包或模块，fn 是指定模块中的函数。如果不指定该选项，那么默认从模块中的__main__.py 文件开始执行。

例如，在某目录下建立 app 子目录，包含多个 Python 程序。首先，在该目录下开发一个 say_hello.py 程序：

```
def say_hello(name):
    return f"hello {name}!"
```

然后，在该目录下开发一个 app.py 程序来使用 say_hello 模块：

```
from say_hello import *
```

```
def main():
    print('程序开始执行')
    print(say_hello('孙悟空'))
```

在命令行中进入 app 目录的父目录，执行如下命令：

```
python -m zipapp app -o app.pyz -m "app:main"
```

上面的命令指定将 app 子目录下的所有 Python 源文件打包成一个档案包，-o 选项指定生成的档案包的文件名为 app.pyz，-m 选项指定使用 app.py 模块中的 main 函数作为程序入口。

运行以上命令，将生成 app.pyz 文件。接下来使用“python”命令运行 app.pyz 文件。

```
python app.pyz
```

运行结果：

```
程序开始执行
hello 孙悟空!
```

上面打包的档案包中只有当前项目的 Python 文件，如果 Python 应用需要使用第三方模块和包，如需要连接 MySQL 的应用，那么仅打包该应用的 Python 程序还不够，必须事先将应用依赖的模块和包下载到应用目录中，再用 zipapp 模块将应用和依赖模块一起打包成档案包。

2. PyInstaller 模块

用 zipapp 模块创建独立应用后，运行程序的格式为：

```
python app.pyz
```

也就是必须先安装 Python，有了 Python 解释器才能运行程序。若想直接生成可执行程序 EXE 文件，就要用到 PyInstaller 工具。

PyInstaller 工具可以将 Python 程序生成可直接运行的程序，可以被分发到对应的 Windows 或 Mac 平台上运行。

Python 默认并不包含 PyInstaller 模块，因此需要事先安装，在命令行输入：

```
pip install pyinstaller
```

PyInstaller 工具的命令语法如下：

```
pyinstaller 选项 Python 源文件
```

例如：

```
pyinstaller -F app.py
```

-F 选项表示指定生成单独的 EXE 文件。

执行上面命令后，将显示详细的生成过程。运行完成后，将在 app 目录下出现 dist 目录，并在其下出现 app.exe 文件，即生成的 EXE 程序。在命令行窗口中直接执行 app.exe，显示该程序运行结果：

```
程序开始执行
hello 孙悟空!
```

习　题

1. 下列 Python 3 代码能得到"C:/Programe Files/Python3"的是（　　）。

A. "/".join("C:", "Programe Files", "Python3")

B. "/".join(["C:", "Programe Files", "Python3"])

C. C:Programe FilesPython3".split(sep="/")

D. C:Programe FilesPython3".split()

2. 有一个学生信息表，其中一个字段成绩定义如下：

```
score int(2)
```

则该字段可以插入如下（　　）记录。

A. 99　　B. 100

C. 60　　D. 9

3. UPDATE 和 DELETE 语句的区别是（　　）。

A. UPDATE 语句不会从表中删除行　　B. 一条 UPDATE 语句只能更改一行

C. DELETE 语句不能用 where 子句　　D. DELETE 语句只能在存储过程中运行

4. 向数据库中插入一条记录用（　　）语句。

A. CREATE　　B. SAVE

C. UPDATE　　D. INSERT

5. 在使用 PyMySQL 中，（　　）操作发生异常需要进行回滚。

A. 插入数据　　B. 查找数据

C. 修改数据　　D. 删除数据

6. 数据表 students 中 likes 字段数据类型为 set("python","study","MySQL")，当在表中插入该字段值时，以下正确的是（　　）。

A. "Python,MySQL"　　B. "Python", "MySQL"

C. 'Python,MySQL'　　D. ("Python,MySQL,MongoDB")

7. 数据库管理系统能实现对数据库中数据的查询、插入、修改和删除，这类功能被称为（　　）。

A. 数据控制功能　　B. 数据定义功能

C. 数据存储功能　　D. 数据操纵功能

8. 关系数据库中的键是指（　　）。

A. 关系的所有属性　　B. 关系的名称

C. 关系的专用保留字　　D. 能唯一标识元组的属性或属性集合

实　验

实验 4.1　用 JSON 描述出版社和图书列表

【问题】 什么是 JSON？如何使用 JSON 描述对象？

① JSON 即 JavaScript Object Notation（JavaScript 对象表示法）。

② JSON 是存储和交换文本信息的语法，类似 XML，但比 XML 更小、更快、更易解析。

③ JSON 是轻量级的文本数据交换格式，具有自我描述性，更易理解。

④ JSON 语法规则：在键值对中，数据由“,”分隔，“{ }”保存对象，“[ ]”保存数组。

⑤ JSON 基本书写格式：

```
{'name': 'value'}
```

⑥ JSON 的取值：数字（整数或浮点数），字符串（在""中），逻辑值（True 或 False），数组（在“[ ]”中），对象（在“{ }”中），null。

【方案】

① JSON 示例。

② 使用 JSON 格式描述出版社列表。

③ 使用 JSON 格式描述图书列表。

【步骤】 实现本实验需要按照如下步骤进行。

步骤一：JSON 语法示例。

```
#!/usr/bin/evn python
# -*- coding:utf-8 -*-
'''ex01_JSON示例.py'''
```

① JSON 基本书写格式：

```
{'name': 'value'}
```

② JSON 数字：可以是整型或者浮点型。

```
{'age':18, 'height':172.0,'weight':52.0}
```

③ JSON 对象：在“{ }”中书写，对象可以包含多个键值对。

```
{
    'title': 'python',
    'author': 'guido',
    'price': 10.99,
    'pubdate': '2019-01-01',
    'category': '计算机类',
    'publisher': '人民出版社'
}
```

④ JSON 数组：在“[ ]”中书写，数组可以包含多个对象。

```
{
    'publisher': '人民出版社',
    'books':[
        {'title': '红楼梦','author': '曹雪芹','price': 10.0},
        {'title': '西游记','author': '吴承恩','price': 20.0},
        {'title': '三国演义','author': '罗贯中','price': 30.0},
        {'title': '水浒传','author': '施耐庵','price': 40.0}
    ]
}
```

⑤ JSON 对象嵌套。

```
{
    'name': '小明',
    'favor': {
        'music': null,
        'food': null,
```

```
        'sport': null
    }
}
```

步骤二：使用 JSON 格式描述出版社列表。

① 定义出版社，包含出版社编号、出版社名称、出版社地址属性。

```
#!/usr/bin/evn python
# -*- coding:utf-8 -*-
'''ex01_JSON格式描述出版社.py'''
# 导入json模块
import json
# 出版社，包含出版社编号、出版社名称、出版社地址属性
publisher1 = {'id': 1, 'name': '人民出版社', 'addr': '北京市海淀区成府路'}
publisher2 = {'id': 2, 'name': '中信出版社', 'addr': '北京市海淀区双清路'}
publisher3 = {'id': 3, 'name': '电子工业出版社', 'addr': '北京市海淀区万寿路'}
```

② 将出版社信息转换成 JSON 格式。

```
pub_json1 = json.dumps(publisher1)
pub_json2 = json.dumps(publisher2)
pub_json3 = json.dumps(publisher3)
print(pub_json1)
print(type(pub_json1))
# 打印结果
{
    'id': 1,
    'name': '\u5317\u5927\u51fa\u7248\u793e',
    'addr': '\u5317\u4eac\u5e02\u6d77\u6dc0\u533a\u6210\u5e9c\u8def'
}
<class 'str'>
# 出版社列表
publishers = [
    {'id': 1, 'name': '人民出版社', 'addr': '北京市海淀区成府路'},
    {'id': 2, 'name': '中信出版社', 'addr': '北京市海淀区双清路'},
    {'id': 3, 'name': '电子工业出版社', 'addr': '北京市海淀区万寿路'}
]
pubs_json = json.dumps(publishers)
print(pubs_json)
print(type(pubs_json))
# 打印结果
[
    {
        'id': 1,
        'name': '\u5317\u5927\u51fa\u7248\u793e',
        'addr': '\u5317\u4eac\u5e02\u6d77\u6dc0\u533a\u6210\u5e9c\u8def'
    },
    {
        'id': 2,
        'name': '\u6e05\u534e\u51fa\u7248\u793e',
```

```
        'addr': '\u5317\u4eac\u5e02\u6d77\u6dc0\u533a\u53cc\u6e05\u8def'
    },
    {
        'id': 3,
        'name': '\u90ae\u7535\u51fa\u7248\u793e',
        'addr': '\u5317\u4eac\u5e02\u961c\u6210\u95e8'
    }
]
<class 'str'>
```

步骤三：使用 JSON 格式描述图书列表。

① 图书实体，包含图书编号、书名、作者、价格、类别、出版社属性。

```
#!/usr/bin/evn python
# -*- coding:utf-8 -*-
'''ex01_JSON格式描述图书.py'''
# 导入json模块
import json
# 图书实体，包含图书编号、书名、作者、价格、类别、出版社属性
book1 = {
    'id': 1,
    'title': 'python',
    'author': '吉多范罗苏姆',
    'price': 10.99,
    'caregory': '计算机类',
    'publisher': '电子工业出版社'
}
book2 = {
    'id': 2,
    'title': '傲慢与偏见',
    'author': '奥斯丁',
    'price': 20.99,
    'caregory': '文学类',
    'publisher': '人民出版社'
}
book3 = {
    'id': 3,
    'title': '白雪公主',
    'author': '格林',
    'price': 30.99,
     'caregory': '儿童文学类',
    'publisher': '中信出版社'
}
```

② 将出版社信息转换成 JSON 格式。

```
book_json1 = json.dumps(book1)
book_json2 = json.dumps(book2)
book_json3 = json.dumps(book3)
print(book_json1)
```

```
print(type(book_json1))
# 打印结果
{
    'id': 1,
    'title': 'python',
    'author': '\u5409\u591a\u8303\u7f57\u82cf\u59c6',
    'price': 10.99,
    'caregory': '\u8ba1\u7b97\u673a\u7c7b',
    'publisher': '\u5317\u5927\u51fa\u7248\u793e'
}
<class 'str'>
```

③ 定义图书列表。

```
books = [
    {'id': 1, 'title': 'python', 'author': '吉多范罗苏姆', 'price': 10.99,
     'caregory': '计算机类', 'publisher': '电子工业出版社'},
    {'id': 2, 'title': '傲慢与偏见', 'author': '奥斯丁', 'price': 20.99,
     'caregory': '文学类', 'publisher': '中信出版社'},
    {'id': 3, 'title': '白雪公主', 'author': '格林', 'price': 30.99,
     'caregory': '儿童文学类', 'publisher': '人民出版社'}
]
books_json = json.dumps(books)
print(book_json)
print(type(books_json))
```

④ 打印结果。

```
[
    {
        'id': 1,
        'title': 'python',
        'author': '\u5409\u591a\u8303\u7f57\u82cf\u59c6',
        'price': 10.99,
        'category': '\u8ba1\u7b97\u673a\u7c7b',
        'publisher': '\u5317\u5927\u51fa\u7248\u793e'
    },
    {
        'id': 2,
        'title': '\u50b2\u6162\u4e0e\u504f\u89c1',
        'author': '\u5965\u65af\u4e01',
        'price': 20.99,
        'category': '\u6587\u5b66\u7c7b',
        'publisher': '\u6e05\u534e\u51fa\u7248\u793e'
    },
    {
        'id': 3,
        'title': '\u767d\u96ea\u516c\u4e3b',
        'author': '\u683c\u6797',
        'price': 30.99,
        'category': '\u513f\u7ae5\u6587\u5b66\u7c7b',
```

```
        'publisher': '\u90ae\u7535\u51fa\u7248\u793e'
    }
]
<class 'str'>
```

实验 4.2　人脸识别技术代码

【问题】 在 Python 中如何实现人脸识别？

① 通过连接百度 AI 开放平台。

② 通过调用百度 AI 开放平台提供的 baidu-aip 模块。

【方案】

① 安装第三方库 baidu-aip。

② 导入第三方库 baidu-aip，查看接口。

③ 根据文档编写代码。

④ 识别图片。

⑤ 根据 JSON 字符串读取相应数据。

【步骤】 实现本实验需要按照如下步骤进行。

步骤一：安装第三方库 baidu-aip。

```
#!/usr/bin/evn python
# -*- coding:utf-8 -*-
'''ex01_人脸识别.py'''
# 导入第三方库
tedu@ubuntu:~$ pip install baidu-aip
```

步骤二：导入第三方库 baidu-aip。

```
#!/usr/bin/evn python
# -*- coding:utf-8 -*-
'''ex01_人脸识别.py'''
# 从 aip 模块中导入 AIPFace
>>> from aip import AipFace
# 查看支持的功能
>>> help(AipFace)
Help on class AipFace in module aip.face:
    class AipFace(aip.base.AipBase)
    # 人脸识别
    Method resolution order:
        AipFace
        aip.base.AipBase
        builtins.object
    Methods defined here:
    addUser(self, image, image_type, group_id, user_id, options=None)
    # 人脸注册
    deleteUser(self, group_id, user_id, options=None)
    # 删除用户
    detect(self, image, image_type, options=None)
```

```
# 人脸检测
faceDelete(self, user_id, group_id, face_token, options=None)
# 人脸删除
faceGetlist(self, user_id, group_id, options=None)
# 获取用户人脸列表
faceverify(self, images)
# 在线活体检测
getGroupList(self, options=None)
# 组列表查询
getGroupUsers(self, group_id, options=None)
# 获取用户列表
getUser(self, user_id, group_id, options=None)
# 用户信息查询
groupAdd(self, group_id, options=None)
# 创建用户组
groupDelete(self, group_id, options=None)
# 删除用户组
match(self, images)
# 人脸比对
multiSearch(self, image, image_type, group_id_list, options=None)
# 人脸搜索 M:N 识别
personVerify(self, image, image_type, id_card_number, name, options=None)
# 身份验证
search(self, image, image_type, group_id_list, options=None)
# 人脸搜索
updateUser(self, image, image_type, group_id, user_id, options=None)
# 人脸更新
userCopy(self, user_id, options=None)
#  复制用户
videoSessioncode(self, options=None)
# 语音校验码接口
----------------------------------------------------------------------

Methods inherited from aip.base.AipBase:
   __init__(self, appId, apiKey, secretKey)
   AipBase(appId, apiKey, secretKey)
   getVersion(self)
   version
   post(self, url, data, headers=None)
   self.post('', {})
   report(self, feedback)
# 数据反馈
setConnectionTimeoutInMillis(self, ms)
  setConnectionTimeoutInMillis
setProxies(self, proxies)
  proxies
setSocketTimeoutInMillis(self, ms)
  setSocketTimeoutInMillis
----------------------------------------------------------------------
```

```
    Data descriptors inherited from aip.base.AipBase:
       __dict__
       dictionary for instance variables (if defined)
       __weakref__
       | list of weak references to the object (if defined)
```

步骤三：根据文档编写代码。

```
#!/usr/bin/evn python
# -*- coding:utf-8 -*-
'''ex01_人脸识别.py'''
# 可在“视觉技术 - 人脸识别 - Http SDK文档-v3 - Python语言”中找到
# 根据提示写入相关信息，可在应用列表中找到相关信息
# AipFace是人脸检测的Python-SDK客户端，用它来进行人脸检测身份验证请求
from aip import AipFace
# APP_ID：标识用户创建的一个应用
APP_ID = '你的App ID'
# API_KEY：公钥
API_KEY = '你的API Key'
# SECRET_KEY：用户用于加密认证字符串和百度云用来验证认证字符串的密钥
SECRET_KEY = '你的Secret Key'
# client用于用户和百度云之间的认证，认证通过后，返回一个用于人脸检测的客户端对象
client = AipFace(APP_ID, API_KEY, SECRET_KEY)
```

步骤四：识别图片。

```
#!/usr/bin/evn python
# -*- coding:utf-8 -*-
'''ex01_人脸识别.py'''
# 导入base64对数据进行编码
import base64
from aip import AipFace
"""你的App ID AK SK"""
APP_ID = '16751418'
API_KEY = 'VqiKlXACxj2uwqA6bw3NPrV7'
SECRET_KEY = 'GFqVkgMnBrwEDSfRUYGW2VSYmxzG1Uxh'
client = AipFace(APP_ID, API_KEY, SECRET_KEY)
# 配置选项
options = {
    # 人脸检测选项：年龄，颜值，表情，脸型，性别，眼镜，人种，脸的形状
    "face_field":"age,beauty,expression,faceshape,gender,glasses,race,facetype"
}
# 在当前文件夹下的图片huge.jpg
filname = './huge.jpg'
# 打开文件
with open(filname, 'rb') as f:
    # 将读取到的内容经过base64模块中的b64encode编码成字符串
    image = str(base64.b64encode(f.read()), 'utf-8')
    # 类型为BASE64
    imageType = 'BASE64'
    data = client.detect(image, imageType, options)
```

```
    print(data)
# 打印结果为：json 格式字符串，只需要其中 result 中的第一项结果
{'error_code': 0, 'error_msg': 'SUCCESS', 'log_id': 304569227408156071, 'timestamp':
 1562740815, 'cached': 0, 'result': {'face_num': 1, 'face_list': [{'face_token':
 '8f5415baae4d6d6c610c449a66f529e4', 'location': {'left': 36.53, 'top': 48.56, 'width': 46,
 'height': 42, 'rotation': -3}, 'face_probability': 1, 'angle': {'yaw': -4.4, 'pitch':
 23.66, 'roll': -5.45}, 'age': 26, 'beauty': 86.04, 'expression': {'type': 'none',
 'probability': 1}, 'face_shape': {'type': 'oval', 'probability': 0.69}, 'gender': {'type':
 'male', 'probability': 1}, 'glasses': {'type': 'none', 'probability': 1}, 'race': {'type':
 'yellow', 'probability': 1}, 'face_type': {'type': 'human', 'probability': 1}}]}}
```

步骤五：根据 JSON 字符串读取相应数据。

```
#!/usr/bin/evn python
# -*- coding:utf-8 -*-
'''ex01_人脸识别.py'''
# 导入 base64，对数据进行编码
import base64
from aip import AipFace
"""你的 App ID AK SK"""
APP_ID = '16751418'
API_KEY = 'VqiKlXACxj2uwqA6bw3NPrV7'
SECRET_KEY = 'GFqVkgMnBrwEDSfRUYGW2VSYmxzG1Uxh'
client = AipFace(APP_ID, API_KEY, SECRET_KEY)
# 配置选项
options = {
    # 最多识别几张脸
    'max_face_num':2,
    # 人脸检测选项：年龄，颜值，表情，脸型，性别，眼镜，人种，脸的形状
    "face_field":"age,beauty,expression,faceshape,gender,glasses,race,facetype"
}
# 在当前文件夹下的图片 huge.jpg
filname = './huge.jpg'
# 打开文件
with open(filname, 'rb') as f:
    # 将读取到的内容经过 base64 模块中的 b64encode 编码成字符串
    image = str(base64.b64encode(f.read()), 'utf-8')
    # 类型为 BASE64
    imageType = 'BASE64'
    data = client.detect(image, imageType, options)
    # 对结果进行解析
    print('age:', face['age'])
    print('beauty:', face['beauty'])
    print('expression:', face['expression']['type'])
    print('face_shape:', face['face_shape']['type'])
    print('gender:', face['gender']['type'])
    print('glasses:', face['glasses']['type'])
    print('race:', face['race']['type'])
# 打印结果
```

```
age: 26                                   # 年龄：26
beauty: 86.04                             # 颜值：86.04
expression: none                          # 表情：无
face_shape: oval                          # 脸型：椭圆形
gender: male                              # 性别：男
glasses: none                             # 眼镜：不戴眼镜
race: yellow                              # 人种：黄种人
```

步骤六：摄像头识别人脸。

```
#!/usr/bin/evn python
# -*- coding:utf-8 -*-
'''ex01_人脸识别.py'''
# 导入需要的模块
import base64
import time
import cv2
from aip import AipFace
"""你的 App ID AK SK"""
APP_ID = '16751418'
API_KEY = 'VqiKlXACxj2uwqA6bw3NPrV7'
SECRET_KEY = 'GFqVkgMnBrwEDSfRUYGW2VSYmxzG1Uxh'
client = AipFace(APP_ID, API_KEY, SECRET_KEY)
# 配置选项：
options = {
    # 最多识别几张脸
    'max_face_num':2,
    # 人脸检测选项：年龄，颜值，表情，脸型，性别，眼镜，人种，脸的形状
    "face_field":"age,beauty,expression,faceshape,gender,glasses,race,facetype"
}
# 对摄像头进行截屏
capture = cv2.VideoCapture(0)
while True:
    ret, frame = capture.read()
    # 打开摄像头并截屏
    cv2.imshow('capture',frame)
    # 延迟多少毫秒接受用户输入
    k = cv2.waitKey(1)
    # 若按 Esc 键，则退出
    if k == 27:
        break
    # 若按 S 键，则保存文件
    elif k == ord('S'):
        # 文件名为时间戳+.jpg
        filname = str(time.time()) + '.jpg'
        cv2.imwrite(filname, frame)
        # 打开文件
        with open(filname, 'rb') as f:
            # 将读取到的内容经过 base64 模块中的 b64encode 编码成字符串
```

```
            image = str(base64.b64encode(f.read()), 'utf-8')
            # 类型为 BASE64
            imageType = 'BASE64'
            data = client.detect(image, imageType, options)
            # 获取结果
            face = data['result']['face_list'][0]
            # 打印结果
            print('age:', face['age'])
            print('beauty:', face['beauty'])
            print('expression:', face['expression']['type'])
            print('face_shape:', face['face_shape']['type'])
            print('gender:', face['gender']['type'])
            print('glasses:', face['glasses']['type'])
            print('race:', face['race']['type'])
# 截屏结束后释放资源
capture.release()
cv2.destroyAllWindows()
# 打印结果
age: 27                                     # 年龄：27
beauty: 59.87                               # 颜值：59.87
expression: none                            # 表情：无
face_shape: oval                            # 脸型：椭圆形
gender: male                                # 性别：男
glasses: none                               # 眼镜：不戴眼镜
race: yellow                                # 人种：黄种人
```

实验 4.3　用 PyInstaller 打包数据

【问题】 PyInstaller 如何使用？

① PyInstaller 工具是跨平台的，既可以在 Windows 平台上使用，也可以在 Mac 平台上运行。在不同的平台上使用 PyInstaller 工具的方法是一样的，支持的选项也是一样的。

② 在创建了独立应用（自包含该应用的依赖包）之后，还可以使用 PyInstaller 将 Python 程序生成可直接运行的程序，这个程序就可以被分发到对应的 Windows 或 Mac 平台上运行。

安装 PyInstaller 模块与安装其他 Python 模块一样，使用 pip 命令安装即可。在命令行输入命令：

```
pip install pyinstaller
```

【方案】

① PyInstaller 语法。

② 使用 Pylnstaller 打包数据。

【步骤】 实现本实验需要按照如下步骤进行。

步骤一：PyInstaller 语法。

```
#!/usr/bin/evn python
# -*- coding:utf-8 -*-
'''ex02_pyinstaller打包数据.py'''
```

```
# 语法
```

PyInstaller 命令的语法格式如下：

```
pyinstaller 选项 Python 源文件
```

选项说明如下。

-F，--onefile：产生单个的可执行文件。

-D，--onedir：产生一个目录（包含多个文件），存放可执行程序。

-a，--ascii：不包含 Unicode 字符集支持。

-d，--debug：产生 debug 版本的可执行文件。

-w，--windowed，--noconsolc：指定程序运行时不显示命令行窗口（仅对 Windows 有效）。

-c，--nowindowed，--console：指定使用命令行窗口运行程序（仅对 Windows 有效）。

-o DIR，--out=DIR：指定 spec 文件的生成目录。如果没有指定，那么默认使用当前目录来生成 spec 文件。

-p DIR，--path=DIR：设置 Python 导入模块的路径（与设置 Python PATH 环境变量的作用相似）。也可使用路径分隔符（Windows 使用分号，Linux 使用冒号）来分隔多个路径。

-n NAME，--name=NAME：指定项目（产生的 spec）名字。如果省略该选项，那么第一个脚本的主文件名将作为 spec 的名字。

步骤二：使用 PyInstaller 打包数据。

```
# 在 Windows 下进入一个文件夹，创建一个 hi.py 文件
# 定义一个函数 main
def main():
    # 打印三句信息
    print('hi 正在执行')
    print('你好')
    print('hi 之行结束')
# 如果直接调用此文件，那么执行 main 函数
if __name__ == '__main__':
    main()
# 在终端中进入此目录
# 执行命令
pyinstaller -F hi.py
# 执行上面命令，将看到详细的生成过程
# 当生成完成后，app 目录下多了 dist 目录
# 并在该目录下看到有一个 hi.exe 文件，这就是使用 PyInstaller 工具生成的 EXE 程序
# 该文件就可以发布了
# 执行这个 EXE 文件时，该程序没有图形用户界面，则只能看到程序窗口一闪就消失了，将无法看到该程序的输出结果
```

第5章 函 数

函数是用来完成一定功能的、组织好的、可重复使用的代码段，在面向对象程序语言中也被称为方法。一个较大的程序一般应分为若干程序模块，每个程序模块实现一个特定的功能，这样的模块就用函数实现。高级语言都有函数的概念，函数可以提高程序的模块性和代码的复用率，而且使程序更加整洁，提高程序的可读性。

5.1 用户自定义函数

Python 提供了许多内建函数，如输入/输出函数 input()、print()，数学函数 abs()、round()等，大量丰富的内建函数造就了 Python 的强大功能。除了系统内建函数，用户也可以自己定义函数，以实现代码复用。

【例 5-1】 输出 3 行“我喜欢学习 Python”，上下分隔符为“=”。

```
print('='*10)
print('我喜欢学习 Python')
print('我喜欢学习 Python')
print('我喜欢学习 Python')
print('='*10)
```

运行结果：

```
==========
我喜欢学习 Python
我喜欢学习 Python
我喜欢学习 Python
==========
```

上述代码改用函数方法实现如下：

```
def sep():                              # 定义函数 sep
    print('='*10)

def like():                             # 定义函数 like
    print('我喜欢学习 Python')
# 函数调用
```

```
sep()
like()
like()
like()
sep()
```

上述代码中有两个自定义函数 sep()和 like()，然后重复调用这两个函数。因此，把需要重复调用的代码段单独包装起来，取一个名字，即函数的定义，这样不仅可以重复调用该代码段，还可以方便代码维护。如果输出语句由“我喜欢学习 Python”改为“我喜欢学习 Java”，只要将函数 like()中的语句修改为：

```
print('我喜欢学习 Java')
```

所以，函数的使用提高了程序的模块化，方便代码的维护和复用。

在 Python 中，函数也可以理解为变量。例如：

```
show = print
show("this is a print function too")
print(show)
```

运行结果：

```
this is a print function too
<built-in function print>
```

1. 函数的定义

```
def functionname(parameters):
    "函数_文档字符串"
    function_suite
    return [expression]
```

def：定义函数的关键字。

functionname：函数名，用户自定义的名字，命名规则与变量名相同，本质上是变量。

parameters：参数列表，需要传递给函数的数据或者条件。

函数_文档字符串：通常说明函数的功能和使用方法。

function_suite：函数功能体，若为空，则只需要写上 pass 语句。

expression：函数返回值。

【例 5-2】 通过 time 模块，输出系统当前的准确时间。

```
import time
def show_time():
    print(time.asctime())

show_time()
```

【例 5-3】 调用系统模块访问当前文件夹下的文件清单。

```
import os
def get_file():
    for f in os.listdir('.'):
        print(f)
get_file()                              # 调用函数
```

2．函数的调用

函数的定义仅仅是声明了一个函数，真正的执行发生在函数调用时，如 show_time()、get_file()。自定义函数完成后，调用函数的方法与 Python 内建函数的调用完全一样，使用函数名加括号，如 print()，调用时可以有参数也可以没有参数。书写时注意必须先定义函数，然后才可以调用该函数。

【例 5-4】 自定义函数实现两个数相加。

```
# 定义函数 my_func
def my_func():
    print("this is my custom function")
# 定义函数 add
def add():
    num1 = int(input('please enter a number:'))
    num2 = int(input('please enter a number:'))
    print('{}+{} = {}'.format(num1,num2,num1+num2))
# 函数调用
add()
my_func()
```

运行结果：

```
please enter a number:18
please enter a number:19
18+19=37
this is my custom function
```

上述例子中，按照执行顺序先调用 add()函数，返回后接着调用 my_func()函数，它们之间是并列的。

【例 5-5】 自定义函数的嵌套调用（如图 5-1 所示）。

```
def get_fullname():
    return "xiao"+"ming"
def show_hello():
    print('hello',get_fullname())
show_hello()
```

上例按照执行顺序，先调用 show_hello()函数，在函数体内再调用 get_fullname()函数，函数执行完均返回到函数调用处，即一层一层进入函数又一层一层返回，即函数的嵌套调用。

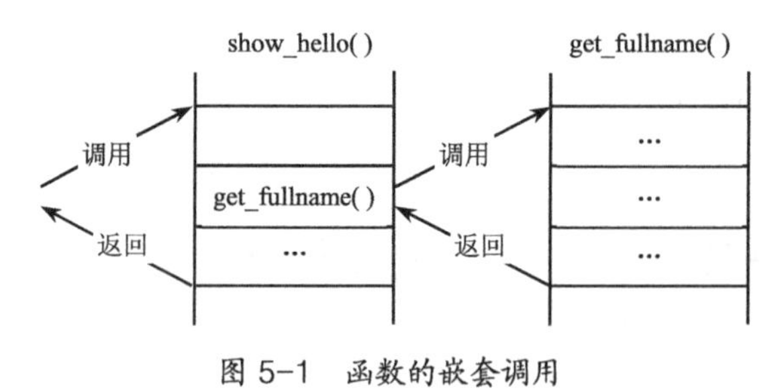

图 5-1　函数的嵌套调用

（3）函数返回

当函数体运行到 return 语句时，就返回到函数调用处，不再执行 return 后面的代码。如果函数没有 return 语句，执行完函数体最后一条语句后就返回 None。

【例 5-6】 显示今天是工作日或休息日。

```
import datetime
def get_day_of_week():
    dow = datetime.date.weekday(datetime.date.today())
    if dow in range(5):
        return '工作日'
    else:
        return '休息日'
print(get_day_of_week())
```

5.2 函数实参传递

为了提升函数的灵活性，修改例 5-1 的程序，如在 like()函数调用时传递一个参数 like('C')，即可以显示“我喜欢学习 C”，这样可以根据需求的变化动态地执行代码。引入参数就是为了提高程序的灵活性。

1．形参和实参

函数定义时参数列表中的参数叫形式参数，是用于接收外部数据的占位符。函数调用时给定的参数为实参，用于传递数据给形参。

【例 5-7】 与某人打招呼。

```
def show_hello(name):                          # name 是形参
    print('hello', name)


show_hello('xiaoming')                         # 'xiaoming'是实参
```

运行结果：

```
hello xiaoming
```

函数调用时，把实参'xiaoming'传递给形参 name。当实参为不同的人名时，就实现了与不同人打招呼。

【例 5-8】 求两数相加。

```
def add(num1, num2):                           # 形参 num1、num2，只是占位符
    print('{}+{}={}'.format(num1, num2, num1 + num2))


add(12, 3)                                     # 调用时实参和形参一一对应
```

运行结果：

```
12+3=15
```

注意：形参 num1、num2 只是占位符，函数定义时是没有值的，当调用函数 add(12, 3)时，才把实参 12 传递给 num1、实参 3 传递给 num2，然后程序的流程就转入执行 add()函数，运行完 print()函数后返回。调用时，实参和形参从左到右一一对应传递值。

2．可变参数与不可变参数

Python 中的对象分为可变对象和不可变对象。不可变对象有空值、布尔值、数值型（整数、浮点数、复数）、字符串、元组、不可变集合。可变对象有列表、字典、可变集合。

只要函数的参数是不可变类型，在函数内部参数值的变化不会影响外部的变量。反之，函数的参数是可变类型，那么函数内部对变量的修改就会影响外部的变量值。

同理，Python 中的参数也分为可变参数和不可变参数。

（1）不可变参数

函数执行后不会影响实参的值。

【例 5-9】 通过函数交换数据。

```
def swap(num1, num2):
    num1, num2 = num2, num1
    print('num1={}, num2={}'.format(num1, num2))

m, n = 12, 3
swap(m, n)
print('num1={}, num2={}'.format(m, n))
```

运行结果：

```
num1=3, num2=12
num1=12, num2=3
```

调用函数 swap(m, n)时，实参 m、n 的值为 12 和 3，整数是不可变对象，所以即便函数体内修改了 num1 和 num2 的值，函数返回后，num1 和 num2 的值保持不变。

【例 5-10】 字符串由小写改为大写。

```
def to_upper(s):
    s = s.upper()
    print(s)

name = 'xiaoming'
to_upper(name)
print(name)
```

运行结果：

```
XIAOMING                                    # 函数内的 s
xiaoming                                    # 函数外的 name，保持不变
```

（2）可变参数

函数参数如果是可变类型，有可能在函数内部直接影响函数外部的变量。

【例 5-11】 在列表中增加元素。

```
def add(names, name):
    names.append(name)
    print(names)

names = ['xiao', 'ming']
add(names, 'ramm')
add(names, 'derek')
```

```
print(names)
```

运行结果：

```
['xiao', 'ming', 'ramm']
['xiao', 'ming', 'ramm', 'derek']
['xiao', 'ming', 'ramm', 'derek']
```

因为列表是可变对象，所以在函数体内改变了 names 列表对象后，函数返回后发现函数外的 names 列表对象也改变了。

3．参数传递类型

前述例子中出现的所有参数都有统一的特点，即参数传递时实参和形参从左到右，一一对应和传递，被称为位置参数或必备参数。其实，Python 中参数传递有很多种，如必备参数、关键字参数、默认参数、可变参数、函数参数。

（1）必备参数

调用函数时，实参的个数和位置均需和形参相对应，既不能多也不能少，所以为必备参数。当需要传递多个实参时可以用序列替代，如 seq 是元组，*seq 表示拆分元组，也称为解包，把元组中的元素作为参数输入。

【例 5-12】 求两数相减。

```
def sub(num1, num2):
    print('{}-{}={}'.format(num1, num2, num1-num2))


sub(12,3)
sub(*(3,12))
```

运行结果：

```
12-3=9
3-12=-9
```

函数调用 sub(*(3,12))等价于 sub(3,12)，*表示拆分序列。

（2）关键字参数

当参数比较多时，实参、形参按顺序一一对应容易出现位置的差错，关键字参数允许按名称传递对应的参数，即用参数名匹配替代位置匹配，因此使用关键字参数允许实参和形参的顺序不一致。

【例 5-13】 输出一串姓名。

```
def get_fullname(firstname, lastname, middlename):
    print('{} {} {}'.format(firstname, middlename, lastname))


get_fullname(firstname='ramm', middlename='derek', lastname='dxy')
```

运行结果：

```
ramm derek dxy
```

因为给定了参数名，所以实参顺序 firstname、middlename、lastname 与形参顺序 firstname、lastname、middlename 可以不一样。

【例 5-14】 求梯形的面积。

```
def get_area(top, bottom, height):
    print((top+bottom)*height/2)

get_area(10, height=20, bottom=90)
```

运行结果：

```
1000.0
```

注意：关键字参数和必备参数混用时，必须把位置参数放置在最前。

【例 5-15】 输出姓名的全名。

```
def get_fullname(firstname, lastname, middlename):
    print('{} {} {}'.format(firstname, middlename, lastname))

get_fullname(**(dict(firstname='wang', middlename='xiao', lastname='er')))
```

运行结果：

```
wang xiao er
```

参数 **(dict(firstname='wang', middlename='xiao', lastname='er') 等价于 (firstname='wang', middlename='xiao', lastname='er')，即关键字参数。

（3）默认参数

有些参数一般直接使用默认值，特殊情况下才需要传值，这样的参数被称为默认参数。

【例 5-16】 根据单价、数量和折扣计算付款金额，默认不打折。

```
def count_money(price, count, discount=1.0):        # discount 是默认参数
    print(price*count*discount)

count_money(100,10)                                  # discount 使用默认值 1.0
count_money(100,10,0.8)                              # discount 使用实参值 0.8
```

运行结果：

```
1000.0
800.0
```

注意：默认参数必须放在参数列表的最后，如果参数列表中出现了默认值，那么其后的所有参数都必须是默认值。

（4）可变长参数

形参前面加上了*或**，将成为可变长参数。

*args：表示形参个数可变，以元组方式接收数据。

**kwargs：表示形参个数可变，以字典方式接收数据。

【例 5-17】 求序列中所有元素的和。

```
def get_total(*args):                          # *args 表示参数个数任意
    print(sum(args))

get_total(*(1,2,3,4))                          # 或者 get_total(1,2,3,4)，参数以元组的方式传递
```

运行结果：

```
10
```

【例 5-18】 以字典方式输出数据。

```
def show_info(**kwargs):                                    # 表示以字典的方式接收数据
    for k in kwargs:
        print(k, kwargs[k])


show_info(**{'a':'apple', 'b':'banana', 'c':'color'})
show_info(**dict(c='cat', d='dog', m='mouse'))
```

运行结果：

```
a apple
b banana
c color
c cat
d dog
m mouse
```

（5）函数参数

函数也可以作为参数进行传递，实现函数的嵌套调用。

【例 5-19】 函数作为参数。

```
def calculator(func, num1, num2):                   # 形参 func 是函数名
    func(num1, num2)


def add(num1, num2):
    print(num1+num2)


calculator(add, 12, 3)                              # add 是函数，在此作为参数传递。注意 add 后面没有()
```

运行结果：

```
15
```

作为参数，函数名 add 和 12、3 一起传递给形参 func、num1、num2，函数名本质上是变量。若把函数名 add 用另一个求减法的函数名或用内置函数名替代，同样可行。这样做的好处是把运算规则也作为参数传递，更增加了函数的灵活性。

5.3 函数不定长参数

不定长参数也称为可变参数，即形参的个数可变，这是因为程序开发过程中必须先定义函数再调用函数，假如在定义函数时无法确定参数的个数，这时只能用模糊的不定长参数。Python 中用参数*args 接收单个出现的不定长参数，接收后存为元组，所以称为元组形式的不定长参数；用**kwargs 接收以键值对形式出现的不定长参数，接收后存为字典，所以称为字典形式的不定长参数。

1. *var_args_tuple 参数

其基本语法如下：

```
def function_name([formal_args, ]*var_args_tuple):
    '函数_文档字符串'
```

```
    function_suite
    return [expression]
```

根据语法格式，*var_args_tuple 参数写在正常参数的后面。

【例 5-20】 向好朋友逐个打招呼。

```
def show_hello(*names):                        # *names 表示可接收元组或列表
    for name in names:                         # names 是可迭代对象
        print('hello', name)

show_hello('xiao','ming','ramm','derek')
show_hello(('xiao','ming','ramm','derek'))
show_hello(*('xiao','ming','ramm','derek'))
```

运行结果：

```
hello xiao
hello ming
hello ramm
hello derek
hello ('xiao', 'ming', 'ramm', 'derek')
hello xiao
hello ming
hello ramm
hello Derek
```

程序中写了三种调用的方法，第一种和第三种调用的结果一样，都是传递了 4 个参数，即元组前加“*”，表示元组解包，成为单个的参数。第二种调用方法 show_hello(('xiao', 'ming', 'ramm', 'derek'))表示只传递了一个参数（元组）给函数。

【例 5-21】 求元素的和。

```
def get_total(total,*nums):
    for n in nums:
        total += n
    print(total)

get_total(10,1,2,3,4)
get_total(0,*[1,2,3,4])
get_total(0,*range(101))
```

运行结果：

```
20
10
5050
```

调用 get_total(10, 1, 2, 3, 4)，将 10 传给形参 total，这个参数是必选参数，然后 4 个数都传给*nums。

调用 get_total(0,*[1, 2, 3, 4])，传递*[1, 2, 3, 4]时，把列表解包成 1、2、3、4，所以同样把 4 个参数传给*nums。

所以，实参用“*()”或“*[]”的意义是对元组或列表解包。相应的形参要用“*(args)”，表示接收单个出现的不定长参数。

【例 5-22】 显示 Python 的所有关键字。

```
import keyword
def show_key_words(language, *kws):
    print(language,'\'s keywords:')
    for kw in kws:
        print(kw)

show_key_words('python', *keyword.kwlist)
```

运行结果：

```
python 's keywords:
False
None
True
and
…
```

keyword.kwlist 的作用是获取 Python 关键字列表。

2．**kwargs 参数

**kwargs 参数是另一种不定长参数，用于接收键值对，实参需用关键字参数。

【例 5-23】 用键值对方法显示个人信息。

```
def gree(**kwargs):                              # kwargs 是字典对象
    for key, value in kwargs.items():
        print('{} = {}'.format(key, value))

gree(name='xiaoming', age=18, gender=False)      # 用关键字参数作实参
```

运行结果：

```
name = xiaoming
age = 18
gender = False
```

上例是用关键字参数作实参，与形参的字典对象匹配。

注意*args 和**kwargs 参数的书写顺序，在函数中，若同时使用标准参数、*args、**kwargs 三种参数，则按如下顺序书写：func(arg, *args, **kwargs)，即先是必选参数，再是以元组或列表形式的不定长参数，最后是字典形式的不定长参数。Python 解释器以这个顺序依次匹配。

3．不定长参数举例

不定长参数常用于编写函数装饰器，关于函数装饰器将在第 6 章讲解。不定长参数也可以用来做猴子补丁（monkey patching）。猴子补丁的寓意是允许程序运行时动态替换模块，如一个函数正式运行时所需数据是由调用 API 返回的，但是在测试时，把数据替换成一些测试数据。如下面的例子所示。

【例 5-24】 显示商品的类别名称。

northwind.json 中的数据来自知名的示例数据库，是一家贸易公司的供销存系统，其中的商品数据如图 5-2 所示。

```
[
{"供应商 ID": "为全"...},
{"供应商 ID": "金美"...},
{
  "供应商 ID": "金美",
  "ID": 4,
  "产品代码": "NWTCO-4",
  "产品名称": "盐",
  "说明": "",
  "标准成本": 8,
  "列出价格": 25,
  "再订购水平": 10,
  "目标水平": 40,
  "单位数量": "每箱12瓶",
  "中断": false,
  "最小再订购数量": 10,
  "类别": "调味品",
  "附件": "0"
},
{
```

图 5-2　northwind.json 文件

```
# 需要该脚本文件的同级目录中存在northwind.json文件
import json
def show_categories(*cnames):
    print('所有类别名称如下：',end='')
    for name in cnames:
        print(name,end=' ')

#测试代码
print('测试')
show_categories('饮料类','调味品','水果')
```

运行结果：

```
测试
所有类别名称如下：饮料类 调味品 水果
```

当要读取真实数据时，将测试代码修改为以下真实数据代码。

```
# 获取真实数据时
with open('northwind.json', 'r') as f:
    data = json.loads(f.read())
categories = tuple({p['类别'] for p in data})
show_categories(*categories)
```

运行结果：

```
所有类别名称如下：奶制品 果酱 水果和蔬菜罐头 饮料 点心 谷类 土豆片/快餐 汤 焙烤食品 干果和坚果 意大利面食 \
 调味品 谷类/麦片 肉罐头
```

说明：{p['类别'] for p in data}是集合推导式，即获取所有商品的类别。

【例 5-25】　综合举例

```
import json                                # 需要该脚本文件的同级目录中存在northwind.json文件
```

```
def show_categories(*cnames):
    print('所有类别名称如下：', end='')
    for name in cnames:
        print(name, end=',')

# 获取数据
with open('northwind.json','r') as f:
    data = json.loads(f.read())                    # data是字典类型
# 显示数据
def show_info(**kwargs):
    for k, v in kwargs.items():
        print('{}:{}'.format(k,v))
# 测试
show_info(**dict(编号=1, 名称='棒棒糖', 价格=10.99))
# 真实
show_info(**data[int(input('请输入产品编号 (1-79)：'))-1])
```

程序运行时，提示用户输入产品编号后，从 data 中取出数据，显示该产品的详细信息。

5.4 函数调用和嵌套

1. 函数的返回值

函数通过 return 语句返回结果。代码执行时遇到 return 语句，将终止函数内部代码的执行，退出并返回数据到函数调用处，若 return 后没有返回值，则默认返回 None。

【例 5-26】 利用函数求加法运算。

```
def add(num1, num2):
    return num1+num2

print('1+2+3 = {}'.format(add(add(1,2),3)))
```

运行结果：

```
1+2+3 = 6
```

函数 add(1, 2)的返回值再次作为参数调用 add()函数，实现函数的重复调用。

【例 5-27】 自定义函数显示时间格式。

```
import time
def get_sys_time():
    return time.localtime()                        # 获取系统当前时间

def format_time(*time):                            # 不定长参数
    return '{}年{}月{}日{}时{}分{}秒'.format(*time)

print(format_time(*get_sys_time()))
```

运行结果：

```
2020年7月27日13时37分24秒
```

time.localtime()函数返回系统当前时间，为 time.struct_time 类型，格式如下：

```
time.struct_time(tm_year=2021, tm_mon=2, tm_mday=2, tm_hour=22, tm_min=27, tm_sec=20, \
                 tm_wday=1, tm_yday=33, tm_isdst=0)
```

用 tuple()转换后：

```
(2021, 2, 2, 22, 29, 10, 1, 33, 0)
```

2．多次调用函数，实现代码复用

以图书管理为例，常用的功能模块有查找图书和新增图书，对应的功能拆解为：① 根据标题查找图书 get_by_title(title)；② 新增图书 add_book(title,author,price)；③ 批量新增图书 add_books(*books)。根据需求，规定新增图书前，需要根据标题查找该图书，如果不存在，那么新增该图书；当批量新增图书时，可以重复调用新增一本图书的函数。

【例 5-28】 查找和新增图书。

① 初始化图书集合。

```
books = [
    dict(title='红楼梦',author='曹雪芹',price=10),
    dict(title='西游记', author='吴承恩', price=20),
    dict(title='水浒传', author='施耐庵', price=30),
    dict(title='三国演义', author='罗贯中', price=40)
]
```

② 根据标题查找图书，若找到，则返回图书信息，否则返回 None。

```
def get_by_title(title):
    for b in books:
        if b['title']==title:
            return b

print(get_by_title('三国演义'))
print(get_by_title('三国志'))                          # 没找到，返回 None
```

运行结果：

```
{'title': '三国演义', 'author': '罗贯中', 'price': 40}
None
```

③ 新增图书。新增前先判断图书是否存在，不存在则增加。

```
def add_book(t, a, p):
    if not get_by_title(t):
        books.append(dict(title=t, author=a, price=p))

add_book('python','guido',40)                          # 新增图书
print(get_by_title('python'))
```

运行结果：

```
{'title': 'python', 'author': 'guido', 'price': 40}
```

④ 批量新增图书时，只需重复调用新增单一图书的方法。

```
def add_books(bs):
    for b in bs:
        add_book(b['title'], b['author'], b['price'])
```

```
add_books([
    {'title':'白雪公主','author':'安徒生','price':10},
    {'title': '灰姑娘', 'author': '安徒生', 'price': 20},
    {'title': '海的女儿', 'author': '格林', 'price': 30}
])
print(books)
```

程序运行后，将三本新书白雪公主、灰姑娘、海的女儿都加入了 books 列表。

3．函数嵌套声明

Python 除了在函数中调用其他函数，即嵌套调用外，还允许在函数中再定义函数，即嵌套定义。

【例 5-29】 函数嵌套声明。

```
def outer_func():
    print('this is from outer function')
    def inner_func():
        print('this is from inner function')

    inner_func()

outer_func()
```

运行结果：

```
this is from outer function
this is from inner function
```

注意：函数可以嵌套定义，但不能交叉定义，即不能在外部函数和内部函数之间相互调用，否则会引发死循环。

【例 5-30】 外部函数与内部函数之间相互调用，引发死循环。

```
def outer_func():
    print('this is from outer function')

    def inner_func():
        outer_func()                              # 调用外部函数，引发死循环
        print('this is from inner function')

    inner_func()
outer_func()
```

其次，在函数内部定义的函数，不能在外面访问，否则导致语法错误。

【例 5-31】 错误的函数调用。

```
def outer_func():
    print('this is from outer function')
    def inner_func():
       print('this is from inner function')

outer_func()                                      # 可以正确访问
```

```
inner_func()                                 # 无法正确访问
```

运行结果：

```
NameError: name 'inner_func' is not defined
```

以下是一个综合运用的例子。

【例 5-32】 商场收银台根据客户的类型分别提供打 8 折、6 折或不打折待遇，使用函数嵌套声明实现。

```
def get_money(style,price,count):
    total = price*count                      # 商品总价

    def by_discount1(t):
        return t*0.8
    def by_discount2(t):
        return t*0.6
    if style == 1:
        return by_discount1(total)
    elif style == 2:
        return by_discount2(total)
    else:
        return total

print(get_money(1,50,10))
print(get_money(2,50,10))
print(get_money(3,50,10))
```

运行结果：

```
400.0
300.0
500
```

5.5 变量的作用域

变量从创建到删除称为生命周期。变量在第一次被赋值时创建，开始生命周期，直到变量被删除或程序结束。变量创建后，为了能找到这个变量，变量名被保存到一个叫命名空间的地方，即 Python 中变量的作用域。

1. 变量作用域

变量作用域指的是变量的有效范围或者变量能被访问的范围。变量只能在有效的作用范围内被访问。变量创建后，其作用域就确定了。

【例 5-33】 函数内创建的变量只能被函数内的代码访问。

```
def func():
    name = 'xiaoming'
print(name)
```

运行结果：

```
NameError: name 'name' is not defined
```

系统报错，因为变量 name 只能在函数 func()内部访问。

【例 5-34】 函数内和函数外定义的同名变量，各自独立且作用域不同（不同的命名空间）。

```
x=100                                  # 函数外定义的变量为全局变量
def func():
    print('func start:')
    x = 1000                           # 函数内定义的变量为局部变量
    print('x=', x)
    x = x+1
    print('x=', x)
    print('func end:')
    return
print(x)
func()
print(x)
```

运行结果：

```
100                                    # 外部的 x
func start:
x = 1000                               # 函数内部的 x
x = 1001                               # 函数内部的 x
func end:
100                                    # 外部的 x
```

上述结果也说明，当 func()函数内部定义了新的变量 x 时，x 为局部变量，即使与函数外的全局变量同名也丝毫不影响其独立性。

那么，当 func()函数内部没有定义 x 时，若使用 x，则 x 为全局变量，即函数内部可以访问函数外部作用域的变量。

【例 5-35】 允许函数内部访问函数外部的全局变量。

```
x = 100
def func():
    a = x+1                            # 引用的 x 为全局变量，a 为局部变量
    print('a=' ,a)
    print('x=', x)

func()
print(x)
```

运行结果：

```
a = 101
x = 100
100
```

func()函数内部对 a 赋值，此 a 为新建的局部变量。变量 x 没有在函数内赋值，直接引用，那么引用的只能是外部的全局变量。

变量使用原则：先定义再使用，或者说，先赋值再引用。若在变量赋值前访问它，则会出现错误。

【例 5-36】 变量引用错误。

```
x = 100
def func():
# 此处 x 为新定义的局部变量，赋值号右边的 x 目前没有值却被引用，所以程序报错
    x = x+1
    print('x=', x)

func()
```

程序报错：

```
nboundLocalError: local variable 'x' referenced before assignment
```

所有变量都可以归纳为本地变量、全局变量、内置变量三种。

2．变量作用域法则

（1）变量赋值

Python 中所有变量都是在第一次赋值时创建，作用域也随之确定。变量只有赋值后才能被应用。

（2）函数内的所有变量的作用域仅限该函数内

具体含义包括：

❖ 函数内定义的变量，只能被函数内的代码使用，不能在函数外部引用这些变量。

❖ 函数内定义的变量与函数外的变量同名，代表两个不同的变量，遵循本地优先原则。

❖ 函数内的代码可以引用函数外的变量，前提是函数内没有对该变量赋过值。

❖ 函数内的变量作用域，只有在函数内代码执行时才能访问。

（3）函数定义的本地作用域和程序模块定义的全局作用域的关系

❖ 每个模块（即一个 Python 文件）都有一个全局作用域。

❖ 全局作用域的作用范围仅限单个文件。

❖ 每次对函数调用都创建一个新的本地作用域。

❖ 被赋值的变量除非声明为全局或者非本地变量，否则都是本地变量。

（4）Python 变量名搜索和解析

Python 查找一个变量，遵循 LEGB 原则：本地作用域 L（Local）、上一层结构中的本地作用域 E（Enclosing）、全局作用域 G（Global）、内置作用域 B（Built-in）。Python 以 L → E → G → B 的规则查找变量，即：在局部找不到，会去局部外的局部找，再找不到，会去全局找，最后去内置中找，如果还找不到，就提示变量不存在错误，如图 5-3 所示。

【例 5-37】 变量的全局和局部作用域。

```
x = 99                                  # 全局变量
def func(y):
    z = x+y                             # y、z 是局部变量，x 是引用函数外的全局变量
    return z
print(func(1))                          # 结果是 100
```

【例 5-38】 变量的层级嵌套。

```
a = 100                                 # 全局变量（G）
```

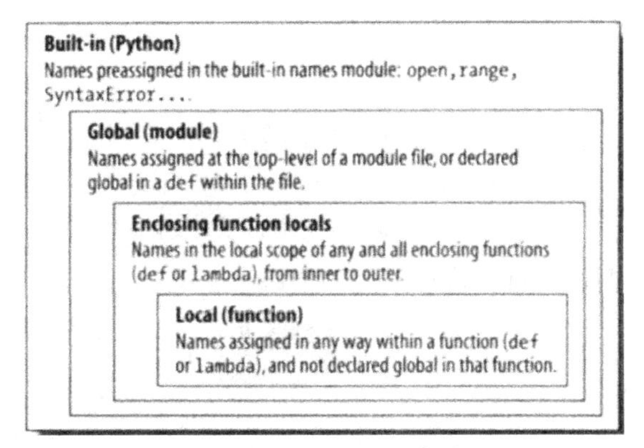

图 5-3 变量名搜索和解析

```
def func1():
    a = 1                                   # 上级结构的局部变量 (E)
    def func2():
        b = 2                               # 局部变量 L
        print(a+b)
    print(a)
    func2()
print(a)                                    # 运行结果：100
func1()                                     # 运行结果：1 3
func2()                                     # 运行结果报错，函数 func2()在当前层不可见
```

3. 全局变量

全局变量位于模块文件顶层，其作用域为全文件，若想在函数内部修改这个全局变量的值，方法是用关键字 global 在函数内部声明变量为全局变量。定义全局变量的语法格式如下：

```
global 变量名 1, 变量名 2, …
```

【例 5-39】 全局变量使用举例。

下面 4 段代码显示了全局变量的使用方法，注意它们的区别。

代码 1：

```
x = 99                                      # 此 x 为全局变量
def func():
    x = 100                                 # 此 x 为局部变量
print(x)                                    # 运行结果：99
func()
print(x)                                    # 运行结果：99
```

代码 2：

```
x = 99
def func():
    global x                                # 此 x 为全局变量
    x = 100
print(x)                                    # 运行结果：99
func()
print(x)                                    # 运行结果：100
```

代码 3：

```
def func():
    global y                                # 此 y 为全局变量
    y = 100

print(y)                                    # 报错，没有定义过变量 y
```

若把上一行 print(y)删掉，直接执行下面的代码也正确。

```
func()                                      # 创建全局变量 y
print(y)                                    # 运行结果：100
```

代码 4：

```
def func():
    global z
    return

func()
print(z)                                    # 报错，因为 z 没有赋过值
```

4．nonlocal 语句

nonlocal 的含义是非本地，即所声明的变量不在本地查找，去上一层函数体中查找。所以，nonlocal 使用在嵌套函数中，不能用在顶层函数中，且声明的变量必须已经创建。

【例 5-40】 nonlocal 使用举例

下面四段代码显示了 nonlocal 变量的使用方法，注意它们的区别。

代码一：

```
def func1():
    x = 100
    def func2():
        x = 200
    print(x)                                # 运行结果：100
    func2()
    print(x)                                # 运行结果：100
func1()
```

注意：func1 中的 x 和 func2 中的 x 各自独立，在各自的命名空间中，是两个不同的变量。

代码二：

```
def func1():
    x = 100
    def func2():
        nonlocal  x
        x = 200
    print(x)                                # 运行结果：100
    func2()
    print(x)                                # 运行结果：200
func1()
```

注意：func2 中声明 nonlocal x 后，此 x 与外层函数 func1 中的 x 是同一个变量。

代码三：

```
def func1():
    nonlocal  x
func1()
```

运行结果：

```
Systax Error:no bindiing for nonlocal'x'found
```

注意：运行报错，因为根本就没有上一层函数。

代码四：

```
def func1():
    def func2():
        nonlocal x
    func2()
```

运行结果：

```
Systax Error:no bindiing for nonlocal'x'found
```

注意：运行报错，因为在上一层函数中没有 x。

nonlocal 语句小结：

❖ nonlocal 语句必须使用在嵌套函数中，声明变量为非本地变量。

❖ 用 nonlocal 说明的变量需要去上一层函数中查找此变量。

❖ 用 nonlocal 说明的变量必须在上一层函数中已经定义过，即赋过值。

❖ 通常只有在子函数中想修改上一层函数的变量时，才使用 nonlocal 说明该变量。

❖ 使用 nonlocal 理论上可以加快变量的搜索速度。

5．global 与 nonlocal 对照

global 声明变量为顶层全局变量，可使用于任何函数。nonlocal 声明变量为嵌套函数中的上一层变量（非本地）。

【例 5-41】 global 和 nonlocal 对照举例。

代码 1：

```
x = 100
def func():
    x = 1000
    def func2():
        global x                              # x 为全局变量
        x = 2000
    func2()
    print(x)

print(x)                                      # 100
func()                                        # 1000
print(x)                                      # 2000
```

代码 2：

```
x = 100
def func():
    x = 1000
```

```
    def func2():
        nonlocal x                           # x为上一层变量
        x = 2000
    func2()
    print(x)

print(x)                                     # 100
func()                                       # 2000
print(x)                                     # 100
```

5.6 偏函数和高阶函数

偏函数（Partial Function）和高阶函数都属于函数式编程，是一种高度抽象的编程范式。偏函数是将现有函数通过添加默认参数的方式生成新函数。高阶函数是把函数作为参数传入，或者将函数作为返回值的一种函数表达方式。

1．改造标准函数为自定义函数

int()函数可以把字符串转换为整数，当仅输入字符串时，int()函数默认按十进制转换，如int('12345')=12345，将字符串'12345'转为十进制数值 12345。

int()函数还有一个 base 参数，默认值为 10。如果传入 base 参数，那么可以进行 *N* 进制转十进制的运算。如 int('10101', base=2)表示将二进制字符串'10101'转换为十进制数，结果为 21。同理，int('12345', 8)把八进制转十进制，结果为 5349。

假设需要重复转换二进制字符串，每次调用 int(x, base=2)时，必须传入参数 based=2，非常麻烦，这时可以定义一个 int2()函数，默认传入参数 base=2。

【例 5-42】 设置默认值参数。

```
def int2(x, base=2):                         # 设置默认值参数
    return int(x, base)

print(int2('10010'))                         # 函数调用
```

运行结果：

```
18
```

自定义的 int2()函数可以方便地实现所有二进制转十进制的功能。本例通过创建自定义函数，设定函数参数的默认值，从而降低函数调用的复杂度。

实际工作中，程序员通常会积累许多针对具体工作需求的自定义函数，构成自己的函数库，方便工作中重复调用。Python 的 functools 模块提供的偏函数满足这一需求。

2．偏函数

Python 的 functools 模块提供了很多有用的函数工具，其中包括偏函数。functools.partial 创建的偏函数 int2()比自定义的函数 int2()更加方便。

【例 5-43】 创建偏函数。

```
import functools
int2 = functools.partial(int,base=2)         # 创建一个偏函数 int2
```

```
print(int2('10000000'), int2('1010101'))
```

运行结果：

```
128 85
```

所以，functools.partial 的作用是通过设置默认参数的方法把一个函数的某些参数固定，然后返回一个新的函数，调用这个新函数使应用更简单。在创建偏函数时，实际上可以接收更多的默认参数，使用*args 和**kw 接收不定长的参数。

【例 5-44】 创建偏函数 println()，打印格式为每行打印一个数。

```
import functools
import keyword
println=functools.partial(print, sep='\n', end='\n')     # 多个默认参数

println(*(range(5)))

println(*keyword.kwlist)
```

运行结果：

```
0
1
2
3
4
False
None
True
and
…
```

打印格式已经固定为每行打印一个数。偏函数是程序员在开发中经常用到的技巧。

3. 高阶函数

高阶函数是把函数作为参数传入，或者将函数作为返回值的一种函数表达方式。

Python 中，函数本身就是一个可变数据类型，指向一个对象，所以函数名就是变量名。变量可以指向函数，还可以把函数作为实参传递给形参。

（1）指向函数的变量

指向函数的变量表示函数本身赋值给变量，变量即指向了该函数。

【例 5-45】 定义指向绝对值函数的变量。

```
print(abs(-10))
print(abs)                                   # 输出内建函数 abs

my_abs = abs                                 # 变量 my_abs 指向 abs 函数
print(my_abs(-18))
print(id(my_abs), id(abs))
```

运行结果：

```
10
```

```
<built-in function abs>
18
2405200626688 2405200626688
```

语句 my_abs=abs 意味着变量名 my_abs 和函数名 abs 都指向同一段代码的内存地址，该段代码用于求绝对值，所以 my_abs(-18)与 abs(-18)相同，最后的 id 也证实了这两个名称指向同一个地址。

（2）函数名作为变量使用

【例 5-46】 print 函数名作为变量名举例。

```
print = 'hello, world!'                         # 给变量 print 赋值，此处 print 成了普通变量
print('hi 2021')                                # 此时 print 只是简单变量，不是函数，所以报错
```

运行结果：

```
TypeError: 'str' object is not callable
```

程序报错，字符串对象不能被调用。内建的函数名不是保留字，可以作为普通标识符使用。Python 语言的灵活性很强，但使用时还需遵循规则。

（3）函数名作为实参传递

把函数名作为实参传递给形参，也称传入函数。

【例 5-47】 把姓名的首字母改为大写。

```
def func(x, y, f):                                 # 形参 f 是函数
    return f(x)+f(y)

def format(name):
    return name.capitalize()

print(func('xiao', 'ming', format))
```

运行结果：

```
XiaoMing
```

（4）map()函数

map()函数是映射函数，可接收两个参数：函数和可迭代对象（iterable）。map()函数将传入的函数依次作用到可迭代对象的每个元素，把结果作为新的可迭代对象返回。

【例 5-48】 map()函数的使用。

```
def f(x):
    return x**2

r = map(f, [1,2,3,4,5,6,7,8,9])                      # 函数 f 作用于列表的每一个元素
print(list(r))
```

运行结果：

```
[1, 4, 9, 16, 25, 36, 49, 64, 81]
```

【例 5-49】 常用 map()函数应用举例。

```
print(list(map(str, [1,2,3,4,5,6,7,8,9])))           # 数字转字符
print(list(map(chr, range(65,91))))                  # 把 ASCII 值转为对应的英文字符
print(list(map(chr, range(97,123))))                 # 把 ASCII 值转为对应的英文字符
```

运行结果：

```
['1', '2', '3', '4', '5', '6', '7', '8', '9']
['A', 'B', 'C', 'D', 'E', 'F', 'G', 'H', 'I', 'J', 'K', 'L', 'M', 'N', 'O', 'P', 'Q', 'R',
 'S', 'T', 'U', 'V', 'W', 'X', 'Y', 'Z']
['a', 'b', 'c', 'd', 'e', 'f', 'g', 'h', 'i', 'j', 'k', 'l', 'm', 'n', 'o', 'p', 'q', 'r',
 's', 't', 'u', 'v', 'w', 'x', 'y', 'z']
```

（5）reduce()函数

reduce()函数的作用是把一个函数（假设为累加）作用在一个序列[x1, x2, x3, …]上，执行时，先从 x1、x2 两个参数开始，得到累加结果，然后继续与 x3 元素累加，依次类推，直至全部元素累加完。写成数学格式就是：

```
reduce(f,[x1,x2,x3,x4]) = f(f(f(x1,x2),x3),x4)
```

【例 5-50】 用 reduce()函数求和。

```
from functools import reduce
def add(x, y):
    return x+y

print(reduce(add, [1,2,3,4,5]))
```

运行结果：

```
15
```

【例 5-51】 用 reduce()函数把列表内的数字合并为一个整数。

```
from functools import reduce
def fn(x, y):
    return x*10+y

print(reduce(fn, [1,3,5,7,9]))
```

运行结果：

```
13579
```

（6）filter()函数

filter()函数是过滤函数，把传入的函数依次作用于每个元素，根据返回值是 True 还是 False 来决定保留还是丢弃该元素。与 map()函数不同，filter()函数不仅把函数映射到每一个元素，还决定元素的去留，返回的结果也只是元素本身。

【例 5-52】 用 filter()函数把列表中的奇数留下。

```
def is_odd(n):
    return n%2 == 1

print(list(filter(is_odd,[1,2,4,5,6,9,10,15])))
```

运行结果：

```
[1, 5, 9, 15]
```

【例 5-53】 用 filter()函数把列表中的空数据和空串删除。

```
def not_empty(s):
    return s and s.strip()                        # 若s为空数据或空串，则返回False

print(list(filter(not_empty,['A', '  ', 'B', None, 'C'])))
```

运行结果：

```
['A', 'B', 'C']
```

（7）sorted()函数

sorted()函数可以对 list 列表排序，默认升序，也可以使用参数 reverse 改为降序。

【例 5-54】 用 sorted()函数排序。

```
>>>sorted([36, 5, -12, 9, 21])
[-12, 5, 9, 21, 36]
>>>sorted([36,5,-12,9,21], reverse=True)
[36, 21, 9, 5, -12]
```

sorted()函数也是一个高阶函数，还可以接收 key()函数来实现自定义的排序。

【例 5-55】 按每个数的绝对值的升序排序。

```
>>>sorted([36, 5, -12, 9, 21], key=abs)
[5, 9, -12, 21, 36]
```

【例 5-56】 按图书的价格排序。

```
books = [
    dict(title='红楼梦',author='曹雪芹',price=50),
    dict(title='西游记', author='吴承恩', price=20),
    dict(title='水浒传', author='施耐庵', price=60),
    dict(title='三国演义', author='罗贯中', price=40)
]
def byprice(b):
    return b['price']
print(sorted(books,key=byprice))
```

运行结果：

```
[{'title': '西游记', 'author': '吴承恩', 'price': 20}, {'title': '三国演义', 'author':
 '罗贯中', 'price': 40}, {'title': '红楼梦', 'author': '曹雪芹', 'price': 50}, {'title':
 '水浒传', 'author': '施耐庵', 'price': 60}]
```

5.7 匿名函数

所谓匿名，就是没有名字，匿名函数就是定义一个没有函数名的函数。Python 用 lambda 表达式创建匿名函数，语法格式如下：

```
lambda 参数1,参数2,… :表达式
```

lambda 表达式的含义：对给定的若干参数用后面的表达式进行计算并返回值。

lambda 表达式创建的匿名函数只能包含一条语句，没有 return 语句，函数返回值就是表达式的值。

lambda 表达式由三部分组成：① 关键字 lambda；② 参数，多个参数之间用“,”分隔；③ 表达式，参数与表达式之间用“:”分隔。

【例 5-57】 传统函数与 lambda 表达式的对比。

虽然 lambda 表达式为匿名函数，但是也可以取名字，为便于说明问题，给 lambda 表达式取个名字 f，如下所示：

```
f = lambda x:x*x                               # 定义匿名函数 f

a = f(2)                                       # 函数调用
print(a)                                       # 运行结果：4
```

f 相当于函数名，x 为形参，函数返回值为 x*x，所以写成等价的函数形式为：

```
def f(x):
    return x*x

a = f(2)
print(a)
```

1. lambda 的参数类型

lambda 表达式的参数相当于函数的形参，写函数时可以没有形参，也可以有很多不同形式的形参。

```
lambda 参数 1,参数 2,… :表达式
```

lambda 表达式中参数的形式（假设有 a、b 两个以及其他参数）如下。

- a, b：必备参数。
- a=1, b=2：默认值参数。
- *args：元组形式的不定长参数。
- **kwargs：字典形式的不定长参数。
- a, b = 1, *args：多种类型混合使用的参数。
- 空：无参数。

【例 5-58】 无参数的 lambda 表达式。

```
hello = lambda :print("hello,lambda")
print(hello)                          # hello 是 lambda 表达式，本质是指向表达式的变量
print(hello())                        # hello()是调用匿名函数，用于打印字符串，但返回值为 None
```

运行结果：

```
<function <lambda> at 0x000001750259BCA0>
hello, lambda
None
```

【例 5-59】 lambda 表达式的必备参数。

```
func = lambda a,b:a-b
print(func(12,3))
```

运行结果：

```
9
```

【例 5-60】 lambda 表达式的默认值参数。

```
func = lambda a=12, b=3: a + b

print(func())                         # 使用默认值参数
print(func(b=12))                     # 关键字参数
```

运行结果：

```
15
24
```

【例 5-61】 lambda 表达式的不定长参数*。

```
func = lambda *args: sum(args)

print(func(1, 2, 3, 4))
```

运行结果：

```
10
```

【例 5-62】 lambda 表达式的不定长参数**。

```
func = lambda **kwargs: (kwargs.keys(), kwargs.values())

print(func(a='apple', b='banana'))
```

运行结果：

```
(dict_keys(['a', 'b']), dict_values(['apple', 'banana']))
```

2．lambda 的表达式类型

```
lambda 参数 1, 参数 2, … : 表达式
```

该表达式是 lambda 的返回值，前面默认省略了一个关键字 return。

表达式类型如下：① 1，字面值常量；② None，空值；③ a+b，运算表达式；④ sum(a)，返回函数值；⑤ 1 if a>10 else 0，返回逻辑判断的结果。

【例 5-63】 表达式类型为字面值常量。

```
func = lambda: 'Hello xiaoming'

print(func())
```

运行结果：

```
Hello xiaoming
```

【例 5-64】 表达式类型为空值。

```
func = lambda: None

print(func())
```

运行结果：

```
None
```

【例 5-65】 表达式类型为字符串运算表达式。

```
func = lambda fname, lname: fname + ' ' + lname

print(func('xiao', 'ming'))
```

运行结果：

```
xiao ming
```

【例 5-66】 表达式类型为函数表达式。

```
func = lambda name: name.upper()

print(func('xiaoming'))
```

运行结果：

```
XIAOMING
```

【例 5-67】 表达式类型为简单控制语句表达式。

```
func = lambda age: '成年' if age >= 18 else '未成年'

print(func(16))
print(func(18))
```

运行结果：

```
未成年
成年
```

3．lambda 表达式在推导式中的应用

【例 5-68】 lambda 应用于列表推导式。

```
func = [lambda x: x * i for i in range(4)]
```

此处列表中的每个元素是 lambda 表达式，分别指向不同地址。func[0]表示取列表的 0 号元素（lambda x:x*0），把参数 1 传递给这个 lambda 表达式，就是 func[0](1)，结果是 1*0=0。同理，func[1](1)应是 2，等等。

但是，调用结果却是全都返回 3。为什么？

```
print(func[0](1))                        # 运行结果：3
print(func[1](1))                        # 运行结果：3
print(func[2](1))                        # 运行结果：3
print(func[3](1))                        # 运行结果：3
```

原因出在循环结束时 i 的值是 3，那么所有的 lambda 表达式都成为 lambda x:x*3。修改如下：

```
func = [lambda x, y=i: x * y for i in range(4)]
print(func[0](1))                        # 运行结果：0
print(func[1](1))                        # 运行结果：1
print(func[2](1))                        # 运行结果：2
print(func[3](1))                        # 运行结果：3
```

若把上述列表推导式写成传统函数形式：

```
def func():
    fs = []
    for i in range(4):
        def lam(x, y = i):
            return x*y
        fs.append(lam)
    return fs
print(func()[0](1))                      # 0
print(func()[1](1))                      # 1
print(func()[2](1))                      # 2
print(func()[3](1))                      # 3
```

4．匿名函数做返回值

lambda 表达式产生的匿名函数做函数的返回值，就是 5.6 节的高阶函数的概念。

【例 5-69】 匿名函数作为函数的返回值。

```
def lam(x, y):
    return lambda: x * x + y * y            # 返回 lambda 表达式

f = lam(2, 4)
print(f)                                    # f 是 lambda 表达式对象
print(f())                                  # f()是调用 lambda 表达式
```

运行结果：

```
<function lam.<locals>.<lambda> at 0x000001F16599BC10>
20
```

5．lambda 表达式应用于函数式编程

把 lambda 表达式嵌入其他函数，这是 lambda 表达式的最典型应用。

【例 5-70】 打印十二星座图标。为了表达清楚，下面代码特意分行书写。

```
print(
    list(
        map(
            lambda n: chr(n),
            range(9800, 9812)
        )
    )
)
```

运行结果：

```
['♈', '♉', '♊', '♋', '♌', '♍', '♎', '♏', '♐', '♑', '♒', '♓']
```

【例 5-71】 在 reduce()函数中用 lambda 表达式计算 1～9 的累加。

```
from functools import reduce
print(reduce(lambda a,b:a+b,range(10)))
```

运行结果：

```
45
```

【例 5-72】 在 filter()函数中用 lambda 表达式挑选出所有能被 3 整除的数。

```
print(
    list(
        filter(
            lambda x: True if x % 3 == 0 else False, range(10)
        )
    )
)
```

运行结果：

```
[0, 3, 6, 9]
```

【例 5-73】 lambda 表达式运用在嵌套函数中。

```
def get_y(a, b):
    return lambda x: a * x + b
```

```
result = get_y(1, 1)                    # result 返回的是 lambda 表达式
print(result(2))                        # result(2)是调用 lambda 表达式 1*2+1
```

运行结果：

```
3
```

5.8 递归函数

递归与循环有一定的相似之处，循环是在满足条件时重复执行代码块，而递归是满足条件时重复执行自身。所以递归是自我调用，常常用在函数中构成递归函数，递归函数就是直接或间接地调用自身的函数。函数递归时，为了避免无限地调用自身而陷入死机，必须有一个递归结束条件。

Python 在处理递归调用时要用到一个特殊的数据结构：栈。栈是函数或程序运行时系统为其分配的一段内存区域，具有后进先出的特性。栈的空间大小受系统内存空间大小的限制，因为函数递归调用意味着每调用自身一次，就在内存复制一份该函数，所以 Python 有一个可用的递归深度的限制，以避免耗尽计算机中的内存，默认深度是 1000。

【例 5-74】 用递归打印 1、2、3。

```
index = 1
def foo():
    global index                          # 全局变量
    if index <= 3:
        print(index)
        index += 1
        foo()                             # 递归调用自身，重复执行

foo()                                     # 调用函数 foo()
```

等价的非递归函数可以写为以下形式：

```
index = 1
def foo():
    global index
    if index <= 3:
        print(index)
        index += 1

for _ in range(3):
    foo()                                 # 不使用递归时，需要重复调用函数
```

理论上，一个用递归写的程序都可以找到对应的循环结构来实现。

【例 5-75】 用递归计算整数的阶乘。

阶乘的递归定义：

$$n!=\begin{cases}1, & n=0\\ n\times(n-1)!, & n>0\end{cases}$$

$n!$ 等于 $n\times(n-1)!$，$(n-1)!$ 则是 $(n-1)\times(n-2)!$……直至 0!=1，再依次回推，计算得到 1!=1，

2!=2，3!=6，直至求得 *n*!。所以，递归必须有递归表达式和递归终止条件两个部分。例如：

```
def f(n):
    if n == 0:                                      # 递归出口
        return 1
    else:
        return n*f(n-1)                             # 递归调用

print(f(4))
```

运行结果：

```
24
```

递归的计算过程如下：

```
f(4)
1: 4*f(3)
2: 4*(3*f(2))
3: 4*(3*(2*f(1)))
4: 4*(3*(2*(1*f(0)))
5: 4*(3*2*(1*1))
6: 4*(3*2)
7: 4*6
8: 24
```

递归调用示意如图 5-4 所示。

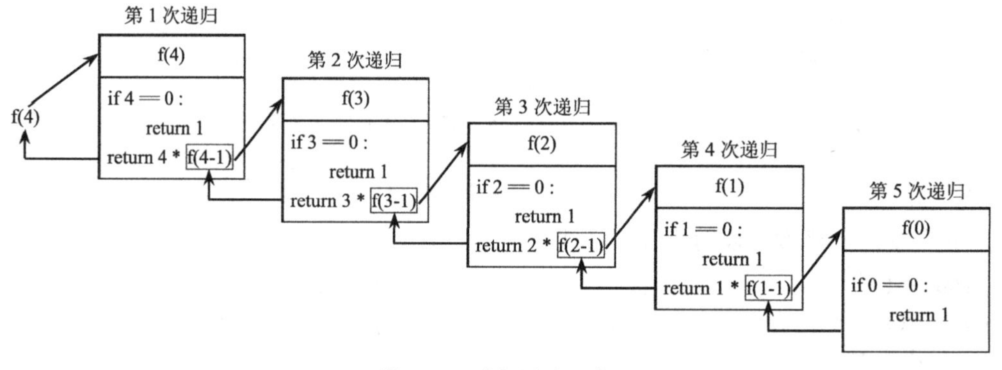

图 5-4　递归调用示意

注意递归有层数限制，观察如下调用：

```
print(f(30))
print(f(1000))
```

运行结果：

```
265252859812191058636308480000000
RecursionError: maximum recursion depth exceeded in comparison
```

当计算 f(1000)时报错，因为超过了最大递归深度，栈的空间溢出。如果使用传统的循环结构求值 1000!，就不会出现这种问题。

【例 5-76】 计算斐波那契数列。

斐波那契数列又称为黄金分割数列，指的是这样一个数列：1、1、2、3、5、8、13、21、…，它的递归定义如下：

$$\mathrm{fib}(n)=\begin{cases}1, & n=0,1\\ \mathrm{fib}(n-1)\times\mathrm{fib}(n-2), & n>1\end{cases}$$

求解 fib(n)的值需要求解 fib(n−1)、fib(n−2)，而要求解 fib(n−1)需要求解 fib(n−2)、fib(n−3)；同理，求解 fib(n−2)需要求解 fib(n−3)、fib(n−4)，依次递推，直至求 fib(2) = fib(1)+fib(0)，而 fib(1)=1，fib(0)=1 是已知的，再从 fib(1)、fib(0)回推得到 fib(2)，根据 fib(2)、fib(1)回推得到 fib(3)，一路回推得到 fib(4)、fib(5)，直至 fib(n)。这就是求斐波那契数列的递归思想。

程序如下：

```
def foo(n):
    if n==1 or n==0:                          # 递归出口
        return 1
    return foo(n-1) + foo(n-2)                # 递归

print(foo(30))
```

运行结果：

```
1346269
```

递归的优点：递归使代码看起来更加整洁、优雅，可以将复杂任务分解成更简单的子问题。

递归的缺点：递归的逻辑很难调试、递归算法解题的运行效率较低。在递归调用的过程中，系统开辟了栈来存储每层的返回点、局部量等，递归次数过多容易造成栈溢出。

5.9 闭包

在 Python 中，闭包的专业定义是：闭包=函数块+定义函数时的环境。

闭包属于函数式编程规范，是指引用了此函数外部嵌套函数的变量的函数。闭包的先决条件是函数的嵌套定义，在一个内部函数中，对外部作用域的变量进行引用，这个内部函数就被认为是闭包。

闭包必须满足三个条件：一个内嵌函数，内嵌函数必须引用外部函数中的变量，外部函数返回值必须是嵌套函数。

【例 5-77】 定义线性函数 $2x+3$ 并利用该函数求值。

```
def line_config():
    def line(x):
        return 2*x+3
    print(line(5))                    # 调用 line 函数

line_config()                         # 13
print(line(5))                        # 报错，不能访问函数内部的子函数
```

运行结果：

```
13
NameError: name 'line' is not defined
```

上述例子中的线性方程 2*x+3 只能计算 2*5+3，也就是函数外面无法访问内部的子函数，

也就无法传递 x 的值。改写 line_config()函数，先返回函数 line()，让内部函数暴露到外层，在函数外面也能访问到它，并且传递参数给它。程序修改如下：

```
def line_config():
    def line(x):
        return 2*x+3
    return line                          # 返回函数 line()

line = line_config()
print(line(5))                           # 运行结果：13
print(line(10))                          # 运行结果：23
```

上例实现了传值给变量 x，实现灵活求解线性方程 2*x+3。若把其中的系数 2 和 3 也设置为参数，提高函数的灵活性，那么把代码修改如下。

【例 5-78】 生成线性方程 ax+b，自定义系数 a、b。

```
def line_config(a,b):                    # 创建参数 a、b
    def line(x):
        return a*x+b                     # 函数 line 内部使用了外部的变量 a、b，line()就是闭包
    return line

line1 = line_config(2, 3)                # 返回线性方程 2*x+3，用 line1 表示
print(line1(5))                          # 调用函数 line1()，运行结果为 13
print(line1(6))                          # 调用函数 line()，运行结果为 15
line2 = line_config(3, 5)                # 返回线性方程 3*x+5，用 line2 表示
print(line2(6))                          # 调用函数 line2()，运行结果为 23
```

上例通过 line_config(2, 3)可以传递值给 a、b，且这个值可以被 line1()函数共享，line1()函数成了 2*x+3，即生成了一个线性方程，然后可以重复调用函数 line1()，当给定 x 值时，即得到该线性方程的值。同理，当调用 line_config(3, 5)时，得到的是线性方程 3*x+5。

【例 5-79】 闭包的概念。

引入闭包的特殊属性__closure__，访问闭包的外部变量。

```
#def line_config(a, b):                  # 与上例相同，此处省略

line = line_config(2, 3)
print(line(5))                           # 13
print(line.__closure__)
print(line.__closure__[0].cell_contents)
print(line.__closure__[1].cell_contents)
```

运行结果：

```
13
(<cell at 0x0000016B796D9400: int object at 0x00007FF87213C6C0>, <cell at
 0x0000016B796E7B80: int object at 0x00007FF87213C6E0>)
2
3
```

line()函数是闭包，其中的__closure__特指闭包内的特殊属性。line.__closure__返回元组，有两个元素，其中 line.__closure__[0].cell_contents 访问闭包的第一个外部变量 a， line.__closure__[1].cell_contents 访问闭包的第二个外部变量 b。

在学习变量作用域时，有一个外部变量类型 Enclosing，这里的闭包就是调用 Enclosing 作用域的变量。

【例 5-80】 商场指定折扣率后，按购物金额计算应付金额。

```
def calculator(x):                  # x是折扣率
    def calculate(y):               # y是购物金额
        return x*y                  # 计算应付金额，在函数内部调用外部变量x，calculate就是闭包
    return calculate

cal = calculator(0.8)               # 0.8是折扣率
print(cal(10))                      # 10是购物金额
print(cal(100))                     # 100是购物金额
```

运行结果：

```
8.0
80.0
```

【例 5-81】 闭包内部无法修改外部作用域的变量。

```
def foo():
    name = ''
    def change_name():
        name = 'xiaoming'
        print('hello',name)
    change_name()
    print('hello',name)             # 内部函数无法修改外部作用域的变量

foo()
```

运行结果：

```
hello xiaoming
hello
```

使用闭包需要注意，由于内部函数无法修改外部作用域的变量，因此第二次输出 name 时还是原先的 name，是空字符串。闭包真正的目的是修改子函数外部函数中的变量，所以用例 5-82 的方法把例 5-81 中的 name 同步修改。

【例 5-82】 内部函数同步修改外部作用域的变量。

```
def foo():
    name = ''
    def change_name():
        nonlocal name                    # 声明Enclosing作用域变量后，就可以修改外部作用域的变量
        name = 'xiaoming'
        print('hello', name)
    change_name()
    print('hello', name)                 # 修改外部作用域的变量

foo()
```

运行结果：

```
hello xiaoming
hello xiaoming
```

声明变量 name 为 nonlocal 后，name 就是 Enclosing 作用域变量，这时可以修改外部作用域的变量了。所以，第二次输出 name 的结果也是 xiaoming。

【例 5-83】 闭包的应用，计数器_v1.0 版。

```
index = 0                                    # 全局变量

def counter():
    global index                             # 声明此 index 就是全局变量
    index += 1

for _ in range(3):
    counter()
    print(index)
```

运行结果：

```
1
2
3
```

这个计数器的最大问题是 index 可以任意修改，而且任何人都可以修改，这样容易导致作弊。所以要想办法隐藏变量 index，放到函数 counter()内部，设成局部变量。

【例 5-84】 闭包的应用，计数器_v2.0_错误版。

```
def counter():
    index = 0
    index += 1
    print(index)

for _ in range(3):
    counter()
```

运行结果：

```
1
1
1
```

这样的运行结果显然错误，因为每次调用 counter()函数，都把变量 index 初始化为 0，正确的做法是使用闭包。

【例 5-85】 闭包的应用，计数器_v3.0 版。

```
def counter():
    index = 0
    def add_index():
        nonlocal index
        index += 1
        print(index)
    return add_index
```

```
c = counter()                # 调用函数 counter()，初始化 index 变量，同时返回内部子函数 add_index
for _ in range(3):
    c()
```

运行结果：

```
1
2
3
```

结果正确，实现了计数功能。

【例 5-86】 用闭包实现 HTML 标签的生成。

```
def tag(tag_name):
    def add_tag(content):
        return "<{0}>{1}</{0}>".format(tag_name,content)
    return add_tag

content = 'Hello'
add_tag = tag('a')                    # 超链接标签
print(add_tag(content))
add_tag = tag('b')                    # 粗体标签
print(add_tag(content))
```

运行结果：

```
<a>Hello</a>
<b>Hello</b>
```

这是一个使用闭包实现 HTML 标签的典型例子。通过调用外部函数 tag()，传入标签，同时返回内部函数 add_tag()。执行内部函数 add_tag()并传入 content，得到完整的一对 HTML 标签。函数 add_tag()共享了外部变量 tag_name。

因此，闭包是在内部函数中使用外部函数的变量的一种机制。

闭包的特点：封闭外部嵌套函数中的变量，只允许当前函数可见；延长了外部嵌套函数内变量的生命周期，等待所有用到这个变量的函数全部执行完，才会销毁该变量。

闭包的优点：加强封装性，内部嵌套函数可以使用函数之外的变量而不会被破坏，提高了代码的重用性，并保证代码的安全。

闭包的缺点：由于闭包会使函数中的变量都被保存在内存中，内存消耗量大，因此不能滥用闭包。

5.10 装饰器

装饰器（decorators）也是一个函数，其作用是包装另一个函数或类。装饰器可以在不修改被装饰函数的源代码，也不改变被装饰函数的调用方式的情况下，添加或改变原函数的功能。例如，大家经常喝奶茶，有人喜欢加椰果，有人喜欢加珍珠，这里的椰果和珍珠就是奶茶的装饰器，而基础奶茶是被装饰对象。装饰时可以一层一层地装饰，层之间有先后顺序的区别。

装饰器的语法如下：

```
def 装饰器函数名(fn):
```

```
    def 内部函数():
        被装饰函数 fn()
    return 内部函数对象

@装饰器函数名
def 被装饰函数名(形参列表):
    语句块
```

【例 5-87】 用传统函数实现打招呼。

```
def hi(name):
    return 'hi,' +name

print(hi('xiaoming'))

greet = hi
welcome = hi
print(greet('leguan'))
print(welcome('tuatara'))
```

运行结果：

```
hi, xiaoming
hi, leguan
hi, tuatara
```

通过 greet=hi、welcome=hi 赋值后，greet、welcome、hi 三个函数都指向同一个地址，调用同一段代码。这个程序实现的是对不同的人打招呼，但招呼的方式都一样，都是“hi, ***”，那么能不能对不同人用不同的招呼方式呢？如“greet, xiaoming”，“welcome, leguan”。

【例 5-88】 实现不同的招呼方式。

```
def hi(name):
    def greet():
        return 'greet,' +name

    def welcome():
        return 'welcome,' +name

    print(greet())
    print(welcome())

hi('xiaoming')
hi('leguan')
```

运行结果：

```
greet, xiaoming
welcome, xiaoming
greet, leguan
welcome, leguan
```

实现了不同的招呼方式，但还没有做到对不同人有不同的招呼，继续修改代码。

【例 5-89】 实现对不同人有不同的招呼方式。

```
def hi(name):
    def greet():
        return 'greet,'+name

    def welcome():
        return 'welcome,'+name

    return greet if name=='xiaoming' else welcome

g=hi('xiaoming')
w=hi('leguan')
print(g())
print(w())
```

运行结果：

```
greet,xiaoming
welcome,leguan
```

调用函数 hi()后，根据不同人返回不同的内部子函数，实现了不同人不同的招呼。但 hi()函数内部的判断语句会产生这样的问题，当招呼的方式变得更多样性了，就需要不断地修改这个判断语句。是否可以把这个判断再拆分呢？即把打招呼和姓名完全拆开，相互独立，需要打招呼时自由组合。

【例 5-90】 函数作为参数实现独立打招呼。

```
def hi():
    return 'hi,'
def greet():
    return 'greet,'
def welcome():
    return 'welcome,'

def after_hi(func, name):                    # func 是函数, name 是姓名
    return func()+name

print(after_hi(hi,'xiaoming'))               # 函数的参数 hi 也是函数
print(after_hi(greet,'leguan'))              # 函数的参数 greet 也是函数
print(after_hi(welcome,'tuatara'))           # 函数的参数 welcome 也是函数
```

运行结果：

```
hi,xiaoming
greet,leguan
welcome,tuatara
```

函数 after_hi(func, name)中的参数 func 代表招呼的方式，name 代表招呼的人，两个对象拆开，互相独立。

上述代码中，after_hi 函数装饰了 func()函数，使 func()在原有基础上增加了 name。这是手写的一个装饰器。下面的例子开始建立 Python 的装饰器。

【例 5-91】 Python 的基本装饰器。

```
import time
def decorator(func):                        # decorator 是装饰器，func 是被装饰的对象
    def decorate_method():                  # 定义装饰方法
        print('begin decorate')
        func()
        print('after decorate')
    return decorate_method                  # 不能遗漏这一条语句

def show_time():                            # 被装饰函数的定义
    print(time.asctime())

decorator(show_time)()                      # 调用装饰器
```

运行结果：

```
begin decorate
Sun Aug  2 10:01:11 2020
after decorate
```

装饰方法 decorate_method 的作用是，在被装饰的函数前后各写一条语句，用 decorator(show_time)调用装饰器，得到了装饰的效果。

其实，在 Python 中有更简单的调用装饰器的方法。只要在 def show_time( )前加一行@decorator，代表装饰 show_time 函数。例如：

```
@decorator
def show_time():
    print(time.asctime())

show_time()
```

在 Python 中还可以创建带参数的装饰器，方法是，在普通装饰器外层再嵌套一层函数，该函数的返回值为内层装饰器，该函数接收一个传入参数。通过@最外层装饰器，并传入参数，来装饰被装饰函数。语法如下：

```
def 新装饰器函数(参数):
    def 旧装饰器函数名(fn):
        def 内部函数():
            被装饰函数 fn()
            return 内部函数对象
        return 旧装饰器函数对象

@新装饰器函数名(实参)
def 被装饰函数名(形参列表):
    语句块
```

【例 5-92】 带参数的装饰器。

```
def getparam(msg):
    def decorator(func):
        def decorate_method():
            print(msg)
            print('begin decorate')
```

```
            func()
            print('after decorate')
        return decorate_method
    return decorator

@getparam('begin hi')
def hi():
    print('hi,')

hi()
```

运行结果:

```
begin hi
begin decorate
hi,
after decorate
```

【例 5-93】 装饰器的日志应用。

```
import logging, sys
logging.basicConfig(level = logging.DEBUG,
                    stream = sys.stderr,
                    format="%(levelname)s - %(message)s")

logger = logging.getLogger(__name__)

def decorator(func):
    def log(*args):
        for _ in args:
            logger.debug(_)
        return func(*args)
    return log

@decorator
def show(*args):
    print('hello,', *args)
show('xiaoming', 'dawei')
```

运行结果:

```
DEBUG - xiaoming
DEBUG - leguan
hello, xiaoming dawei
```

装饰器的日志用于显示代码的执行及调用过程。

习　题

1. 下列关于 Python 的函数的说法中，正确的是（　　）。

A. 定义函数时，函数语句块相对 def 要有缩进

B．函数体内语句块同一级别的缩进要相同

C．缩进可以使用空格也可以使用 Tab，建议使用空格

D．函数可以使用 return 返回，可以有返回值也可以是 None

2．以下不属于内置高阶函数的是（　　）。

A．map()　　B．sorted()

C．max()　　D．zip()

3．关于递归函数的说明，以下选项中错误的是（　　）。

A．递归函数必须有结束条件　　B．递归分为递推阶段和回归阶段

C．递归是一种效率很高的做法　　D．几乎所有递归行为都可以用循环完成

4．执行以下代码的输出结果是（　　）。

```
L = [1,2,3]
def func(a):
    a = [4,5,6]
func(L)
print(L)
```

A．[1, 2, 3]　　B．[4, 5, 6]

C．1,2,3　　D．4,5,6

5．以下对于函数式编程的说法中，正确的是（　　）。

A．允许函数返回一个函数

B．允许将函数作为参数传入另一个函数

C．函数式编程就是为了体现面向对象编程

D．高阶函数是指将函数作为参数或返回值的函数。

6．下面的描述中，正确的是（　　）。

A．类也是对象，类有自己的名字空间

B．当对象内用__dict__保存的实例变量时，通过修改__dict__的字典可以完成增、删、改、查实例变量

C．当类内和用该类生成的实例对象有同样的变量时，优先访问类内的变量

D．实例变量只能通过构造方法__init__添加。

7．关于递归函数的说明中，错误的是（　　）。

A．几乎所有递归行为都可以用循环完成　　B．递归是一种效率很高的做法

C．递归分为递推阶段和回归阶段　　D．递归函数必须有结束条件

8．以下关于函数优点的描述中，正确的是（　　）。

A．函数可以表现程序的复杂程度　　B．函数可以是程序更加模块化

C．函数可以减少代码多次使用　　D．函数便于书写

9．以下关于 Python 的函数的描述中，正确的是（　　）。

A．函数代码是可以重复使用的

B．每次使用函数需要提供相同的参数作为输入

C．函数通过函数名进行调用

D．函数是一段具有特定功能的语句组

10．以下关于 Python 的全局变量和局部变量的描述中，正确的是（　　）。

A．局部变量在使用过后立即被释放

B．全局变量一般没有缩进

C．全局变量和局部变量的命名不能相同

D．一个程序中的变量包含两类：全局变量和局部变量

11．以下函数定义中，错误的是（　　）。

A．def vfunc(s,a=1,*b)　　B．def vfunc(a=3,b)

C．def vfunc(a,**b)　　D．def vfunc(a,b=2)

12．以下关于函数的定义描述中，正确的是（　　）。

A．函数必须有返回值

B．函数定义中可以定义无限多个参数

C．函数定义的关键字是 class

D．函数定义时，默认值参数在非可选参数前

13．以下关于函数作用的描述中，错误的是（　　）。

A．复用代码　　B．提高代码的执行速度

C．增强代码的执行速度　　D．降低代码编程的复杂性

15．下面关于局部变量和全局变量的描述，正确的是（　　）。

A．全局变量不可以定义在函数中　　B．全局变量在使用后立即被释放

C．局部变量在使用后立即被释放　　D．局部变量不可以和全局变量的命名相同

实　验

实验 5.1　定义和使用函数

【问题】 在 Python 中，如何定义和使用函数？

① 函数是可以重复执行的语句块，可以重复调用，是面向过程编程的最小单位。

② 函数用于封装语句块，提高代码的重用性。

③ 通过 def 语句定义函数。

④ 定义函数语法：

```
def 函数名(形参列表):
    语句块
```

⑤ 函数调用是一个表达式，如果函数内部没有 return 语句，那么函数执行完毕返回 None。

⑥ 函数调用语法：

```
函数名([实际调用传递参数])
```

注：[ ]代表内部的内容可以省略。

【方案】

① Python 的内建函数。

② 自定义函数。

③ 调用自定义的函数。

【步骤】 实现本实验需要按照如下步骤进行。

步骤一：Python 的内建函数。

```
#!/usr/bin/evn python
# -*- coding:utf-8 -*-
'''ex01_定义和使用函数.py'''
# python 中的内建函数
# 1) 输入输出函数
print(input('enter a number:'))
# 2) 类型函数
type(True)
isinstance(True, bool)
print(zip(['a', 'b', 'c'], [1, 2, 3]))
# 3) 数学函数
abs(-12)
divmod(12, 7)
pow(2, 3)
round(3.14)
# 4) 全部条件判断函数
all([1, 0, 1, 0])
# 5) 任一条件判断函数
any([1, 0, 1, 0])
# 6) 进制转换函数
bin(10)
oct(10)
hex(10)
# 7) 类型转换函数
int('1010', base=2)
float('3.14')
complex(1.0, 2.0)
bool(12)
# 8) 序列转换函数
list(range(10))
tuple(range(10))
dict([('a', 'apple'), ('b', 'banana'), ('c', 'color')])
enumerate(['a', 'b', 'c'])
# 9) 字符函数
chr(9801)
ord('♉')
eval('print("hello, world")')
'{}-{}'.format('xiao', 'ming')
str(12) + str(3)
# 10) 序列函数
len('my name is xiaoming')
max(1, 3, 5, 7, 9, 2, 4, 6, 8, 0)
min(1, 3, 5, 7, 9, 2, 4, 6, 8, 0)
# 11) 范围函数
range(10)
# 12) 迭代器函数
iter(range(10))
```

步骤二：自定义函数。

```
# 1) 定义一个基本函数，无传参，无返回值
#!/usr/bin/evn python
# -*- coding:utf-8 -*-
'''ex01_定义和使用函数.py'''
def func_0():
    pass
# 2) 定义一个函数，打印一句话' I love learning Python'
def my_func1():
    print('I love learning Python')
# 3) 定义一个打印当前时间的函数
# 打印时间，导入time模块
import time
# 定义一个打印当前时间的函数
def my_time():
    # 获取当前时间，格式化
    newtime = time.strftime('%Y-%m-%d %H:%M:%S',time.localtime(time.time()))
    print('当前时间为{}'.format(newtime))
# 4) 定义一个接收两个参数，并返回两个数之和的函数
def my_add():
    num1 = int(input('please enter a number: '))
    num2 = int(input('please enter another number: '))
    print('{} + {} = {}'.format(num1, num2, num1 + num2))
# 5) 获取指定目录下所有的内容
import os
def get_files():
    for f in os.listdir('.'):                  # .表示当前文件夹，可以写绝对路径，相对路径
        print(f)
```

步骤三：调用自定义函数。

```
#!/usr/bin/evn python
# -*- coding:utf-8 -*-
'''ex01_定义和使用函数.py'''
def func_0():
    pass
# 调用函数，没有返回值，所以看不到结果
func_0()
def my_func():
    print('I love learning Python')
# 调用my_func
my_func()
# 打印结果：'I love learning Python'
import time
def my_time():
    newtime = time.strftime('%Y-%m-%d %H:%M:%S',time.localtime(time.time()))
    print('当前时间为{}'.format(newtime))
# 调用my_time()
my_time()
```

```
当前时间为2019-07-09 10:56:08
def my_add():
    num1 = int(input('please enter a number: '))
    num2 = int(input('please enter another number: '))
    print('{} + {} = {}'.format(num1, num2, num1 + num2))
# 调用my_add()
my_add()
please enter a number: 2
please enter another number: 4
2 + 4 = 6
import os
def get_files():
    for f in os.listdir('.'):                # .表示当前文件夹，可以写绝对路径，相对路径
        print(f)
# 调用get_files()
get_files()
# 结果为当前文件夹下的所有文件名
20.py
……
35.py
```

实验 5.2 lambda 表达式中各种类型参数的使用

【问题】 在 Python 中，lambda 表达式有哪些参数类型？

① 必选参数。

② 关键字参数。

③ 不定长参数。

【方案】

① 创建一个包含必选参数的 lambda 表达式。

② 创建一个包含关键字参数的 lambda 表达式。

③ 创建一个包含不定长参数的 lambda 表达式。

【步骤】 实现本实验需要按照如下步骤进行。

步骤一：创建一个包含必选参数的 lambda 表达式

```
#!/usr/bin/evn python
# -*- coding:utf-8 -*-
'''ex02_lambda表达式中的参数.py'''
# 定义一个包含必选参数的 lambda 表达式，返回传入两个数的和
>>> mysum = lambda x, y: x + y
# 传入两个数，返回两个数的和
>>>mysum(10, 5)
15
>>>mysum(2, 3)
5
# 只传入一个数的情况下会报错，丢失一个参数
>>>mysum(5)
Traceback (most recent call last):
```

```
  File "<stdin>", line 1, in <module>
  TypeError: <lambda>() missing 1 required positional argument: 'y'
```

步骤二：创建一个包含关键字参数的lambda表达式。

```
#!/usr/bin/evn python
# -*- coding:utf-8 -*-
'''ex02_ lambda表达式中的参数.py'''
# 定义一个包含关键字参数lambda表达式，返回两个数的乘积
>>>func = lambda a=10, b=20 : a*b
# 直接打印
>>>func()
200
# 传入一个参数
>>>func(3)
60
# 传入两个参数
>>>func(4,5)
20
# 按关键字传入参数
>>>func(a=5, b=6)
30
# 传入关键字不存在，报错
>>>func(c=4, d=7)
Traceback (most recent call last):
  File "<stdin>", line 1, in <module>
  TypeError: <lambda>() got an unexpected keyword argument 'c'
```

步骤三：创建一个包含不定长参数的lambda表达式。

```
#!/usr/bin/evn python
# -*- coding:utf-8 -*-
'''ex02_lambda表达式中的参数.py'''
# 定义一个包含不定长参数*args的lambda表达式，返回传入所有数的和
>>>func = lambda *args : sum(args)
# 创建一个元组
>>>tup_1 = (1,2,3,4,5)
# 创建一个列表
>>>list_1 = [10,20,30,40]
# 将元组传入
>>>func(*tup_1)
15
# 将列表传入
>>> func(*list_1)
100
# 定义一个包含不定长参数**kwargs的lambda表达式，返回所有的键和值
>>>func = lambda **kwargs: (kwargs.keys(), kwargs.values())
# 创建一个字典
>>>dic = {'a':1 , 'b':2}
# 将字典传入
>>>func(**dic)
```

```
(dict_keys(['a', 'b']), dict_values([1, 2]))
# 也可传入键值对
>>>func(c=3, d=4)
(dict_keys(['c', 'd']), dict_values([3, 4]))
```

实验 5.3　lambda 表达式在推导式中的使用

【问题】 在 Python 中，lambda 表达式如何在推导式中使用？

【方案】 lambda 表达式在列表推导式中使用。

【步骤】 实现本实验需要按照如下步骤进行。

lambda 表达式在列表推导式中使用。

```
# 定义一个列表推导式
#!/usr/bin/evn python
# -*- coding:utf-8 -*-
'''ex03_lambda表达式在推导式中.py'''
# 列表推导式
>>>list1 = [x for x in range(4)]
>>>list1
[0, 1, 2, 3]
# 列表推导式中加入 lambda 表达式
>>>func = [lambda x:x*i for i in range(4)]
# 返回的是列表，列表中是 function 对象
>>>func
[<function <listcomp>.<lambda> at 0x000002767C141840>, <function <listcomp>.<lambda> at
 0x000002767C1418C8>, <function <listcomp>.<lambda> at 0x000002767C141950>, <function
 <listcomp>.<lambda> at 0x000002767C1419D8>]
# 根据索引，取相应元素
>>>func[0]
<function <listcomp>.<lambda> at 0x000002767C141840>
# 通过()传入参数
>>>func[0](1)
3
>>>func[1](1)
3
>>>func[2](1)
3
>>>func[3](1)
3
# 索引超出界限
>>>func[4](1)
Traceback (most recent call last):
  File "<stdin>", line 1, in <module>
  IndexError: list index out of range
>>>func[0](2)
6
>>>func[0](23)
```

```
69
```

当任何 func[i]( )返回的函数被调用时，i 的值是在它被调用时的周围作用域中查找，无论哪个返回的函数被调用，for 循环都已经完成了，i 最后的值是 3，故每个返回的函数 func[i](1)的值都是 3。因此，一个等于 2 的值被传递进以上代码，它们将返回一个值 6（如 3*2）。

```
# 下面的函数值已经固定，并且不需要传入参数
>>>func_1 = [lambda : x*x for x in range(4)]
>>>func_1[1]()
9
>>>func_1[2]()
9
# 传入参数时会报错
>>>func_1[2](2)
Traceback (most recent call last):
  File "<stdin>", line 1, in <module>
  TypeError: <lambda>() takes 0 positional arguments but 1 was given
```

lambda 表达式中 i 依次顺序指向 0、1、2、…，因为在迭代的过程中，创建匿名函数的过程中会保存 i 的值。

```
>>>func = [lambda i = i:i*i for i in range(4)]
>>>func[0]()
0
>>>func[1]()
1
>>>func[2]()
4
>>>func[3]()
9
```

lambda 表达式中 i 并不是依次顺序指向 0、1、2、…，因为在迭代的过程中，创建匿名函数→创建完成后→才去找 i 指向的值。

```
func = [lambda x = i:i*i for i in range(4)]
print(func[0]())                              # 9
print(func[1]())                              # 9
print(func[2]())                              # 9
print(func[3]())                              # 9
```

上述函数可修改为：

```
def func():
    fs = []
    for i in range(4):
        def lam(x = i):
            return i*i                        # 变量 x 未被使用
        fs.append(lam)
    return fs
```

实验 5.4 lambda 表达式应用在函数式编程中

【问题】 在 Python 中，lambda 表达式如何应用在函数式编程中？

① lambda 表达式嵌套可以嵌套在函数中，作为函数的返回值。

② lambda 表达式应用在 reduce()函数中。

③ lambda 表达式应用在 map()函数中。

④ lambda 表达式应用在 filter()函数中。

【方案】

① lambda 表达式嵌套可以嵌套在函数中，作为函数的返回值。

② lambda 表达式应用在 reduce()函数中。

③ lambda 表达式应用在 map()函数中。

④ lambda 表达式应用在 filter()函数中。

【步骤】 实现本实验需要按照如下步骤进行。

步骤一：lambda 表达式嵌套可以嵌套在函数中，作为函数的返回值。

```
#!/usr/bin/evn python
# -*- coding:utf-8 -*-
'''ex04_lambda表达式在函数式编程中应用.py'''
# 定义一个函数，返回值为 lambda 表达式
>>> def lam(x, y):
>>>     return lambda: x * x + y * y
>>>
# 调用 lam()函数
>>> f = lam(2, 4)
# 打印出来为一个对象地址
>>> f
<function lam.<locals>.<lambda> at 0x109d997b8>
>>> f()
20
```

步骤二：lambda 表达式应用在 reduce( )函数中。

```
#!/usr/bin/evn python
# -*- coding:utf-8 -*-
'''ex04_lambda表达式在函数式编程中应用.py'''
# 导入包
from functools import reduce
# lambda 函数返回两个数之和，reduce()函数返回序列累加之和
reduce(lambda a, b: a+b, range(10))
45
```

步骤三：lambda 表达式应用在 map()函数中。

```
#!/usr/bin/evn python
# -*- coding:utf-8 -*-
'''ex04_lambda表达式在函数式编程中应用.py'''
# map()函数根据 lambda 表达式和可迭代对象返回可迭代对象
>>> list(map(lambda n: chr(n),range(9800, 9812)))
['♈', '♉', '♊', '♋', '♌', '♍', '♎', '♏', '♐', '♑', '♒', '♓']
```

```
# lambda 表达式返回输入值的对应字符
>>> lam = lambda n : chr(n)
>>> lam(98)
b
# map()函数返回一个对应的可迭代对象，使用 list()函数可转换成列表
>>> map(lambda n:chr(n), range(9800, 9812))
<map object at 0x000002767BFE29E8>
```

步骤四：lambda 表达式应用在 filter()函数中。

```
#!/usr/bin/evn python
# -*- coding:utf-8 -*-
'''ex04_lambda表达式在函数式编程中应用.py'''
# lambda 表达式在 filter 函数内
>>> list(filter(lambda x: True if x % 3 == 0 else False, range(10)))
# lambda 表达式返回一个数是否可以整除 3，可以返回 True，不可以返回 False
>>> lam = lambda x:True if x % 3 == 0 else False
>>> lam(3)
True
>>> lam(4)
False
# filter 函数根据第一个参数对应的函数，对第二个参数（可迭代对象）进行筛选
>>> filter(lam, range(10))
<filter object at 0x000002767BFE29E8>
# 使用 list 函数将结果生成列表
>>> list(filter(lam, range(10)))
[0, 3, 6, 9]
```

实验 5.5　使用装饰器实现日志应用

【问题】 在 Python 中，如何使用装饰器实现日志应用？

① 导入日志模块。

② 调用 logging 中的 basicConfig()函数，设置参数。

③ 创建装饰器函数，接收被装饰函数传入的参数。

④ 对参数进行遍历，使用 debug()函数进行解析。

【方案】 使用装饰器实现日志应用。

【步骤】 使用装饰器实现日志应用。

```
#!/usr/bin/evn python
# -*- coding:utf-8 -*-
"""ex03_装饰器实现日志.py"""
# 导入日志、sys 模块
import logging, sys
# 调用 logging 中的 basicConfig()函数
logging.basicConfig(
    # level：设置日志级别，默认为 logging.WARNING
    level = logging.DEBUG,
    # stream：指定将日志的输出流，可以指定输出到 sys.stderr,sys.stdout 或者文件，默认输出到 sys.stderr
```

```
    # 当stream和filename同时指定时，stream被忽略
    stream = sys.stderr,
    # format：指定输出的格式和内容，%(levelname)s：打印日志级别名称，%(message)s：打印日志信息
    format = '%(levelname)s - %(message)s')
# 创建logger实例对象
logger = logging.getLogger(__name__)
# 定义装饰器
def decorator(func):
    # 内部函数接收不定长参数
    def log(*args):
        # 遍历args
        for _ in args:
            # 对每个参数进行debug操作
            logger.debug(_)
        # 返回值中，将参数传入被装饰函数
        return func(*args)
    # 返回内部函数
    return log
# 调用装饰器
@decorator
# 被装饰函数
def show(*args):
    print('hello', *args)
# 调用被装饰函数
show('xiaoming','dawei')
# 打印结果
DEBUG - xiaoming
DEBUG - dawei
hello xiaoming dawei
```

第 6 章　常用模块

当编写的程序规模越来越大、代码越来越长时，面临的问题是把所有代码都放到一个文件中，还是把代码分类放到不同的文件。因为随着项目规模的不断扩大，代码维护会越来越困难。根据模块化编程思想，合适的方法是根据代码实现的功能分类，把同一类代码放在一个文件中，这个文件就是模块（Module），文件名就是模块名。Python 语言基于模块化编程，并进一步引申出了内建模块、系统模块和第三方模块。本章从 Python 程序的构成出发讲述 Python 的常用模块。

6.1　Python 程序的构成

Python 项目的组织结构如图 6-1 所示，Python 项目封装后成为一个库，也就是标准库或第三方库。库由包组成，包相当于文件夹，用于对下一层的模块进行分类组织和管理；包的下一层是模块，模块就是 Python 程序文件（如.py 文件），模块的划分方便代码的独立和复用，包和模块的作用是针对项目进行分装。不同的模块有不同的功能，Python 项目通过自定义一些模块来实现相对独立的功能，如有的模块专门实现邮件发送，有的模块实现通信连接，有的模块则实现安全和加密授权。模块里包含多个函数或类，类是一个抽象的逻辑概念（在本书第 7 章面向对象程序设计中展开讨论）；函数则把若干语句组织在一起，实现某特定功能，供程序调用。

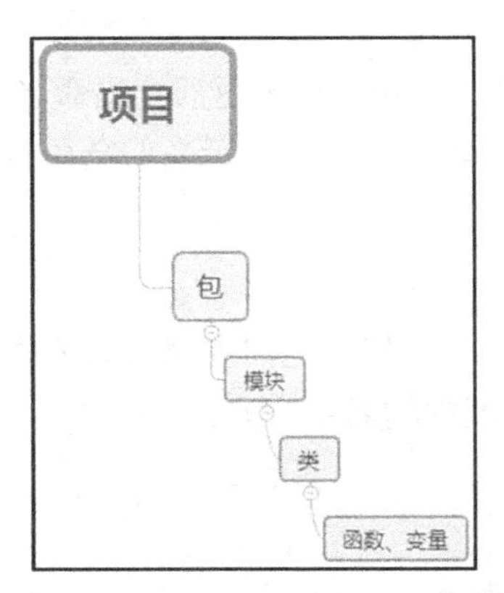

图 6-1　Python 项目组织结构图

所以，Python 自上而下的组织结构是：顶层为项目（也称为库），项目下面是包，包包含多个模块，在模块中可以定义多个类，在类的内部定义的函数或者方法由若干语句构成，语句由表达式构成。

6.2 模块的安装和使用

Python 模块就是以 .py 文件的形式对代码进行封装，使程序员有逻辑地组织 Python 代码，通常把相关代码段分配到同一个模块，当需要使用这些代码时，只需导入该模块，这样使得代码清晰且易用。模块内既能定义函数、类和变量，也能包含可执行的代码。比如，把代码封装起来，保存为 petstore.py 文件，就构成了一个模块，模块名就是 petstore。

【例 6-1】 模块的简单示范。

```
#petstore.py

petstore_name = 'xiaoming\'s pet store'


class Pet(object):
    def __init__(self,name,age):
        self.name=name
        self.age=age


def  show_pet_info(pet):
    print('name:{},age:{}'.format(pet.name,pet.age))
```

1．模块的常用函数

模块的常用函数的作用是描述模块的属性和方法。

（1）dir()函数

进入 MS-DOS 环境，用 dir 命令显示当前文件夹下的所有文件和子文件夹的信息。在 Python 中，dir()是函数，用于返回某个类或函数所支持的属性和方法的列表。

【例 6-2】 显示字符串类型的所有属性和方法。

```
>>>for m in dir(str):
       print(m)
```

str 是字符串类型，dir(str)得到所有字符串类型的属性和方法。

（2）globals()函数

global 是全局变量，而 globals 是函数，用于返回全局命名空间中的所有名字字典，如 True、False、Str、int、Bool、Exception 等。例如，显示当前全局命名空间中的名字字典：

```
>>> globals()
```

（3）locals()函数

local 是局部变量，而 locals()函数用于返回局部命名空间中的名字字典。

例如，显示当前局部命名空间中的名字字典：

```
>>>locals()
```

2．模块的分类

Python 模块分为如下 3 类。

① Python 内置模块（builtin），存在于 Python 解析器的内部，可以直接使用。

② 标准库模块，安装 Python 时已经同步安装，使用时需先用 import 语句导入。

③ 第三方模块，通常为开源库，使用前需要先安装。用户自己编写的模块等同于第三方库，可以作为其他人的第三方模块被使用。

（1）内置模块 builtins

内置模块 builtins 用于显示所有内置模块的属性和函数。

```
>>> import builtins
>>> print(dir(builtins))
['ArithmeticError', …, 'super', 'tuple', 'type', 'vars', 'zip']
```

（2）标准库模块

```
import math
import time
print(math.sqrt(9))
print(math.pow(3,3))
print(time.asctime())
print(time.time())
```

运行结果：

```
3.0
27.0
Thu Nov 12 13:41:46 2020
1605159706.8561072
```

Python 的标准库庞大，提供的组件涉及范围广泛，日常编程中许多问题的解决都可以找到相应的标准库。

（3）第三方模块

大量免费开源的第三方库（模块）是 Python 受到广泛欢迎的原因之一。

【例 6-3】 显示汉语拼音的第三方库。

```
from xpinyin import Pinyin
p = Pinyin()
print(p.get_pinyin("北京"))                    # 运行结果：bei-jing
```

使用 xpinyin 库前需要先安装这个第三方库，方法如下：

```
>>>pip install xpinyin
```

（4）自定义模块

自己开发的模块用 import 语句将文件加载进来即可使用。

【例 6-4】 自定义模块 calc.py，实现加、减、乘、除运算。

```
# 保存为文件 calc.py
numa = numb = 0
def add():return numa+numb
def sub():return numa-numb
def mul():return numa*numb
```

```
def div():return numa/numb
```

主程序实现数值计算，方法是导入自定义模块 calc.py 并调用其函数。

```
import calc                                    # 导入模块 calc.py
calc.numa=12
calc.numb=3
print(calc.add())
print(calc.sub())
print(calc.mul())
print(calc.div())
```

3．模块的使用方法

除了内置模块，其他模块在使用前都需要导入，导入模块的方法有两种。

（1）使用 import 语句导入模块

其语法格式如下：

```
import 模块名 1 [as 模块别名 1](,模块名 2 [as 模块别名 2])…
```

例如，导入 math 库，导入 numpy 库并取别名 np。

```
>>>import math
>>>import numpy as np
```

使用此方式导入模块后，模块内的函数和属性的使用方式为：

```
模块名.函数名或别名.函数名
模块名.变量名或别名.变量名
```

【例 6-5】 用 math 库计算 sin(pi/2)。

```
import math
print(math.sin(math.pi/2))
```

（2）用 from 语句导入模块

from 语句用于导入模块中指定的成员，如函数、变量，而不是导入全部函数。其语法格式如下：

```
from 模块名 import 模块成员名 1 [as 别名 1](, 模块成员名 2 [as 别名 2]) …
```

使用此方式导入模块后，可以直接使用模块内的函数和属性。

【例 6-6】 直接使用导入后的模块成员名。

```
from math import sin,pi,e                          # 只导入 math 库中指定的三个成员
print(sin(pi))
print(pi)
print(e)
```

导入一个模块内的所有内容：

```
from 模块名 import *
```

【例 6-7】 导入 math 库的所有成员。

```
from math import *
print(pi,e)
```

运行结果：

```
3.141592653589793 2.718281828459045
```

用这种方式将导入模块内的所有成员，一方面占用内存，另一方面有可能出现函数命名冲突，也就是不同的库包含了相同名字的函数或变量，尽管可以用别名的方式避开，但还是建议慎用这种方式。

4. import 导入模块的搜索路径

当导入一个模块时，Python 解释器要搜索该模块，默认的搜索顺序为：① 当前目录下查找；② 若当前目录下找不到，则搜索 PYTHONPATH 中指定的每个目录；③ 如果还找不到，那么 Python 解释器搜索标准库目录，标准库目录即 Python 的安装目录。UNIX 操作系统的默认安装目录为/usr/local/lib/python。Windows 的默认安装目录为当前用户\AppData\Local\Programs\Python\Python38。

sys.path 记录了 Python 解释器搜索模块的路径。sys 是一个系统模块。

5. sys.path 查看模块搜索路径

【例 6-8】 import 的搜索路径。

```
import sys
for p in sys.path:
    print(p)
```

运行结果：

```
E:\Project\Pycharm\core_python_via_pycharm\unit06
E:\Project\Pycharm\core_python_via_pycharm
C:\Users\Lenovo\AppData\Local\Programs\Python\Python38\python38.zip
C:\Users\Lenovo\AppData\Local\Programs\Python\Python38\DLLs
……
```

6. sys.modules 查看加载到内存的模块

Python 中所有已加载到内存的模块都放在 sys.modules 列表中，当 import 导入一个模块时，首先会在这个列表中查找是否已经加载了此模块，如果已加载，那么只是将模块的名字加入正在调用 import 的模块的 local 名字空间中，否则按照 sys.path 的搜索路径查找模块文件。模块文件的扩展名可以是 .py、.pyc、.pyd，找到后将模块载入内存，加入 sys.modules，并将名称导入当前的 local 名字空间。

【例 6-9】 查看当前已加载的模块。

```
import sys
for m in sys.modules:
    print(m)
```

运行结果：

```
sys
builtins
nt
site
…
```

7. __import__函数

__import__函数用于根据给定的模块名称，动态导入模块。

【例 6-10】 动态导入模块。

```
s = __import__('sys')                    # 动态导入 sys 模块
print(s)                                 # 显示：<module 'sys' (built-in)>
m = __import__('math')                   # 动态导入 math 模块
print(m.pi)                              # 显示：3.141592653589793
```

动态导入模块允许通过字符串形式来导入模块。

6.3 sys 模块

sys 模块是 Python 标准库中的重要模块，提供了一系列有关 Python 运行环境的变量和函数。通俗地说，sys 模块负责程序与 Python 解释器的交互，提供一系列的函数和变量，用于操控 Python 运行时的环境。

1. sys 模块的使用

使用 sys 模块需要先导入：

```
import sys
```

例如，查看 sys 模块中的属性和方法：

```
>>>import sys
>>>dir(sys)  #查看模块中的属性和方法
```

sys 模块提供了很多重要属性和方法。

（1）获取 Python 的系统信息

【例 6-11】 查看 Python 的常用系统信息。

```
>>>import sys
>>>sys.version                           # 获取 Python 解释程序的版本信息
# 包含版本号的五个组件的元组：major、minor、micro、releaselevel、serial
>>>sys.version_info
# 获得操作系统平台名称
>>>sys.platform
# 解释器的 C 的 API 版本
>>>sys.api_version
# 获得 Python 版权相关的信息
sys.copyright
# 获得 Python 内建模块的名称（字符串元组格式）
>>>sys.builtin_module_names
# Python 解释器全名（包括路径）
>>>sys.executable
# 导入模块时的搜索路径。Python 解释器根据 sys.path 中的先后顺序搜索路径
>>>sys.path
# 增加 sys.path 的搜索路径
sys.path.append('路径')
# 显示已经导入系统的模块，字典格式
```

```
>>>sys.modules
#退出程序
>>>sys.exit(0)
```

参数 0 表示正常退出，参数的取值范围为 0～127。除 0 之外，系统把每个参数都对应一种异常情况，便于分析和查错。

【例 6-12】 查看已导入系统的模块。

```
import sys
print(type(sys.modules))
print(sys.modules)
print(sys.modules.keys())
print(sys.modules.values())
```

运行结果：

```
<class 'dict'>
{'sys': <module 'sys' (built-in)>, 'builtins': <module 'builtins' (built-in)>,
 '_frozen_importlib': <module '_frozen_importlib' (frozen)>, '_imp': <module '_imp'
 (built-in)>, '_warnings': <module '_warnings' (built-in)>, '_frozen_importlib_external':
 <module '_frozen_importlib_external' (frozen)>,
……
```

结果显示：sys.modules 是<class 'dict'>字典类型。

键值对有：'sys': <module 'sys' (built-in)>，'builtins': <module 'builtins' (built-in)>，'_frozen_importlib': <module '_frozen_importlib' (frozen)>等。

2．接收命令行参数

sys 模块除了可以获取系统的属性和函数，还可以与终端进行交互操作。下面以 Windows 操作系统为例，演示常用的命令行参数。

先编写一个 cmdline.py 程序，然后在终端用命令行模式运行该程序：

```
(venv)E:\Project\Pycharm>python cmdline.py –h -v
```

那么，在命令行模式下 Python 如何接收-h、-v 参数呢？答案是通过 sys.argv 接收命令。

sys.argv 是一个字符串列表，可以存储多个参数，通过索引来提取数据：sys.argv[0]、sys.argv[1]、sys.argv[2]。

【例 6-13】 用命令行模式运行程序并传入两个参数。

```
# ex03_sys_argv.py
import sys

def add(a,b):
    return a+b

if __name__=='__main__':
    numa, numb = int(sys.argv[1]), int(sys.argv[2])      # sys.argv[0]代表当前执行的文件名
    print('{}+{}={}'.format(numa, numb, numa+numb))
```

将上述代码保存到子目录 unit06 中，文件取名为 ex03_sys_argv.py。切换到终端模式，修改当前目录为 unit06，在命令提示符下输入如下命令（如图 6-2 所示）：

```
(venv) E:\Project\Pycharm\core_python_via_pycharm\unit06>python ex03_sys_argv.py 1 2
```

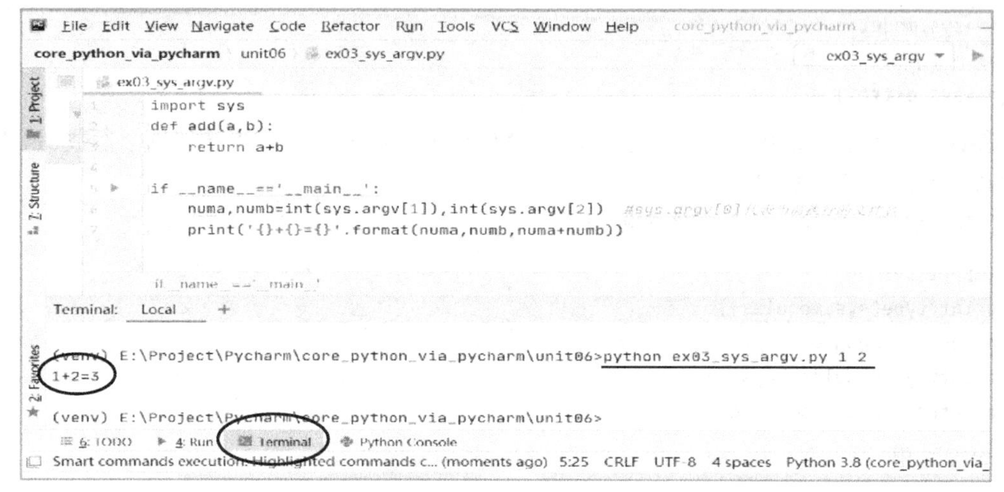

图 6-2　用命令行模式运行程序

在终端（Terminal）下显示运行结果：

```
1+2=3
```

sys.argv[0]代表当前执行的文件：ex03_sys_argv.py，argv[1]保存参数 1，argv[2]保存参数 2，通过命令行把参数传递给程序。这就是程序和终端进行交互操作，即通过终端传递参数给程序。

上述程序中还展示了一个常用写法：

```
if __name__=='__main__':
    <代码块>
```

表示若程序 ex03_sys_argv.py 被直接运行，下面的代码块将被运行；若模块用 import 语句导入，则下面的代码块不运行。

6.4　随机数模块

统计学上的随机数指专门的随机试验的结果，其结果是不可预测的，是真正意义上的随机数。但是计算机不能产生真正的随机数，计算机通过梅森旋转算法生成伪随机序列元素，其结果是确定的，是可预见的，因此这个随机数被称为伪随机数。

random 库是 Python 中用于生成伪随机数的标准库，用 import random 导入。

random 库包含 4 类 13 个基本方法：① 基本方法，seed、getstate、setstate、getrandbits；② 整数方法，randrange、randint；④ 随机序列，choice、choices、shuffle、sample；④ 真值分布，random、uniform、gauss。

1．基本方法

Python 中的随机数使用随机数种子来产生，只要种子相同，产生的随机数序列都相同，即所产生的数、数与数之间的顺序都是确定的，因此使用随机数种子可以复现随机数序列。

常用的随机数方法如表 6-1 所示。

```
>>>random.seed(10)                    # 产生种子 10 对应的序列
>>>random.getrandbits(16)
37885
```

表 6-1 随机数方法

方 法	说 明
seed	随机数种子，默认为当前系统时间
getstate	返回一个当前生成器的内部状态的对象
setstate	传入一个先前利用 getstate 方法获得的状态对象，使得生成器恢复到先前的状态
getrandbits(k)	生成一个 k 比特长的随机整数，如 k=16，则结果在$[0,2^{16}]$区间

（1）random.seed(a=None, version=2)

如果未提供种子 a 或者 a=None，那么使用系统时间作为种子。

【例 6-14】 seed 种子数的使用。

```
import random
random.seed(a=10)
for _ in range(5):
    print(random.random())                # random 方法产生一个[0,1)之间的随机小数
```

运行结果：

```
0.5714025946899135
0.4288890546751146
0.5780913011344704
0.20609823213950174
0.81332125135732
```

生成 5 个不同的随机数，但是再次执行代码，依然产生这 5 个随机数，因为种子相同。

【例 6-15】 循环生成相同的随机数。

```
import random
for _ in range(5):
    random.seed(a = 10)                   # 每次循环都使用相同的种子
    print(random.random())
```

运行结果：

```
0.5714025946899135
0.5714025946899135
0.5714025946899135
0.5714025946899135
```

（2）random.getstate 和 random.setstate(state)方法

getstate 方法返回当前生成器的内部状态的对象。setstate 方法传入先前利用 getstate 方法获得的状态对象，使得生成器恢复到这个先前的状态。

【例 6-16】 getstate 和 setstate 方法的使用。

```
import pickle
import random
state = random.getstate()                   # 返回一个当前生成器的内部状态的对象
with open('state','wb') as f:
    pickle.dump(state,f)                  # 用于把当前生成器的内部状态保存到文件中
for _ in range(3):
    print(random.random())
```

```
print('*'*25)
with open('state','rb') as f:
    state=pickle.load(f)                    # 从文件中读取状态对象
random.setstate(state)                      # 恢复先前保存在文件中的状态对象

for _ in range(3):
    print(random.random())
```

运行结果：

```
0.608672024854021
0.2913485417740699
0.398306359204879
*************************
0.608672024854021
0.2913485417740699
0.398306359204879
```

pickle 模块实现了基本的数据序列化（dump）和反序列化（load）。序列化过程将文本信息转变为二进制数据流，便于信息的存储和传输，反序列化则从二进制数据流转为文本信息，得到原始的数据。

运行结果中，后三次的随机数与前三次的随机数完全相同，即只有状态一致时，产生的随机序列才会一样。

2．产生随机整数的方法

产生某个范围内的随机整数的方法如表 6-2 所示。

表 6-2　产生随机整数的方法

方　法	说　　明
randrange(m,n[,k])	生成一个[m,n)之间以 k 为步长的随机整数
randint(a,b)	生成一个[a,b]之间的整数

【例 6-17】 randrange 方法举例。

```
import random
for _ in range(10):
    print(random.randrange(5), end=' ')

print()
for _ in range(10):
    print(random.randrange(3,9,2), end=' ')
```

运行结果：

```
1 3 2 4 4 0 2 4 2 3
3 5 5 5 3 7 7 7 3 3
```

【例 6-18】 randint 方法举例。

```
import random
for _ in range(10):
    print(random.randint(2,5),end=' ')
```

运行结果：

```
2 2 5 3 2 4 3 4 2 2
```

【例 6-19】 生成一个包含大写字母 A～Z 和数字 0～9 的随机 4 位验证码。

```
import random
checkcode = ''
for i in range(4):
    current = random.randrange(0,4)
    if current != i:                          #根据随机数和循环变量是否相等，决定获取一个字母还是数字
        temp = chr(random.randint(65, 90)) # 随机大写字母
    else:
        temp = random.randint(0,9)           # 随机数字
    checkcode += str(temp)
print(checkcode)
```

运行结果：

```
8WGP
```

3．随机序列方法

表 6-3 是关于序列的随机操作方法，从序列中随机选择一个元素，或将序列元素随机排列，或者返回打乱后的序列等。

表 6-3 随机序列方法

方 法	说 明
choice(seq)	从序列中随机选择一个元素
choices((population, , weights=None, cum_weights=None, k=1))	从 population 集群中随机抽取 k 个元素，参数 weights 是相对权重列表，cum_weights 是累计权重，但两个参数不能同时存在
shuffle(seq)	将序列 seq 中元素随机排列，返回打乱后的序列
sample(population, k)	从 population 中取样，一次取 k 个，返回一个长度为 k 的列表

例如：

```
>>>random.choice([1, 2, 3, 4, 5, 6, 7, 8, 9])
8
>>>mylist = ["apple", "banana", "cherry"]
>>>print(random.choices(mylist, weights = [4, 2, 1], k = 8))
['banana', 'apple', 'banana', 'apple', 'banana', 'cherry', 'banana', 'apple']
>>>s = [1, 2, 3, 4, 5, 6, 7, 8, 9]
random.shuffle(s)
print(s)
[9, 4, 6, 3, 5, 2, 8, 7, 1]
>>>sample(range(1000), k=6)
[693, 383, 292, 60, 891, 487]
```

【例 6-20】 随机生成十二星座中的一个。

```
import random
c = random.choice(range(9801,9813))
print(c, chr(c))
```

运行结果：

```
9808 ↗
```

【例 6-21】 按照权重取数据生成新的列表。

```
import random
print(random.choices(['red','black','green'],[18,18,2],k=6))
# 取 6 个元素生成新的列表，取到'red'、'black'、'green'的权重分别是 18、18、2
```

运行结果：

```
['green', 'black', 'red', 'black', 'black', 'red']
```

【例 6-22】 将 26 个英文字母随机打乱后，生成新的列表。

```
import random
letters = [chr(n) for n in range(65,91)]
print(letters)

random.shuffle(letters)
print(letters)
```

运行结果：

```
['A', 'B', 'C', 'D', 'E', 'F', 'G', 'H', 'I', 'J', 'K', 'L', 'M', 'N', 'O', 'P', 'Q', 'R',
 'S', 'T', 'U', 'V', 'W', 'X', 'Y', 'Z']
['G', 'I', 'O', 'Z', 'D', 'K', 'Y', 'B', 'E', 'C', 'W', 'A', 'U', 'M', 'S', 'F', 'Q', 'T',
 'P', 'H', 'R', 'V', 'L', 'N', 'X', 'J']
```

【例 6-23】 产生 10 个 7 位随机整数。

```
import random
numbers = random.sample(range(10000000), k=10)
print(numbers)
```

运行结果：

```
[1263039, 5997471, 1555122, 4043739, 5632537, 2421956, 3540759, 4025746, 3985392, 6588023]
```

从 1000 万个样本或集合中随机抽取 k 个不重复的元素形成新的序列，常用于不重复的随机抽样，返回一个新的序列，且保持原有序列不变。

4．真值分布方法

真值分布方法用于产生服从各类分布的随机数，如表 6-4 所示。

表 6-4 真值分布方法

方 法	说 明
random()	生成一个[0.0, 1.0)之间的随机小数
uniform(a,b)	生成一个[a, b]之间的随机小数
random.gauss(mu, sigma)	高斯分布，mu 是平均值，sigma 是标准偏差

例如：

```
>>>random.random( )
0.5714025946899135          # 随机数产生与种子有关，如果种子是 10，那么第一个数必定是这个
>>>random.uniform(10, 100)
```

```
16.848041210321334
```

【例 6-24】 均匀分布 uniform 方法举例。

```
import random
print(random.random())
# 返回一个介于左闭右开[0.0,1.0)区间的浮点数
print(random.uniform(1,10))
# 返回一个介于 a 和 b 之间的浮点数，若 a>b，则是 b 到 a 之间的浮点数。这里的 a 和 b 都有可能出现在结果中
```

运行结果：

```
0.3556040277242012
7.737613765606349
```

【例 6-25】 高斯分布举例。

```
import random
print(random.gauss(1,10))                           # 1 是平均值，10 是标准差
```

运行结果：

```
6.096939134869926
```

6.5 日期和时间模块

日期和时间模块中包含了 time 库和 datetime 库，都是 Python 中的标准库，使用前需要 import time 和 import datetime 语句导入。

time 库在设计时能处理的时间最长到 2038 年，为弥补这一缺陷，后来开发出了 datetime 库，两个库都具有表达日期时间的数据格式和相关函数。

1．time 库

Python 中时间有三种表示方式，分别是时间戳、格式化的时间字符串和结构化时间，常用函数如表 6-5 所示。

表 6-5 time 库常用函数

函 数	说 明
time()	获取时间戳
asctime()	用字符串格式显示系统的当前时间
localtime()	获取时间元组
strftime()	将日期格式转化成字符串
sleep(t)	线程休眠，进程挂起 t 秒时间后再继续

例如：

```
>>> time.time()
1596505964.0277996
>>>time.asctime()
"Tue Aug  4 16:36:35 2020"
>>> time.localtime()
time.struct_time(tm_year=2020, tm_mon=8, tm_mday=4, tm_hour=16, tm_min=36, tm_sec=35, \
            tm_wday=1, tm_yday=217, tm_isdst=0)
```

```
>>>time.strftime('%Y-%m-%d %H:%M:%S %A',time.localtime())
'2020-08-04 09:57:51 Tuesday'
>>>time.strptime('2019-03-16','%Y-%m-%d')
time.struct_time(tm_year=2019, tm_mon=3, tm_mday=16, tm_hour=0, tm_min=0, tm_sec=0, \
                 tm_wday=5, tm_yday=75, tm_isdst=-1)
```

① 时间戳（timestamp）：从 1970 年 1 月 1 日 0 点开始计时直到此刻为止所经过的秒数，如 1506388236.2162435。时间戳用 time.time()实时获得，是一个浮点数，可以进行加减运算。

② 格式化的时间字符串（string_time）：用年月日时分秒这样常见的时间字符串格式表示。例如：2020-07-26 09:12:48，可以通过 time.asctime()获得。

③ 结构化时间（struct_time）：返回包含了年月日时分秒的多个元素的元组。例如：

```
>>>time.localtime()
time.struct_time(tm_year=2020, tm_mon=8, tm_mday=4, tm_hour=16, tm_min=36, tm_sec=35, \
 tm_wday=1, tm_yday=217, tm_isdst=0)
```

其中，函数 strftime()和 strptime()是一对互逆的操作，在日期格式和字符串格式之间转换，当以字符串形式显示日期时间时，涉及格式显示的问题。例如：

```
time.strftime('%Y-%m-%d %H:%M:%S %A', time.localtime())
```

其中的%Y、%m 等就是日期时间的格式控制符，如表 6-6 所示。

表 6-6　日期时间格式控制符

格式控制符	描　述	格式控制符	描　述	格式控制符	描　述
%y	简写年	%H	小时	%d	日期
%Y	完整年	%M	分钟	%a	简写星期
%m	月份	%S	秒	%A	完整星期

time 模块只支持时间表示到 2038 年，若需处理此范围外的日期，则推荐 datetime 模块。

2．datetime 库

datetime 库重新封装了 time 库，提供更多接口，提供的类有 date、time、datetime、timedelta、tzinfo。

表 6-7　datetime 库

类	说　明
datetime.date	日期类
datetime.time	时间类
datetime.datetime	日期与时间类
datetime.timedelta	表示两个 date、time、datetime 实例之间的时间差
datetime.tzinfo	时区相关信息对象的抽象基类
datetime.timezone	实现 tzinfo 抽象基类的类，表示与 UTC 的固定偏移量

同样，使用 datetime 库需要先导入：

```
import datetime
```

（1）datetime 常量

datetime.MINYEAR：datetime.date 或 datetime.datetime 对象允许的年份的最小值，值为 1。

datetime.MAXYEAR：datetime.date 或 datetime.datetime 对象允许的年份的最大值，值为 9999。

【例 6-26】 显示 datetime 常量。

```
import datetime
print(datetime.MAXYEAR)
print(datetime.MINYEAR)
```

运行结果：

```
9999
1
```

（2）datetime.date 类

使用前需要先导入 date 类：

```
from datetime import date
```

date 类常用方法如表 6-8 所示。

表 6-8　date 类常用方法

方　法	说　明
date.today()	返回本地时间的一个 date 对象
date.fromtimestamp(timestamp)	根据给定的时间戳，返回一个 date 对象
d.year	获取 date 对象的属性：年
d.month	获取 date 对象的属性：月
d.day	获取 date 对象的属性：日
d.replace(year,month,day)	生成一个新的日期对象，用参数指定的年、月、日代替原有对象中的属性。原对象仍保持不变
d.timetuple()	返回时间元组 struct_time 格式的日期
d.weekday()	返回该日期是一周中的第几天，返回值为 0～6，代表周一到周日
d.isoweekday()	返回 weekday 中的星期几，返回 1～7，代表周一到周日
d.isoformat()	返回固定格式如"YYYY-MM-DD"的字符串

例如：

```
>>>date.today()
datetime.date(2020, 8, 4)
>>>datetime.date.fromtimestamp(1596505964.0277996)
datetime.date(2020, 8, 4)
>>>d = date.today()
>>>d.year
2020
>>>d.month
8
>>>d.day
4
>>>z = d.replace(year=2019, month=1, day=1)
>>>z
datetime.date(2019, 1, 1)
>>>d.timetuple()
time.struct_time(tm_year=2020, tm_mon=8, tm_mday=4, tm_hour=0, tm_min=0, tm_sec=0,
 tm_wday=1, tm_yday=217, tm_isdst=-1)
```

```
>>>datetime.date.weekday(date.today())
1
datetime.date.isoweekday(date.today())
2
>>>d.isoformat()
'2020-08-04'
```

（3）datetime.time

datetime.time 方法使用前需导入 time 类：

```
from datetime import time。
```

time 类常用方法如表 6-9 所示。

表 6-9　time 类常用方法

方　法	说　　明
time.max	time 类能表示的最大时间
time.min	time 类能表示的最小时间
time.resolution	时间的最小单位：微秒
t.hour	获取 time 对象的属性：时
t.minute	获取 time 对象的属性：分
t.second	获取 time 对象的属性：秒
t.microsecond	获取 time 对象的属性：毫秒
t.isoformat()	返回型如"HH:MM:SS"格式的字符串表示
t.strftime(fmt)	同 time 库的 format 方法

例如：

```
>>>time.max
datetime.time(23, 59, 59, 999999)
>>>time.min
datetime.time(0, 0)
>>>time.resolution
datetime.timedelta(microseconds=1)
>>>t = time(21,10,20,30)
>>>t.hour
21
>>>t.minute
10
>>>t.second
20
>>>t.microsecond
30
>>>t.isoformat()
'21:10:20.000030'
>>>t.strftime('%H:%M:%S')
'21:10:20'
```

（4）datetime.datetime 类

datetime 库的 datetime 类相当于 date 类和 time 类的结合。库名与类名相同，需注意不能混淆含义。datetime 类使用前需先导入：

```
from datetime import datetime
```

datetime 类常用方法如表 6-10 所示。

表 6-10　datetime 类常用方法

方　法	说　明
datetime.today()	返回一个表示当前本地时间的 datetimc 对象
datetime.now()	返回一个表示当前本地时间的 datetime 对象，若加参数 tz，则返回所指时区的本地时间
datetime.fromtimestamp(timestamp)	根据时间戳创建一个 datetime 对象，若加参数 tz，则指定时区信息
datetime.combine(date,time)	根据 date 和 time，创建一个 datetime 对象
dt.year,dt.month,dt.day	获取 datetime 对象的年、月、日属性
dt.hour,dt.minute,dt.second	获取 datetime 对象的时、分、秒属性
dt.date()	获取 date 对象
dt.time()	获取 time 对象
dt.strftime(fmt)	将 datetime 对象转化为字符串格式
dt.strptime()	将格式字符串转换为 datetime 对象

例如：

```
>>>datetime.today()
datetime.datetime(2020, 8, 4, 21, 17, 40, 115982)
>>>datetime.now()
datetime.datetime(2020, 8, 4, 21, 17, 58, 131628)
>>>import time
>>>datetime.fromtimestamp(time.time())
datetime.datetime(2020, 8, 4, 21, 30, 40, 854954)
>>>from datetime import *
>>>datetime.combine(date.today(),time.min)
datetime.datetime(2020, 8, 4, 0, 0)
>>>dt = datetime.now()
>>>dt.year
2020
>>>dt.hour
21
>>>dt.date()
datetime.date(2020, 8, 4)
>>>dt.time()
datetime.time(21, 41, 18, 679456)
>>>dt.strftime('%H:%M:%S')
'21:10:20'
>>>dt.strptime('2019-03-16','%Y-%m-%d')
datetime.datetime(2019, 3, 16, 0, 0)
```

（5）datetime.timedelta 类

datetime.timedelta 对象代表两个时间之间的时间差，两个 date 或 datetime 对象相减就可以返回一个 timedelta 对象。

【例 6-27】 datetime.timedelta 类举例。

```
import datetime
dt = datetime.datetime.today()                              # 设今天是 2020 年 12 月 27 日
# 把字符串'2020-12-27'转换为日期
future = datetime.datetime.strptime('2020-12-27','%Y-%m-%d')
sep = future-dt
print(sep, type(sep))
time_delta = datetime.timedelta(144)
print(dt+time_delta)
```

运行结果：

```
144 days, 1:54:23.598213 <class 'datetime.timedelta'>
2020-12-26 22:05:36.401787
```

6.6 JSON 模块

JSON 的数据格式其实是 Python 的字典格式，字典的值可以包含用“[ ]”括起来的多个元素，即 Python 中的列表。JSON 文件 xm.json 的内容如下：

```
{
    "age": 18,
    "name": "xiaoming"
}
```

但是，JSON 是一种纯文本格式的文件，通俗地说，JSON 文件的字典格式的数据其实都是字符串，很多软件都可以对它方便地读取，所以 JSON 是一种轻量级的数据交换格式。

为了方便地在 Python 与 JSON 之间交换数据，出现了专门处理 JSON 格式文件的模块：json 模块和 pickle 模块，都是标准模块，可以直接用 import 导入。

json 模块和 pickle 模块提供了 4 个相同的方法：dumps、dump、loads、load。区别在于，json 模块是针对 JSON 格式文件进行读写，而 pickle 模块更多地针对二进制格式文件的读写。

1．dumps 和 dump 序列化方法

dumps 方法可以将对象序列化成字符串的形式；dump 方法是将序列化的 str 保存到文件中，便于信息的持久化保存。

（1）dumps 方法

dumps 方法的语法格式如下：

```
json.dumps(obj)
```

用于将对象 obj 序列化成字符串的形式，对象包括所有的基本数据类型。

【例 6-28】 dumps 方法举例。

```
>>>import json
>>>json.dumps([])                    # dumps 方法可以格式化所有的基本数据类型为字符串
'[]'
>>>json.dumps(1)
'1'
>>>json.dumps('1')
'"1"'
```

```
>>>dict={'name':'xiaoming','age':18}
>>>json.dumps(dict)
'{"name": "xiaoming", "age": 18}'     # 引号的使用约定为外单内双
```

总之，dumps 方法可以格式化所有的基本数据类型为字符串。

（2）dump 方法

dump 方法的语法格式如下：

```
json.dump(obj, strfile)
```

将对象 obj 保存成文件 strfile，即把序列化的字符串保存到文件中。

【例 6-29】 dump 方法举例。

```
import json
a = {'name':'xiaoming','age':18}
with open('xm.json','w',encoding='utf-8') as f:
    json.dump(a,f,indent=4)
# 若写成 f.write(json.dumps(a,indent=4,sort_keys=True)), 则与上一行的效果一样
```

生成的 xm.json 文件的内容如下：

```
{
    "age": 18,
    "name": "xiaoming"
}
```

dumps 和 dump 方法用来将各种基本对象转换为字符串类型，称为序列化对象，反之，将字符串转换回对象类型，就是反序列化操作。这是互逆的过程。

2．loads 和 load 反序列化方法

loads 和 load 方法的语法格式如下：

```
json.loads(str)                # 把字符串 str 格式的 JSON 对象，转换成 Python 对象
json.load(strfile)             # 从文件 strfile 中读取字符串格式的 JSON 对象，转换成 Python 对象
```

区别在于：loads 方法只完成反序列化，而 load 方法完成从文件中读取数据并完成反序列化操作。

【例 6-30】 用 loads 和 load 方法完成反序列化操作。

```
import json
with open ('xm.json','r',encoding='utf-8') as f:
    data1 = json.loads(f.read())          # loads 方法
    f.seek(0)                             # 将文件读写指针重新移到文件头的位置
    data2 = json.load(f)                  # load 方法
print(data1)
print(data2)
```

运行结果：

```
{'age': 18, 'name': 'xiaoming'}
{'age': 18, 'name': 'xiaoming'}
```

注意：运行结果是 Python 的字典。

3．json 和 pickle 模块

json 模块和 pickle 模块的四种用法相同。

json 模块序列化出来的是通用格式的字符串，其他编程语言都能识别。

pickle 模块序列化出来的是二进制格式，其他编程语言不能识别，只能使用 Python 处理。pickle 可以序列化函数，若其他文件调用该函数，则必须在该文件中存在该函数的定义。

【例 6-31】 用 pickle 方法完成序列化和反序列化操作。

```
import pickle

xm_info = {'age':18,'name':'xiaoming'}
# 序列化
with open('xm.txt','wb')as f:
    pickle.dump(xm_info,f)

# 反序列化
with open('xm.txt','rb')as f:
    data = pickle.load(f)
print(data)
```

运行结果：

```
{'age': 18, 'name': 'xiaoming'}
```

打开 xm.txt 文件，看到的是乱码，其他程序无法识别其内容，但 Python 能够正确识别。

Python 对象与 JSON 对象通过序列化和反序列化方法非常容易进行数据转换，事实上，这种转换也非常频繁，表 6-11 是两者间不同对象的对应关系，存在细微的区别。

表 6-11　Python 对象与 Json 对象的对应关系

Python	JSON	Python	JSON
dict	object	list，tuple	array
str	string	int，float	number
True	true	False	false
None	null	—	

6.7　JSON 模块案例

当数据量不是太多时，用 JSON 作为解决方案是比较好的选择。本节用 JSON 作为数据存取的目标，实现小型的图书管理系统，包括图书的存取、新增、查询。

1．解决思路

① 将每本图书信息存储为字典格式，包含图书编号、标题、作者、价格、类别、出版社属性。

② 将多本图书存储为列表。

③ 将 Python 的图书列表，序列化成 JSON 对象，通过 json.dumps 或者 json.dump 写入 JSON 文件。

④ 每次新增图书时，查询该图书是否已经存在，若已存在，则给出提示信息，不重复保存图书；若不存在，则以字典格式追加到图书列表中。

⑤ 将图书列表重新写入文件。

2．实现步骤

步骤一：使用 JSON 存储图书信息。

```
# ex01_json 存取图书信息.py
import json
# 图书对象包含图书标题、作者、价格、类别、出版社 5 个属性
book1 = {
    'title':'python',
    'author':'吉多范罗苏姆',
    'price':10.99,
    'category':'计算机类',
    'publisher':'电子工业出版社'
}
book2 = {
    'title':'傲慢与偏见',
    'author':'奥斯汀',
    'price':20.99,
    'category':'文学类',
    'publisher':'中信出版社'
}
book3 = {
    'title':'白雪公主',
    'author':'格林',
    'price':30.99,
    'category':'儿童文学类',
    'publisher':'人民出版社'
}
# 将多个图书对象存放进列表中
books = [book1, book2, book3]
# 将 Python 对象转换成 JSON 对象，并写入文件
with open('books.json', 'w') as f:
    f.write(json.dumps(books, indent=4))
```

步骤二：查看 JSON 文件的内容。JSON 只允许有一个顶格项，所以只能用列表嵌套字典的方式。

```
[
    {
        "title": "python",
        "author": "\u5409\u591a\u996d\u7f57\u82cf\u59c6",
        "price": 10.99,
        "category": "\u8ba1\u7b97\u673a\u7c7b",
        "publisher": "\u5317\u5927\u51fa\u7248\u793e"
    },
    {
```

```
        "title": "\u50b2\u6162\u4e0e\u504f\u89c1",
        "author": "\u5965\u65af\u6c40",
        "price": 20.99,
        "category": "\u6587\u5b66\u7c7b",
        "publisher": "\u6e05\u534e\u51fa\u7248\u793e"
    },
    {
        "title": "\u767d\u96ea\u516c\u4e3b",
        "author": "\u683c\u6797",
        "price": 30.99,
        "category": "\u513f\u7ae5\u6587\u5b66\u7c7b",
        "publisher": "\u90ae\u7535\u51fa\u7248\u793e"
    }
]
```

步骤三：新增图书。

```
# ex01_新增图书.py
import json
# 以只读方式获取文件内容，将数据绑定到变量data，查看文件内容，在此基础上添加图书
with open('books.json', 'r') as f:
    data=json.loads(f.read())
    print(data)
```

运行上面的代码，结果显示如下三本图书，说明读取成功。

```
[{'title': 'python', 'author': '吉多饭罗苏姆', 'price': 10.99, 'category': '计算机类',
 'publisher': '电子工业出版社'}, {'title': '傲慢与偏见', 'author': '奥斯汀', 'price': 20.99,
 'category': '文学类', 'publisher': '中信出版社'}, {'title': '白雪公主', 'author': '格林',
 'price': 30.99, 'category': '儿童文学类', 'publisher': '人民出版社'}]
# 通过写方式打开文件，添加新书
with open('books.json','w') as f:
    # 接收用户输入的书名title
    title = input('请输入书名：')
    # 创建一个标志变量，判断这本书是否为新书
    flag=True
    # 遍历每本图书
    for i in data:
        # 将书名与现有数据对比，若是同名书籍，则不插入信息
        if title == i['title']:
            print('这本书已经保存了')
            # 若有相同书籍信息，则将flag内容修改为False，并跳出循环
            flag = False
            break
    # 遍历结束，根据flag判断这本书是否为新书
    # 如果flag为True，那么继续接收书籍其他信息
    if flag:
        author = input('请输入作者：')
        price = input('请输入价格：')
        category = input('请输入类别：')
        publisher = input('请输入出版社：')
```

```
        # 将书籍信息生成字典格式
        book = {'title':title,'author':author,'price':price,'category':category,'publisher':publisher}
        # 将新生成的书籍信息添加进 data 列表
        data.append(book)
        # 将 data 重新写入文件，并覆盖原有数据，如果以追加方式，就会出现两个顶格项
        f.write(json.dumps(data, indent=4))
    # 如果 flag 为 False，那么说明存在这本书，不做任何事情
    else:
        pass
```

运行结果：

```
请输入书名：白雪公主
这本书已经保存了
```

即提示白雪公主这本书已经存在，不能增加。再次运行程序：

```
请输入书名：三国演义
请输入作者：罗贯中
请输入价格：39.00
请输入类别：长篇小说
请输入出版社：北京文艺出版社
```

查看 books.json 文件内容，发现增加了一本新书《三国演义》。

6.8 正则表达式模块

正则表达式是对字符串（包括普通字符，如'a'～'z'之间的字母；还有特殊字符，如'*'、'.'，称为“元字符”的字符）操作的一种逻辑公式，即用事先定义好的一些特定字符及这些特定字符的组合，组成一个“规则字符串”。这个“规则字符串”用来表示对字符串的一种过滤逻辑。

例如：

① runoo+b，可以匹配 runoob、runooob、runoooooob 等，“+”代表前面的字符必须至少出现一次（1 次或多次）。

② runoo*b，可以匹配 runob、runoob、runoooooob 等，“*”代表前面的字符可以不出现，也可以出现一次或者多次（0 次、或 1 次、或多次）。

③ colou?r，可以匹配 color 或者 colour，“?”代表前面的字符最多只可以出现一次（0 次、或 1 次）。

由此可见，正则表达式是一种文本模式，描述在搜索文本时要匹配的一个或多个字符串。

正则表达式的常用功能如下。

（1）测试字符串内的模式

例如，输入字符串，查看该字符串内是否出现电话号码或信用卡号码，称为数据验证。

（2）替换文本

用正则表达式来识别文档中的特定文本，如针对身份证号码，可以完全删除该号码或者用其他文本替换。

（3）基于模式匹配从字符串中提取子字符串。查找文档内或输入域内特定的文本，如提取固定电话中的区号。例如，程序员接到一项任务，搜索整个网站，删除过时的材料，替换某些

HTML 格式标记。解决的办法是，先用正则表达式确定那些出现了该材料或该 HTML 格式标记的文件，再用正则表达式删除这些过时的材料，同样使用正则表达式搜索和替换相应的 HTML 标记。

正则表达式已经在很多软件中得到应用，包括：Linux、UNIX 等操作系统，PHP、C#、Java 等开发环境。

Python 自带标准库 re 模块，拥有全部的正则表达式功能。下面介绍 Python 的常用正则表达式处理函数。

1．match 方法

match 方法尝试从字符串的起始位置匹配模式，语法格式如下：

```
re.match(pattern, string, flags=0)
```

若匹配成功，则返回一个匹配对象，否则返回 None。返回的匹配对象可以使用 group(num)或 groups 方法来获取匹配表达式。

match 方法的参数如表 6-12 所示，获取的匹配表达式如表 6-13 所示。

表 6-12　match 方法的参数

方　法	说　　明
pattern	匹配的正则表达式
string	要匹配的字符串
flags	标志位，用于控制正则表达式的匹配方式，如是否区分大小写、多行匹配等

表 6-13　获取的匹配表达式

方　法	说　　明
group(num=0)	匹配的整个表达式的字符串，可以一次输入多个组号，将返回一个包含那些组所对应值的元组
groups()	返回一个包含所有小组字符串的元组，从 1 到所含的小组号
start()	返回匹配开始的位置
end()	返回匹配结束的位置
span()	返回一个元组包含匹配（开始，结束）的位置

【例 6-32】 match 方法举例。

```
import re
s = 'hello, xiaoming'
m = re.match('hello(, )(.*)',s)              # 返回匹配对象赋值给 m
print(m)
print(m.span())
print(m.groups())
print(m.group(1))
print(m.group(2))
```

运行结果：

```
<re.Match object; span=(0, 15), match='hello, xiaoming'>      # 这是一个 Match 对象
(0, 15)                                                      # 匹配到的位置区间
(', ', 'xiaoming')                                           # 所有匹配的结果
,                                                            # 匹配到的第一组
xiaoming                                                     # 匹配到的第二组
```

【解析】 正则表达式('hello(,)(.*)',s)的含义分为三组。第一组“hello”，表示必须以“hello”开头；第二组“(,)”，必须是逗号和空格，这是一个独立的组；第三组“(.*)”，表示以字母、数字、下画线开头的任意长的字符串，也是一组。三组合起来，表示要在字符串 s 中查找以 hello 开头后跟逗号和空格的字符串，若找到，则返回匹配对象 match，否则返回 None。

对匹配对象 match 进行分解，span 方法给出了匹配的位置区间，group 返回包含所有子组的元组，group(1)取所匹配的第一组，即逗号和空格，group(2)取所匹配的第二组，即 xiaoming。

match 方法强调从起始位置开始匹配。若想在整个字符串内查找，则使用 search 方法。

2．search 方法

search 方法扫描整个字符串并返回第一个匹配成功的对象，语法格式如下：

```
re.search(pattern, string, flags=0)
```

参数说明同 match 方法。若匹配成功，则返回一个匹配的对象 Match，否则返回 None。可以使用 group(num)或 groups 方法获取匹配表达式。

【例 6-33】 search 方法举例。

```
import re
s = 'hello, xiaoming! nice to meet you'
m = re.search('(.*)(xiaoming)(.*)',s)
print(m)
print(m.span())
print(m.group(1))
print(m.group(2))
print(m.group(3))
```

运行结果：

```
<re.Match object; span=(0, 31), match='hello,xiaoming!nice to meet you'> # Match对象
(0, 31)                                                     # 匹配到的位置区间
hello,                                                      # 匹配到的第一组
xiaoming                                                    # 匹配到的第二组
!nice to meet you                                           # 匹配到的第三组
```

【解析】 正则表达式('(.*)(xiaoming)(.*)', s)包含了三组。第一组“(.*)”是以字母、数字、下画线开头的任意长的字符串；第二组“(xiaoming)”；第三组“(.*)”。所以，表达式“re.search('(.*)(xiaoming)(.*)', s)”就是在字符串 s 中查找“xiaoming”，无论出现在哪个位置都可以，找到后返回 Match 对象，随后可以分组处理。若字符串 s 中出现了两个“xiaoming”，则找到第一个就结束，即只匹配一次。

match 与 search 方法的区别在于，match 方法只匹配字符串的开始，若字符串开始不符合正则表达式，则匹配失败，返回 None；而 search 方法匹配整个字符串，直到找到一个匹配的子串。

match 和 search 方法都只匹配一次，若把所有匹配的字符串都找出来，则用 findall 方法。

3．findall 和 finditer 方法

findall 方法在字符串中找到正则表达式所匹配的所有子串，并返回一个列表，若没有找到匹配的，则返回空列表。findall 方法的语法格式如下：

```
re.findall(string[, pos[, endpos]])
```

finditer 方法是在字符串中找到正则表达式所匹配的所有子串，并将它们作为一个迭代器返回，其语法格式如下：

```
re.finditer(pattern, string, flags=0)
```

re.findall 和 re.finditer 方法都是匹配所有子串，只是前者返回列表，后者返回迭代器。

【例 6-34】 findall 和 finditer 方法举例。

```
import re
# findall
s = 'hello,python,world'
m = re.findall('o',s)
print(m)                                    # ['o', 'o', 'o']

# findtier
s = '1,one,2,two,3,three'
m = re.finditer('\d+',s)                    # m 为迭代器，\d 表示匹配任意数字
for _ in m:
    print(_)
```

运行结果：

```
['o', 'o', 'o']                             # findall 返回列表
<re.Match object; span=(0, 1), match='1'>   # finditer 返回迭代器
<re.Match object; span=(6, 7), match='2'>
<re.Match object; span=(12, 13), match='3'>
```

4．split 方法

split 方法按照能够匹配的子串，将字符串分割后返回列表。在第 1 章讲解字符串时使用过 split 方法，如"hello world".split()，结果是['hello', 'world']，默认用空格作为匹配的正则表达式。split 方法的语法格式如下：

```
re.split(pattern, string[, maxsplit=0, flags=0])
```

split 方法的参数如表 6-14 所示。

表 6-14　split 方法的参数

参　数	说　　明
pattern	匹配的正则表达式
string	要匹配的字符串
maxsplit	分隔次数，maxsplit=1，分隔一次，默认为 0，不限制次数
flags	标志位，用于控制正则表达式的匹配方式，如是否区分大小写、多行匹配等

【例 6-35】 split 方法举例。

```
import re
s='1,one,2,two,3,three'
m=re.split(',',s)
print(m)
```

运行结果：

```
['1', 'one', '2', 'two', '3', 'three']
```

【解析】 正则表达式以“,”为分隔符切分字符串 s，返回列表。

5．sub 方法

sub 方法用于替换字符串中的匹配项，类似 replace 方法，其语法格式如下：

```
re.sub(pattern, repl, string, count=0, flags=0)
```

使用 repl 替换 string 中每个匹配的子串，然后返回替换后的字符串。

sub 方法的参数如表 6-15 所示。

表 6-15 sub 方法的参数

参 数	说 明
repl	替换的字符串，也可为一个函数
string	要被查找替换的原始字符串
count	模式匹配后替换的最大次数，默认 0 表示替换所有的匹配

【例 6-36】 sub 方法举例。

```
import re
s = '1,one,2,two,3,three'
m = re.sub (',','-',s)
print(m)
```

运行结果：

```
1-one-2-two-3-three
```

【解析】 正则表达式 re.sub (',','-',s)把字符串 s 中所有的“,”用“-”替换。

6．compile 方法

compile 方法用于编译正则表达式，生成一个正则表达式对象，供 match 和 search 方法使用。其语法格式为：

```
re.compile(pattern[, flags])
```

其中，pattern 表示一个字符串形式的正则表达式，flags 参数的具体使用如表 6-16 所示。

表 6-16 flags 参数

参 数	说 明
re.I	忽略大小写
re.L	表示特殊字符集 \w, \W, \b, \B, \s, \S ，依赖于当前环境
re.M	多行模式
re.S	即“.”且包括换行符在内的任意字符（“.”不包括换行符）
re.U	表示特殊字符集 \w、\W、\b、\B、\d、\D、\s、\S，依赖于 Unicode 字符属性数据库
re.X	表示为了增加可读性，忽略空格和#后面的注释

【例 6-37】 compile 方法举例。

```
import re
cmp = re.compile('xm',re.I)                    # re.I 表示忽略大小写，cmp 是正则表达式对象
s = 'hello,xm!nice to meet you XM.'
```

```
m = re.findall(cmp,s)
print(m)
```

运行结果：

```
['xm', 'XM']
```

【解析】 re.compile('xm', re.I)生成一个正则表达式对象，其中 re.I 表示忽略大小写，运行 re.findall(cmp, s)，返回找到的结果。

在实际使用正则表达式时，根据各种情况，需要定义各种符号，来代表需要制定的规则，构成正则表达式模式。

7. 正则表达式模式规则

模式字符串使用特殊的语法表示一个正则表达式：

❖ 字母和数字表示他们自身，一个正则表达式模式中的字母和数字匹配同样的字符串。

❖ 多数字母和数字前加一个“\”时会拥有不同的含义。

❖ 标点符号只有被转义时才匹配自身，否则它们表示特殊的含义。

❖ “\”本身需要使用“\”转义。

❖ 由于正则表达式通常都包含反斜杠，因此最好使用原始字符串来表示它们。模式元素（如 r'\t'等价于'\\t'）匹配相应的特殊字符。

表 6-17 列出了正则表达式模式语法中的特殊元素。如果在使用模式的同时提供了可选的标志参数，那么某些模式元素的含义会改变。

表 6-17 模式语法中的特殊元素（一）

模　式	说　明
^	匹配字符串的开头
$	匹配字符串的末尾
.	匹配任意字符，除了换行符，当 re.DOTALL 标记被指定时，可以匹配包括换行符的任意字符
[⋯]	表示一组字符，单独列出。如[amk]匹配'a'、'm'或'k'
[^⋯]	不在[]中的字符。如[^abc]匹配除了 a、b、c 之外的字符

【例 6-38】 模式语法中的特殊元素使用。

```
import re
exp1 = re.compile('^hello(.*)xM!',re.I)
s1 = 'hello, xm!, nice to meet you XM, good job xM!'
m = re.search(exp1,s1)
print(m)
s2 = 'Hello,xm!, nice to meet you xM, good job XM.'
exp2 = re.compile('^Hello(.*)XM[!.,]',re.I)
m = re.search(exp2,s2)
print(m)
```

运行结果：

```
<re.Match object; span=(0, 44), match='hello,xm!, nice to meet you XM, good job xM!'>
<re.Match object; span=(0, 44), match='Hello,xm!, nice to meet you xM, good job XM.'>
```

【解析】 正则表达式 re.compile('^hello(.*)xM!', re.I)匹配以 hello 开头、xM!结束的字符串，

其中字符不区分大小写。正则表达式 re.compile('^Hello(.*)XM[!.,]', re.I)对结束符增加了多种可能性，允许“[!.,]”中的任意一个。

模式语法中的特殊元素（二）如表 6-18 所示。

表 6-18 模式语法中的特殊元素（二）

模 式	说 明
re*	匹配 0 个或多个
re+	匹配 1 个或多个
re?	匹配 0 个或 1 个由前面的正则表达式定义的片段，非贪婪方式
a | b	匹配 a 或 b
(re)	对正则表达式分组并记住匹配的文本

模式语法中的特殊元素（三）如表 6-19 所示。

表 6-19 模式语法中的特殊元素（三）

模 式	说 明
\w	匹配字母数字及下画线
\W	匹配非字母数字及下画线
\s	匹配任意空白字符，等价于[\t\n\r\f]
\S	匹配任意非空字符
\d	匹配任意数字，等价于[0～9]
\D	匹配任意非数字

【例 6-39】 模式语法中的特殊元素使用。

```
import re
exp1 = re.compile('^hello, xm(\d*).*!',re.I)
s = 'hello, xm18!, nice to meet you XM, good job xM!'
m = re.search(exp1,s)
print(m)
print(m.group(1))
```

运行结果：

```
<re.Match object; span=(0, 47), match='hello, xm18!, nice to meet you XM, good job xM!'>
18
```

【解析】 正则表达式

```
'^hello, xm(\d*).*!'
```

是一个字符串，以“hello, xm”开头；“(\d*)”是 0 个或多个数字；“.*”代表匹配除换行符之外的所有字符；最后以“!”结尾。

【例 6-40】 模式语法中的特殊元素使用。

```
import re
line = "Cats are smarter than dogs"
matchObj = re.match( r'(.*) are (.*?) .*', line, re.M|re.I)
if matchObj:
    print("matchObj.group() : ", matchObj.group())
    print("matchObj.group(1) : ", matchObj.group(1))
```

```
    print("matchObj.group(2) : ", matchObj.group(2))
else:
    print("No match!!")
```

运行结果：

```
matchObj.group() :  Cats are smarter than dogs
matchObj.group(1) :  Cats
matchObj.group(2) :  smarter
```

正则表达式：

```
r'(.*) are (.*?) .*'
```

【解析】 这是一个字符串，“r”表示字符串为非转义的原始字符串，编译器忽略“\”，也就是忽略转义字符。但是这个字符串中没有“\”，所以“r”可有可无。

第一组“(.*)”，“.*”代表匹配除换行符之外的所有字符。

第二组“(.*?)”，“.*?”后加了“?”，代表非贪婪模式，也就是说，只匹配符合条件的最少字符。

后面的“.*”没有括号包围，所以不是分组，匹配效果与第一组一样，但是不计入匹配结果中。

matchObj.group()等价于 matchObj.group(0)，表示匹配到的完整文本字符

matchObj.group(1)得到第一组匹配结果，也就是“(.*)”匹配到的

matchObj.group(2) 得到第二组匹配结果，也就是“(.*?)”匹配到的

因为匹配结果中只有两组，所以填 3 会报错。

8．常用正则表达式

正则表达式规则比较多，短时间内掌握有一定难度，初学者通过网络查找常用示例来模仿学习，以提高应用的技能。表 6-20 是正则表达式的示例，特别说明，其写法不是唯一的。

表 6-20　正则表达式的示例

<table>
<tr><th>实　例</th><th>正则表达式</th></tr>
<tr><td>数字</td><td>^[0-9]*$</td></tr>
<tr><td>n 位数字</td><td>^\d{n}$</td></tr>
<tr><td>至少 n 位的数字</td><td>^\d{n,}$</td></tr>
<tr><td>m～n 位的数字</td><td>^\d{m,n}$</td></tr>
<tr><td>汉字</td><td>^[\u4e00-\u9fa5]{0,}$</td></tr>
<tr><td>英文和数字</td><td>^[A-Za-z0-9]+$</td></tr>
<tr><td>长度为 3～20 的所有字符</td><td>^.{3,20}$</td></tr>
<tr><td>E-mail 地址</td><td>^\w+([-+.]\w+)*@\w+([-.]\w+)*\.\w+([-.]\w+)*$</td></tr>
<tr><td>域名</td><td>[a-zA-Z0-9][-a-zA-Z0-9]{0,62}(/.[a-zA-Z0-9][-a-zA-Z0-9] {0,62})+/.?</td></tr>
<tr><td>URL</td><td>[a-zA-z]+://[^\s]* 或 ^http://([\w-]+\.)+[\w-]+(/[\w-./?%&=]*)?$</td></tr>
<tr><td>手机号码</td><td>^1[3|4|5|6|7|8|9][0-9]{9}$</td></tr>
<tr><td>国内电话号码</td><td>^(\d{3,4}-)?\d{7,8})$</td></tr>
<tr><td>身份证号</td><td>/^[1-9]\d{5}(18|19|20|(3\d))\d{2}((0[1-9])|(1[0-2]))(([0-2][1-9])|10|20|30|31)\d{3}[0-9Xx]$/</td></tr>
</table>

习 题

1．在下列元字符中，（　　）元字符与重复次数无关。

A．{3,6}　　B．*

C．\d　　D．+

2．在下列正则表达式中，（　　）可以匹配首位是小写字母、其他位数是小写字母或数字的最少两位字符串。

A．/^\w{2,}/　　B．/^[a-z][a-z0-9]+$/

C．/^[a-z0-9]+$/　　D．/^[a-z]\d+$/

3．在下面的正则表达式中，（　　）不能匹配字符串"abbb"。

A．abbb　　B．ab{3}

C．abbb+　　D．ab*?

4．在下列正则表达式中，（　　）可以匹配首位是小写字母、其他位数是小写字母或数字的最少两位字符串。

A．/^\w{2,}/　　B．/^[a-z][a-z0-9]+$/

C．/^[a-z0-9]+$/　　D．/^[a-z]\d+$/

5．关于 re 模块的说法中，正确的是（　　）。

A．finditer 方法的返回值是 match 对象

B．一个 match 对象对应一处匹配内容

C．re.I 表示匹配时忽略字母大小写

D．re 模块与 compile 对象调用 findall 方法的功能是一样的

6．关于正则表达式元字符的说法中，正确的是（　　）。

A．正则表达式中，如果需要匹配"*"字符，那么需要使用转义的方法"*"

B．正则表达式中，默认为贪婪模式，在*、+、{m, n}、{n}这几个元字符中都会出现

C．正则表达式中，数字字母下画线与其他字符的交界位置为单词边界

D．正则表达式中，空格\n、\t、\r 都是空字符

7．关于 random.uniform(a, b)的描述中，正确的是（　　）。

A．生成[a, b]之间的随机小数　　B．生成[a, b]之间的随机整数

C．生成一个均值为 a，方差为 b 的正态分布　　D．生成一个(a, b)之间的随机数

实 验

实验 6.1　常见模块函数

【问题】 在 Python 中，模块指的是什么？常见的模块函数如何使用？

模块（Module）：包含一些列的数据、函数、类等组成的程序组，是一个通常以 .py 结尾的文件。

模块的作用：让相关数据、函数、类等有逻辑地组织在一起，使逻辑结构更加清晰。模块中的数据、函数和类都可以提供给其他模块或程序使用。

模块分为内置模块、标准库模块、第三方模块、用户自己编写的模块（可以作为其他人的

第三方模块)。

常见的模块函数有dir()函数、globals()函数、locals()函数。

【方案】

① dir()函数的使用。

② globals()函数与locals()函数的使用。

【步骤】 实现本实验需要按照如下步骤进行。

步骤一：dir()函数的使用。

```
#!/usr/bin/evn python
# -*- coding:utf-8 -*-
"""ex01_常见模块函数.py"""
```

dir()函数的语法格式如下：

```
dir([对象])                                    # 返回一个字符串列表
```

说明：① 如果没有参数调用，那么返回当前作用域内的所有变量的列表；② 如果给定一个对象作为参数，那么返回这个对象所有变量的列表；③ 对于一个模块，返回这个模块的全部变量；④ 对于一个类，返回类对应的所有变量，并递归基类对象的所有变量；⑤ 对于其他对象，会返回所有变量、类变量和基类变量 import time。

如果没有参数调用，那么：

```
>>> dir()
# 返回当前作用域内的所有变量的列表
['__annotations__', '__builtins__', '__doc__', '__loader__', '__name__', '__package__', '__spec__']
```

如果给定一个对象作为参数，那么返回这个对象所有变量的列表：

```
>>> dir(str)
['__add__', '__class__', '__contains__', '__delattr__', '__dir__', '__doc__', '__eq__',
 '__format__', '__ge__', '__getattribute__', '__getitem__', '__getnewargs__', '__gt__',
 '__hash__', '__init__', '__init_subclass__', '__iter__', '__le__', '__len__', '__lt__',
 '__mod__', '__mul__', '__ne__', '__new__', '__reduce__', '__reduce_ex__', '__repr__',
 '__rmod__', '__rmul__', '__setattr__', '__sizeof__', '__str__', '__subclasshook__',
 'capitalize', 'casefold', 'center', 'count', 'encode', 'endswith', 'expandtabs', 'find',
 'format', 'format_map', 'index', 'isalnum', 'isalpha', 'isdecimal', 'isdigit',
 'isidentifier', 'islower', 'isnumeric', 'isprintable', 'isspace', 'istitle', 'isupper',
 'join', 'ljust', 'lower', 'lstrip', 'maketrans', 'partition', 'replace', 'rfind',
 'rindex', 'rjust', 'rpartition', 'rsplit', 'rstrip', 'split', 'splitlines', 'startswith',
 'strip', 'swapcase', 'title', 'translate', 'upper', 'zfill']
```

对于一个模块，返回这个模块的全部变量。

```
# 导入time模块
>>> import time
>>> dir(time)
['_STRUCT_TM_ITEMS', '__doc__', '__loader__', '__name__', '__package__', '__spec__',
 'altzone', 'asctime', 'clock', 'ctime', 'daylight', 'get_clock_info', 'gmtime',
 'localtime', 'mktime', 'monotonic', 'perf_counter', 'process_time', 'sleep', 'strftime',
 'strptime', 'struct_time', 'time', 'timezone', 'tzname']
```

对于一个类，返回类对应的所有变量，并递归基类对象的所有变量。

```
# 定义一个类
>>> class A(object):
...     pass
...
>>> dir(A)
['__class__', '__delattr__', '__dict__', '__dir__', '__doc__', '__eq__', '__format__',
 '__ge__', '__getattribute__', '__gt__', '__hash__', '__init__', '__init_subclass__',
 '__le__', '__lt__', '__module__', '__ne__', '__new__', '__reduce__', '__reduce_ex__',
 '__repr__', '__setattr__', '__sizeof__', '__str__', '__subclasshook__', '__weakref__']
```

步骤二：globals()函数与locals()函数的使用。

```
#!/usr/bin/evn python
# -*- coding:utf-8 -*-
"""ex01_常见模块函数.py"""
```

globals()函数：返回当前全局作用域内变量的字典。

locals()函数：返回当前局部作用域内变量的字典。

```
# 定义一个函数 func()，在它的局部名字空间中有两个变量：arg（它的值被传入函数）和 x（它是在函数里定义的）
>>> def func(arg):
...     x = 1
...     print(locals())
```

locals()函数返回一个名字/值对的字典。这个字典的键字是字符串形式的变量名字，字典的值是变量的实际值。

```
# 用 4 来调用 func，会打印包含函数两个局部变量的字典：arg(4)和 z(1)
>>> func(4)
{'x': 1, 'arg': 4}
```

通过其他类型调用函数，同样会返回字典。

```
>>> func('xiaoming')
{'x': 1, 'arg': 'xiaoming'}
```

globals()函数：返回当前全局作用域内变量的字典。

```
>>> globals()
{'__name__': '__main__', '__doc__': None, '__package__': None, '__loader__': <class
 '_frozen_importlib.BuiltinImporter'>, '__spec__': None, '__annotations__': {},
 '__builtins__': <module 'builtins' (built-in)>, 'A': <class '__main__.A'>, 'f1': <function
 f1 at 0x000001A0BBCC3E18>, 'f2': <function f1 at 0x000001A0BBCC3E18>, 'func': <function
 func at 0x000001A0BD98EAE8>}
```

实验 6.2　生成随机验证码

【问题】 在 Python 中如何实现生成随机验证码？

通过 random 模块中的随机函数生成随机验证码。

【方案】 用 random 模块生成随机验证码。

【步骤】 实现本实验需要按照如下步骤进行。

使用 random 模块生成随机验证码。

```
#!/usr/bin/evn python
```

```
# -*- coding:utf-8 -*-
"""ex02_生成随机验证码.py"""
```

生成一个包含大写字母 A～Z 和数字 0～9 的随机 4 位验证码。

```
# 导入 random 模块
import random
# 定义一个空字符串，用于接收生成的随机验证码
checkcode = ''
```

循环四次，每次生成一个字符。

```
for i in range(4):
    # 获取一个 0～4 之间的随机数
    current = random.randrange(0, 4)
    # 根据随机数和循环变量是否相等，决定获取一个字母还是数字
    if current != i:
        # A～Z 在 ASCII 中对应的编码为 65～90
        # 随机在 65～90 之间取一个整数，通过 chr()函数，生成对应 ASCII 字符
        temp = chr(random.randint(65, 90))
    else:
        temp = random.randint(0, 9)
    # 将获取到的数字或字母与原字符串相加，组成新字符串
    checkcode += str(temp)
# 循环结束四位字符串，即随机验证码
print(checkcode)
```

通过 Python 运行文件。

```
D:\code>python checkcode.py
UXB7
D:\code>python checkcode.py
ZCR1
D:\code>python checkcode.py
XFUM
```

实验 6.3 随机数模块的常用函数

【问题】 在 Python 中，random 模块作用是什么？有哪些常用函数？

① random 模块作用：生成伪随机数。真正意义上的随机数在某次产生过程中是按照实验过程中表现的分布概率随机产生的，其结果是不可预测的，是不可见的；计算机中的随机函数是按照一定算法模拟产生的，其结果是确定的、可见的。所以，用计算机随机函数产生的随机数并不随机，是伪随机数。

② randrange 方法。

③ randint 方法。

④ choice 方法。

⑤ choices 方法。

⑥ shuffle 方法。

⑦ sample 方法。

⑧ random 方法。

⑨ uniform 方法。

【方案】 用模块内函数生成对应随机数。

【步骤】 实现本实验需要按照如下步骤进行。

用模块内函数生成对应随机数。

```
#!/usr/bin/evn python
# -*- coding:utf-8 -*-
"""ex01_random模块.py"""
```

randrange 方法的语法格式如下：

```
random.randrange([start,] stop[, step])        # 返回start～stop之间间隔为step的随机数
```

start：指定范围内的开始值，包含在范围内，可省，默认从 0 开始。

stop：指定范围内的结束值，不包含在范围内，不可省略。

step：指定递增基数，可以省略，默认为 1。

```
# 导入random模块
>>>import random
# 直接调用，报错，丢失参数
>>>random.randrange()
Traceback (most recent call last):
  File "<stdin>", line 1, in <module>
TypeError: randrange() missing 1 required positional argument: 'start'
# 不可传入非整数
>>> random.randrange(1,12.4)
Traceback (most recent call last):
  File "<stdin>", line 1, in <module>
  File "D:\Program Files\Python36\lib\random.py", line 194, in randrange
    raise ValueError("non-integer stop for randrange()")
ValueError: non-integer stop for randrange()
# 包含开始值，不包含结束值，只传入一个参数默认为结束值
>>>random.randrange(1)
0
# 包含开始值，不包含结束值
>>>random.randrange(1,10,3)
7
>>>random.randrange(1,10,3)
1
>>>random.randrange(1,10,3)
4
```

randint 方法的语法格式如下：

```
random.randint(a, b)                    # 返回在[a,b]范围内的整数(包含a、b)，a、b不可省
```

例如：

```
>>> import random
# 直接调用，不传参数，报错，缺少参数
>>>random.randint()
Traceback (most recent call last):
```

```
  File "<stdin>", line 1, in <module>
TypeError: randint() missing 2 required positional arguments: 'a' and 'b'
# 不可传入非整数
>>>random.randint(1,2.4)
Traceback (most recent call last):
  File "<stdin>", line 1, in <module>
  File "D:\Program Files\Python36\lib\random.py", line 221, in randint
    return self.randrange(a, b+1)
  File "D:\Program Files\Python36\lib\random.py", line 194, in randrange
    raise ValueError("non-integer stop for randrange()")
ValueError: non-integer stop for randrange()
# 返回随机数包含开始值和结束值
>>>random.randint(1,10)
2
>>>random.randint(1,10)
10
>>>random.randint(1,10)
1
```

choice 方法的语法格式如下：

```
random.choice(seq)                    # 从序列 seq 中返回随意一个元素，seq 不可省
```

例如：

```
>>>import random
>>>random.choice('abc')
'a'
>>>random.choice([1,2,3,4])
3
>>>random.choice((1,2,3,4))
4
```

choices 方法的语法格式如下：

```
random.choices(seq, k=1)
```

从序列 seq 中进行 k 次随机选取，每次选取一个元素，返回一个列表，可能出现同一个元素多次被选中的情况。seq 不可省，k 可省，默认为 1。例如：

```
>>>random.choices([1,2,3,4])
[2]
# k 需要进行关键字传参，否则报错
>>>random.choices([1,2,3,4],2)
Traceback (most recent call last):
  File "<stdin>", line 1, in <module>
  File "D:\Program Files\Python36\lib\random.py", line 354, in choices
    cum_weights = list(_itertools.accumulate(weights))
TypeError: 'int' object is not iterable
>>>random.choices([1,2,3,4], k=1)
[3]
>>>random.choices('1234', k=2)
[4, 1]
```

```
>>>random.choices((1,2,3,4), k=5)
[2, 3, 3, 2, 2]
```

shuffle 方法的语法格式如下：

```
random.shuffle(seq[, random])                # 随机指定序列的顺序（乱序序列），无返回值
```

例如：

```
>>>import random
# 直接传入列表，无返回值
>>>random.shuffle([1,2,3,4])
# 传入字符串等不可变对象，会报错
>>>random.shuffle('qwer')
Traceback (most recent call last):
  File "<stdin>", line 1, in <module>
  File "D:\Program Files\Python36\lib\random.py", line 275, in shuffle
    x[i], x[j] = x[j], x[i]
TypeError: 'str' object does not support item assignment
# 传入列表
>>>h = [1,2,3,4]
>>>random.shuffle(h)
>>>h
[2, 4, 1, 3]
>>>random.shuffle(h)
>>>h
[1, 4, 2, 3]
```

sample 方法的语法格式如下：

```
random.sample(seq, n)          # 从序列中选择 n 个随机且不重复的元素，返回值为列表
```

例如：

```
>>>random.sample([1,2,3,4],2)
[2, 3]
>>>random.sample('1234',4)
['3', '2', '1', '4']
# 当 n 值超过序列长度，报错
>>>random.sample('1234',5)
Traceback (most recent call last):
  File "<stdin>", line 1, in <module>
  File "D:\Program Files\Python36\lib\random.py", line 318, in sample
    raise ValueError("Sample larger than population or is negative")
ValueError: Sample larger than population or is negative
```

random 方法的语法格式如下：

```
random.random()                # 返回一个[0, 1) 之间的随机实数，包含 0，不包含 1
```

例如：

```
>>>import random
>>>random.random()
0.1314817216677614
>>>random.random()
```

```
0.3938094237457457
>>>random.random()
0.6438460744176628
```

uniform方法的语法格式如下：

```
random.uniform(a, b)          # 返回[a, b]区间内的随机实数，包含a、b，均不可省略
```

例如：

```
>>>import random
>>>random.uniform(1,2)
1.0764754486116515
>>>random.uniform(1.5,2.3)
1.7679077351124373
>>>random.uniform(1.5,2.3)
2.1440827914683798
```

第 7 章　面向对象程序设计

面向对象的思想认为，现实中的物体或实体都是对象，现实世界是由对象构成的，不同对象之间的相互作用和通信构成了整个世界。因此，人们应当按照现实世界这个本来面貌来理解世界，直接通过对象及其关系来反映世界，这样建立的系统才能符合现实世界的本来面目。现在，面向对象的概念和应用涉及软件开发的各方面，如面向对象程序设计。

面向对象程序设计以对象为核心，程序由一系列对象组成，具有相同或相似性质的对象的抽象就是类，类包括数据和对数据的操作，对象是类的实例化。对象间通过消息进行相互通信，来模拟现实世界中不同实体间的联系。

面向对象程序设计的思想使得软件更灵活，支持代码复用和设计复用，使得代码具有更好的可读性和可扩展性，大幅降低软件开发的难度。Python 支持面向对象的程序设计的基本功能，如封装、继承、多态、对基类方法的覆盖或重写。Python 中的一切内容皆为对象，变量、常量、函数都是对象。

7.1　类和对象

我们已经学习了很多基本数据类型和组合数据类型，可以基于具体类型创建一个变量，如 a=dict()，变量 a 为一个空字典，接着可以访问该变量或对该变量进行操作，如 a.keys()、a.values()、a.pop()等。其中，dict 被称为类型，a 为变量，也就是对象，pop()是对象的方法。按照这个思想，用户也可以自定义类型，如定义一个 MyClass 类型，表达抽象的班级概念，基于 MyClass 类型创建一个个具体的对象，如班级 cla_11、班级 cla_12 等，然后可以对班级 cla_11 增加同学、删除同学、对同学的成绩排序等操作。这里的 MyClass 称为类，cla_11、cla_12 称为类的实例或对象。这就是面向对象程序设计。

面向对象程序设计以对象为核心，具有相同或相似性质的对象的抽象就是类。类有静态的属性，是对象的状态的抽象。类还有动态操作的特性，是对象的行为的抽象，用操作名和实现该操作的方法来描述。

例如，“狗”这个类包含狗的一切基础特征，如皮毛颜色、年龄、性别等，即描述类的静态属性，狗还具有吠叫、撕咬、跑、扑等能力，这是描述类的操作动态特性。小明家的小狗“花花”是一个实例对象，白色、2 岁、雄性，具有狗的所有行为。所以类是一种抽象，为对象提供模板和结构。对象则是类的实例化，在一个模板下可以克隆出很多具体的实例。

1．类的定义

类的定义语法格式如下：

```
class 类名(继承的父类列表):
    语句
```

说明：class，定义类的关键字；类名，符合标识符规则的名称，约定首字母大写；继承的父类列表，该类继承的父类；语句，类的相关定义语句。

【例 7-1】 定义 MyClass 类。

```
class MyClass(object):
    pass


mc = MyClass()                                    # 实例化对象
print(MyClass)
print(mc)
```

运行结果：

```
<class '__main__.MyClass'>
<__main__.MyClass object at 0x03355EB0>
```

在“class MyClass(object)”中，MyClass 是一个自定义的类，object 是 Python 中所有对象的超类。这个自定义的类与系统类型（如 int、float）类似，都是抽象概念。

在“mc = MyClass()”中，mc 是 MyClass 类生成的对象。

【例 7-2】 定义 Dog 类。

```
class Dog:
    pass


dog1 = Dog()
dog2 = Dog()
print(id(dog1), id(dog2))
```

运行结果：

```
1706814575616 1706814428736
```

上述 dog1、dog2 是由 Dog 类创建出来的对象，对象有自己的作用域和名字空间。id(dog1)、id(dog2)的结果显示，两个对象位于不同的内存空间。

2．实例变量

对 dog1、dog2 两只小狗分别取名“球球”“圆圆”，只要设置实例属性 name 即可。

在 Python 中，每个实例都可以有自己的多个属性，实例的属性是个变量，因此也被称为实例变量，通常用来记录实例对象的相关信息。实例变量的使用方法如下：

```
实例.变量名
```

当首次为实例变量赋值时，就创建此实例变量，后续再次给实例变量赋值，则改变变量的绑定关系，即修改实例变量的值。

【例 7-3】 添加实例变量。

```
class Dog:
    pass
dog1 = Dog()
dog1.name = '球球'
dog1.kinds = '京巴'
dog1.color = '白色'
dog1.color = '黄色'                                    # 修改实例的值
dog1.age = 1

dog2 = Dog()
dog2.name = '圆圆'
dog2.kinds = '拉布拉多'
dog2.color = '棕色'

print(dog1.__dict__)
print(dog2.__dict__)
```

运行结果：

```
{'name': '球球', 'kinds': '京巴', 'color': '黄色', 'age': 1}
{'name': '圆圆', 'kinds': '拉布拉多', 'color': '棕色'}
```

内置属性__dict__用键值对的形式显示该对象的所有变量和值。

dog1 和 dog2 两个对象有各自的变量，可以给变量赋值，也可以修改变量的值。实例变量、对象的变量、对象的属性都是指同一回事。

【例 7-4】 删除实例的属性。

```
class Student(object):
    pass

stu = Student()
stu.name = 'xiaoming'
stu.age = 18
print(stu.name,stu.age)
del stu.age
print(stu.name,stu.age)
```

运行结果：

```
xiaoming 18
AttributeError: 'Student' object has no attribute 'age'
```

删除了 stu 对象的 age 属性后，再访问 age 属性时报错。

3. 实例方法

实例方法是定义对象的动态行为，语法形式如下：

```
class 类名(继承列表):
    def 实例方法名(self, 参数 1, 参数 2, …):
        …文档字符串…
        语句块
```

作用：描述一个对象的行为。

说明：实例方法的定义类似函数定义，区别在于，第一个参数必须是 self，代表对象实例自身；实例方法需要借助对象才能调用，调用格式为：

```
实例.实例方法名(调用参数)
```

【例 7-5】 实例方法的定义及调用。

```
class Dog(object):
    def eat(self, food):                          # 定义实例方法 eat
        print('小狗正在吃', food)

    def sleep(self, hour):                        # 定义实例方法 sleep
        print('小狗睡了', hour, '小时')

d = Dog()
d.eat('骨头')                                     # 调用实例方法 eat
d.sleep(1)                                        # 调用实例方法 sleep
```

运行结果：

```
小狗正在吃骨头
小狗睡了 1 小时
```

在调用实例方法时，参数 self 不需要值传递。

【例 7-6】 不同对象的实例方法的定义及调用。

```
class Teacher(object):
    def teaching(self, skill):
        return 'teaching {}'.format(skill)

class Student(object):
    def learning(self, skill):
        return 'learning {}'.format(skill)

t, s = Teacher(), Student()
print(t.teaching('python'))
print(s.learning('web'))
```

运行结果：

```
teaching python
learning web
```

7.2 属性和方法

1. 通过函数操作属性

对象的属性可以用赋值的方法绑定，如 dog1.color = '白色'，然后可以访问对象的属性 print(dog1.color)，还可以通过内建函数对属性进行更多的操作。

- ❖ 判断对象是否具备某属性：hasattr()。
- ❖ 新建对象的属性：setattr()。
- ❖ 提取对象的某属性的值：getattr()。
- ❖ 删除对象的某属性：delattr()。

【例 7-7】 通过函数操作属性。

```
class Book(object):
    pass
b = Book()
print(b.__dict__)                          # 运行结果：{}
if not hasattr(b,'title'):                 # 判断对象 b 是否具备'title'属性
    setattr(b,'title','python')            # 新建对象 b 的属性'title'
print(b.__dict__)                          # 运行结果：{'title': 'python'}

if not hasattr(b,'authpr'):
    setattr(b,'author','guido')
print(b.__dict__)                          # 运行结果：{'title': 'python', 'author': 'guido'}

if hasattr(b,'author'):
    delattr(b,'author')

print(getattr(b,'title'))                  # 运行结果：python
```

语句“b = Book()”是创建实例对象 b，其中的 Book()有一个特殊的名称，即构造函数，意思是构造一个新的对象。

2．初始化方法

上述设置对象属性的方法，不管是直接赋值还是通过函数操作新建属性或删除属性，都只是对某具体对象进行操作，或者是对某单独对象进行操作，若想对所有的新建对象统一设置属性，那么用类特有的方法__init__，称为初始化方法。

作用：对新创建的对象添加多个属性，并赋初始值。

初始化方法的语法格式如下：

```
class 类名(继承列表):
    def __init__(self[, 参数列表]):
        语句块
```

初始化方法的调用规则如下：

- ❖ 初始化方法名必须为__init__，不可改变。
- ❖ 初始化方法会在构造函数创建实例后自动调用，并将自身通过参数 self 传入__init__。
- ❖ 构造函数的实参将通过__init__方法的参数列表传入该方法。
- ❖ 初始化方法中如果需要 return 语句返回，则只能返回 None。

【例 7-8】 初始化方法举例。

```
class Car(object):
    def __init__(self, c, b, m):
        self.color = c
        self.brand = b
        self.model = m

    def run(self, speed):
        print('{}的{}{}，以{}千米/小时的速度行驶。'.format(self.color, self.brand, self.model, speed))
```

```
c1 = Car('红色','奥迪','A4')
print(c1.__dict__)
c2 = Car('蓝色','比亚迪','E6')
print(c2.__dict__)
c1.run(199)
c2.run(20)
```

运行结果：

```
{'color': '红色', 'brand': '奥迪', 'model': 'A4'}
{'color': '蓝色', 'brand': '比亚迪', 'model': 'E6'}
红色的奥迪 A4，以 199 千米/小时的速度行驶。
蓝色的比亚迪 E6，以 20 千米/小时的速度行驶。
```

3．析构方法

析构方法是初始化方法的逆向操作，用于在销毁对象前释放该对象占用的资源。其实在 Python 中不需程序员编写析构方法，系统有自动垃圾回收功能。析构方法的语法格式如下：

```
class 类名(继承列表):
    def __del__(self):
      语句块
```

说明：析构函数在对象被销毁时自动调用，析构函数调用的时间由解释器执行决定。

【例 7-9】 析构方法举例。

```
class Car(object):
    def __init__(self, name):
        self.name = name
        print('汽车', self.name, '对象已创建')

    def __del__(self):
        print('汽车', self.name, '对象已销毁')

c1 = Car('马自达01')
c2 = Car('马自达02')
```

运行结果：

```
汽车 马自达01 对象已创建
汽车 马自达02 对象已创建
汽车 马自达01 对象已销毁
汽车 马自达02 对象已销毁
```

脚本文件执行完毕，对象会自动调用析构方法，销毁对象。

4．内置实例属性

（1）__dict__属性

__dict__用键值对的形式显示该对象的所有属性。对__dict__字典中元素的操作等同于操作对象的属性。

【例 7-10】 __dict__属性举例。

```
class Dog(object):
```

```
    pass

d = Dog()
print(d.__dict__)                    # 运行结果：{}
d.kinds = '拉布拉多'
print(d.__dict__)                    # 运行结果：{'kinds': '拉布拉多'}
d.color = '白色'
print(d.__dict__)                    # 运行结果：{'kinds': '拉布拉多', 'color': '白色'}
print(d.__dict__['kinds'])           # 运行结果：拉布拉多
```

（2）__class__属性

__class__属性用于获取一个对象所属的类。

【例 7-11】 __class__属性举例。

```
class Dog(object):
    pass

d1=Dog()
print(d1.__class__)                  # d1 对象所属的类为 Dog
d2=d1.__class__()                    # 执行构造函数，等同于 d2=Dog()
print(d2)                            # d2 是对象实例
print(d2.__class__)                  # d2 对象所属的类为 Dog
```

运行结果：

```
<class '__main__.Dog'>
<__main__.Dog object at 0x0000021639207040>
<class '__main__.Dog'>
```

5．用于类的函数

isinstance(object, class_or_tuple)用于判断对象是否属于某个类，或者属于某个类型元组中的一个。

type(object)用于返回对象的类型。

【例 7-12】 isinstance()函数和 type()函数举例。

```
class Student(object):
    pass

print(type(Student))                          # 运行结果：<class 'type'>，即 class 类型
stu = Student()
print(isinstance(stu,Student))                # 运行结果：True
print(isinstance(3.14,(bool,int,float)))  # 运行结果：True
```

isinstance(3.14, (bool, int, float))用于判断 3.14 是否为类型元组(bool, int, float)中的一个。

【例 7-13】 类应用实例。

```
class Calculator(object):
    def __init__(self):
        self.numa = self.numb = 1
    def add(self):return self.numa + self.numb
    def sub(self):return self.numa-self.numb
    def mul(self):return self.numa*self.numb
```

```
    def div (self):
        return self.numa/self.numb
c = Calculator()
c.numa, c.numb = 12, 3
print(c.add(), c.sub(), c.mul(), c.div())
```

运行结果：

```
15 9 36 4.0
```

7.3 访问限制

访问限制是指对象的某些属性或方法不希望给外部用户访问，只供类内部访问或调用，即它是私有的，目的是隐藏类内部的细节，从而起到数据保护的作用。根据需求不同，访问限制可以分为不同的级别。

1．受保护的属性

（1）“_”开头为受保护的属性

在类内部，有些属性是受保护的，不建议用户访问，但是也不是强制不能访问，为了给用户一个提醒，访问时通过“_”开头加以区分。

【例 7-14】 “_”开头的变量。

```
import uuid
class Book(object):
    def __init__(self):
        self._isbn = uuid.uuid1()
    def show_isbn(self):
        return 'isbn:{}'.format(self._isbn)          # 在类内部可以访问_isbn

b = Book()
print(b.__dict__)
print(b._isbn)                                       # 在类外部访问_isbn
print(b.show_isbn())
```

运行结果：

```
{'_isbn': UUID('9803aa8b-dc77-11ea-bdce-f875a406b7e3')}
9803aa8b-dc77-11ea-bdce-f875a406b7e3
isbn:9803aa8b-dc77-11ea-bdce-f875a406b7e3
```

uuid 是第三方库，用于随机生成一串不重复的字符串，通常用作标识，如程序中用作图书的 ISBN。在“self._isbn = uuid.uuid1()”中，isbn 变量前加了“_”，说明这是受保护的成员属性，访问时要慎重。

（2）“__”开头的私有属性

在类内部，有些属性限定是私有的，此时不允许用户从外部访问。实现方法是用“__”开头。私有属性可以通过特殊的语法实现访问，但是有可能不是对象实例中的原属性空间，因此不建议使用。私有属性安全性要求比较高，一般不对外暴露。

【例 7-15】 “__”开头的私有属性。

```
class Student(object):
```

```
    def __init__(self, name):
        self.name = name
        self.__age = 18                          # __age是私有属性，双下画线开头

s = Student('xiaoming')
print(s.__dict__)
print(s.name)
print(s.__age)                                   # 报错，私有属性__age不能访问
```

运行结果：

```
{'name': 'xiaoming', '_Student__age': 18}
xiaoming
ttributeError: 'Student' object has no attribute '__age'
```

语句print(s.__age)报错，因为私有属性__age不能在外部访问。这种情况下，若访问__age，则要编写访问该属性的公开方法，通过调用该方法访问这个私有属性。

（3）通过方法访问私有属性

```
class Student(object):
    def __init__(self, name):
        self.name = name
        self.__age = 18

    def get_age(self):                           # 定义get_age方法访问私有属性
        return self.__age

    def set_age(self, age):                      # 定义set_age方法
        if 0<= age <= 100:                       # 输入有效性限制
            self.__age = age

s = Student('xiaoming')
s.set_age(18)
print(s.get_age())                               # 运行结果：18
```

在类的内部，读取年龄的 get_age 方法和设置年龄的 set_age 方法都可以访问私有变量__age，而get_age和set_age方法是公开的，可以在类外访问，所以通过公开的方法访问到了私有的属性__age。

2．属性装饰器

对象的属性经常会遇到类似get_age和set_age方法的操作，即对属性的读和写两种操作，Python通过装饰器把读和写进一步简化，把它们伪装成属性，以属性的形式对外提供接口，这就是属性装饰器。

通过属性装饰器，在类外部以普通属性的形式访问内部的函数。只读属性使用@property，读写属性使用@属性名.setter。

【例7-16】 属性装饰器举例。

```
class Dog(object):
    def __init__(self):
        self.__name = None
        self.__age = None
```

```
    @property                              # 属性装饰器，定义只读属性
    def name(self):
        return self.__name                 # 把函数 name 伪装成一个属性，用于读取内部属性__name

    @name.setter                           # 属性装饰器，定义读写属性
    def name(self, value):
        self.__name = value                # 把函数 name 伪装成一个属性，用于设置内部属性__name

d = Dog()
d.name = 'Tom'                             # 使用属性装饰器，赋值 name
print(d.name)                              # 使用属性装饰器，读取 name。运行结果：Tom
```

通过属性装饰器，原本的函数 name 变成了属性，使用时也像属性一样简单。

3．类的__slots__属性

setattr()函数（见 7.2 节）可以新建对象的属性，意味着对象的属性可以无限制地增加，类的__slots__属性正是要限定属性的随意增加，规定一个类创建的实例只能有固定的属性，不允许对象添加__slots__列表以外的属性。

说明：① __slots__属性是一个列表，列表的值是字符串；② 含有__slots__属性的类，创建的对象实例没有__dict__属性。

【例 7-17】 类的__slots__属性举例。

```
class Student(object):
    __slots__ = ['name', 'age']                   # Student 类只允许有 name 和 age 两个属性

    def __init__(self, name, age, gender):
        self.name = name
        self.age = age
        self.gender = gender

s = Student('xiaoming', 18, False)
```

运行结果：

```
AttributeError: 'Student' object has no attribute 'gender'
```

所以，__slots__严格限制了类内部的属性。

4．实例私有方法

属性有私有属性，方法也有私有方法。类内部定义了私有方法后，该方法就不允许在类外部使用，即私有方法只能在类内部访问或调用。这样达到了隐藏的目的。定义私有方法只要在方法名前面加“__”，如__set_name 就成了私有方法。

5．类变量

类变量是类的属性，属于类，不属于实例，被类内的所有实例共用。类变量可以通过类直接访问，也可以通过该类的对象实例访问，还可以通过该类的对象的__class__方法访问。

【例 7-18】 类变量举例。

```
class Person(object):
    total_count = 0                               # 类变量
```

```
    def __init__(self, name):
        self.name=name
        self.__class__.total_count+=1

print(Person.total_count)                    # 运行结果：0
Person('xiaoming')
print(Person.total_count)                    # 运行结果：1
Person('leguan')
print(Person.total_count)                    # 运行结果：2
```

6．类方法

类方法是操作类的方法，属于该类。类方法需要使用@classmethod 装饰器装饰。类方法的第一个参数是类，约定写成 cls。类和对象实例都可以调用类方法，类方法中不能访问具体对象的属性。

【例 7-19】 类方法举例。

```
class Student(object):
    count = 0                                # 类变量

    @classmethod                             # 装饰器
    def get_count(cls):                      # 类方法，第一个参数约定为 cls
        return  cls.count
    @classmethod                             # 装饰器
    def set_count(cls,value):                # 类方法
        cls.count=value

print(Student.get_count())                   # 运行结果：0，通过类调用类方法
Student.set_count(10)
print(Student.get_count())                   # 运行结果：10
```

7．静态方法

静态方法是定义在类的内部的函数，其作用域是类的内部，与类方法相似，类和对象实例都可以调用该方法。区别在于，静态方法需要使用@staticmeehod 装饰器装饰，不需要传入 self 参数或 cls 参数。

凡需要访问类成员时则用类方法，若此方法与类成员毫无关系，则用静态方法。但是，静态方法不能访问类变量和属性。

类和实例对象都可以调用实例方法、类方法、静态方法。只是实例方法由对象调用，至少有一个 self 参数，执行实例方法时，自动将调用该方法的对象赋值给 self。类方法至少有一个 cls 参数，执行类方法时，自动将调用该方法的类赋值给 cls。静态方法无默认参数。这三种方法的不同点在于方法的调用者不同、调用方法时自动传入的参数不同。

【例 7-20】 静态方法举例。

```
class MyClass(object):
    @staticmethod                            # 装饰器
    def my_func(fname, lname):               # 静态方法
        return fname+lname

print(MyClass.my_func('xiao','ming'))        # 运行结果：xiaoming
```

7.4 属性管理器

对属性的操作我们已经学习了三种方法。第一种是定义一个实例对象后，直接用“对象.属性 = 属性值”格式添加或更改属性，也可以用“del 对象.属性”格式删除属性。第二种是用 getattr()、delattr()、setattr()函数实现属性的读取、删除、设置操作。第三种方法是用__init__方法直接对该类型的属性初始化。本节的属性管理器是 getattr()函数的具体应用，但使用了一个专有的概念——反射。

1．反射的概念

反射就是根据名称动态获取对象实例，一下子不容易理解，我们先从简单的例子开始。

【例 7-21】 函数与字符串的区别。

```
def func():
    print('func 是这个函数的名字')

print('func')  #运行结果：' func'
print(func)  #运行返回函数对象 func 的地址：<function func at 0x000002B78A0DBCA0>
```

虽然都是 func，但第一个 print('func')中的'func'是字符串，第二个 print(func)中的 func()是函数，类型不同，运行结果完全不同。这里使用了相同的名字 func，下面进一步说明。

【例 7-22】 网站导航功能实例分析（常规程序写法）。

制作一个网站，有三个基本功能：用户登录，用户注销，进入网站主页。根据用户的输入，分别调用不同的模块。

```
'''myshop.py 需要根据用户输入的不同，调用不同的函数'''
def login():
    print('用户登录')
def logout():
    print('用户注销')
def home():
    print('网站主页')

'''visit.py'''
import myshop
def run():
    inp=input('请输入您想访问的页面：').strip()
    if inp == 'login':
        myshop.login()
    elif inp == 'logout':
        myshop.logout()
    elif inp == 'home':
        myshop.home()
    else:
        print('404')

if __name__ == '__main__':
    run()
```

当用户输入“login”，进入用户登录模块 login；输入“logout”，进入用户注销模块 logout；输入“home”，则进入网站主页模块 home；除此之外的任何输入，都打印“404”错误。这样就实现了一个简单的导航功能，也称为路由功能，即根据用户不同的请求，将用户引导到不同的处理页面，执行不同的函数。**注意**：命名时特意将页面的名字设计和模块中方法的名字一样。

这种制作方法简单，但带来一个问题，网站通常有非常多的页面或者功能需要引导和转接，那么程序中的 if-elif-else 将变得非常庞大，而且后期的维护变得异常困难。因为只要有一个路径更改，就要重新修改代码。这个问题该如何解决呢？

Python 提供了反射机制来解决这个问题，主要思想是，把用户输入的字符串与需要调用的方法同名，再用 getattr()函数实现从字符串到对象方法的自动切换。下面重写 visit.py 模块。

【例 7-23】 网站导航功能举例（反射机制的程序写法）。

```
'''visit.py'''
import myshop
def run():
    inp = input('请输入您想访问的页面：').strip()
    func = getattr(myshop,inp)                          # 这是反射机制程序写法的关键
    func()

if __name__ == '__main__':
    run()
```

语句“func = getattr(myshop, inp)”是关键，通过 getattr()函数，从 myshop 模块查找与字符串 inp 文本相同的函数名，并将其返回给变量 func。func 此时指向函数，用 func()可以调用该函数。这就实现了从用户输入的字符串到对象方法的完美对接，即反射。简单地说，反射就是根据名称动态获取对象实例。

将上述代码补充完整，加上有效性判断，如下例所示。

【例 7-24】 用反射机制实现网站导航功能举例。

```
'''visit.py'''
import myshop
def run():
    inp = input('请输入您想访问的页面：').strip()
    if hasattr(myshop,inp):
        func = getattr(myshop,inp)                      # 反射相应的方法
        func()
    else:
        print('404')
if __name__ == '__main__':
    run()
```

没有了大量的分支判断，这段代码很简洁，也不用后期的更改维护，所以用反射的思想编写代码更具灵活性。

2．动态导入模块

上面代码中的“import myshop”用于导入自定义的模块文件 myshop.py。但当我们的项目规模越来越大时，要导入的模块会越来越多。能否动态地导入所需的模块呢？答案是肯定的。

Python 内置的__import__(字符串参数)函数可以动态导入模块，实现类似 getattr()函数的反射功能，会根据字符串参数，动态地导入同名的模块。

【例 7-25】 重写 visis.py 文件，动态导入模块 myshop。

```
'''visit.py'''
def run():
    inp = input('请输入您想访问的页面：').strip()
    modules, func = inp.split("/")                    # 此处modules和func是字符串
    obj = __import__(modules)                         # obj是模块
    if hasattr(obj,func):
        func = getattr(obj, func)                     # 此处为反射，返回的func是方法
        func()
    else:
        print('404')
if __name__ == '__main__':
    run()
```

运行时输入：

```
myshop/login
```

返回：

```
用户登录
```

输入“myshop/login”，程序会动态地导入 myshop 模块；输入“mysite/login”，则动态地导入 mysite 模块。语句“modules, func=inp.split("/")”实现了用户输入字符串的动态拆分，以“/”为分隔符，拆分成了模块名和方法名，然后用__import__(modules)导入该模块。

通常，默认模块文件 myshop.py 和 mysite.py 都存放在当前目录下。文件很多时，就会显得凌乱。习惯的处理方法是，建一个子目录 lib，将所有模块文件统一放在 lib 下，即为包。导入的模块名改为 lib.myshop，相应的导入格式改为：

```
__import__("lib.myshop")
```

【例 7-26】 导入包中的模块（lib.mysite）。

```
def run():
    inp = input('请输入您想访问的页面：').strip()
    modules, func = inp.split("/")
    obj = __import__("lib."+modules, fromlist = True)    # 注意参数fromlist=True
    if hasattr(obj, func):
        func = getattr(obj, func)                        # 反射相应的方法
        func()
    else:
        print('404')
if __name__ == '__main__':
    run()
```

运行结果：

```
请输入您想访问的页面：mysite/login
用户登录
```

7.5 封装和继承

面向对象程序设计涉及的概念包括：对象、类、数据抽象、继承、动态绑定、数据封装、多态性、消息传递。面向对象思想有三个重要特点：封装、继承、多态。下面介绍封装和继承，多态在 7.8 节中介绍。

（1）封装

函数是一种封装，把实现特定功能的代码单独提取出来，取一个名字作为函数名，可以作为独立的单位来调用。函数的封装是对一段代码的封装。

类是比函数更高级的封装，把函数和变量封装在一起，称为类的方法和属性，隐藏在类内部，用类表达一个抽象的概念。

所以，面向对象程序设计中的封装是指将数据与具体操作的实现代码存放在对象内部，使这些代码的实现细节隐藏起来，不被外界发现，外界也不能通过任何形式修改对象内部的操作，外界只能通过接口使用该对象。

有了封装机制，程序在使用某对象时不需要关心该对象的数据结构细节及实现操作的方法。这样不仅使代码更易维护，还在一定程度上保证了系统的安全性。

【例 7-27】 类的封装举例。

```
class Cat(object):
    def __init__(self, name, age, color):
        self.name = name
        self.age = age
        self.color = color

    def info(self):
        return 'I am a {} cat, my name is {}, I am {} years old.'.format(self.color, self.name, self.age)

cat01 = Cat('tom', 2, 'black')
cat02 = Cat('kitty', 3, 'white')
print(cat01.info())
print(cat02.info())
```

运行结果：

```
I am a black cat, my name is tom, I am 2 years old.
I am a white cat, my name is kitty, I am 3 years old.
```

Cat 类中封装了 name、age、color 属性，也封装了 info 方法的实现细节，外界通过统一的接口 info 方法来获取这些属性，并得到相应的字符串格式。

（2）继承

继承来源于现实世界，如孩子会继承父母的遗传基因。面向对象程序设计中的继承机制最关键的功能是实现代码的复用。例如，有两个子类，发现它们有很多共同的特征和行为，那么把它们的共同部分提取出来，放在新的类中，这个新的类就是它们的父类，自然两个子类继承了父类的所有功能。

所以，多个类公用的代码可以只在一个类中提供，其他类只需要继承这个类即可，继承的类称为子类（subclass），被继承的类称为基类、父类或超类（Base class、Super class）。

子类在获得父类的全部变量和方法的同时，还可以根据需要进行修改和拓展。其语法格式如下：

```
class Foo(superA, superb, superC, …):
```

Python 支持多父类的继承机制，需要注意“( )”中基类的顺序，这决定了所要调用的方法的查找顺序。先在子类 Foo 中找，若没找到，则从左至右顺序找 superA、superb、superC、…深度优先搜索这些基类中是否包含该方法。一旦找到，则直接调用，停止继续查找；若都没找到，则抛出异常。

【例 7-28】 继承的定义。

```
class Pet(object):                                              # Pet 是父类
    def __init__(self, name, age):
        self.name = name
        self.age = age
    def info(self):
        return 'My name is {} and I am {}''years old'.format(self.name,self.age)

class Cat(Pet):                                                 # Cat 是 Pet 的子类
    def __init__(self, name, age):
        super(Cat,self).__init__(name,age)

class Dog(Pet):                                                 # Dog 是 Pet 的子类
    def __init__(self, name, age):
        super(Dog, self).__init__(name, age)

dog01 = Dog('Tom',2)
cat01 = Cat('kitty',3)
print(dog01.info())
print(cat01.info())
```

运行结果：

```
My name is Tom and I am 2 years old
My name is kitty and I am 3 years old
```

每个子类的初始化方法__init__必须写，可以继承父类的__init__方法。语句 super(Cat, self).__init__(name, age)表示调用 Cat 的父类的__init__方法。

1．继承的扩展

除了继承父类的属性和方法，子类还可以增加自己的属性和方法，即在继承的基础上加以拓展。

【例 7-29】 继承的扩展。

```
class Pet(object):
    def __init__(self, name, age):
        self.name = name
        self.age = age
    def info(self):
        return 'My name is {} and I am {}''years old'.format(self.name, self.age)
```

```
class Cat(Pet):
    def __init__(self, name, age, color):
        super(Cat, self).__init__(name, age)
        self.color = color
    def info(self):
        return 'I am a {} cat, '.format(self.color)+ super(Cat,self).info()

class Dog(Pet):
    def __init__(self, name, age, color):
        super(Dog,self).__init__(name,age)
        self.color = color

    def info(self):
        return 'I am a {} dog, '.format(self.color) + super(Dog, self).info()

    def bark(self):
        print('wang~~~~~~')

cat01 = Cat('kitty',3,'pink')
dog01 = Dog('Tom',2,'black')
print(dog01.info())
print(cat01.info())
dog01.bark()
```

运行结果：

```
I am a black dog, my name is Tom and I am 2 years old
I am a pink cat, my name is kitty and I am 3 years old
wang~~~~~~
```

Cat 和 Dog 是 Pet 的子类，在继承父类的基础上扩展了自己的属性 color 和方法 info、bark。

2．Python 3 的继承机制

子类在调用某个方法或变量的时候，先在自己内部查找，如果没有找到，就在父类里查找，根据父类定义中的顺序，以深度优先的方式逐一查找父类。

【例 7-30】 父类从左到右深度优先的继承机制。

```
class D:
    def show(self):
        print('I am in D')
class C(D):
    pass
class B(C):
    pass
class G:
    pass
class F(G):
    pass
class E(F):
    def show(self):
```

```
        print('I am E')
class A(B, E):
    pass

a = A()
a.show()
```

运行结果：

```
I am in D
```

先在 A 本身查找，再沿着 B、C、D、E、F、G 的顺序查找，即从父类中深度优先查找（如图 7-1 所示），一旦找到，就停止查找。

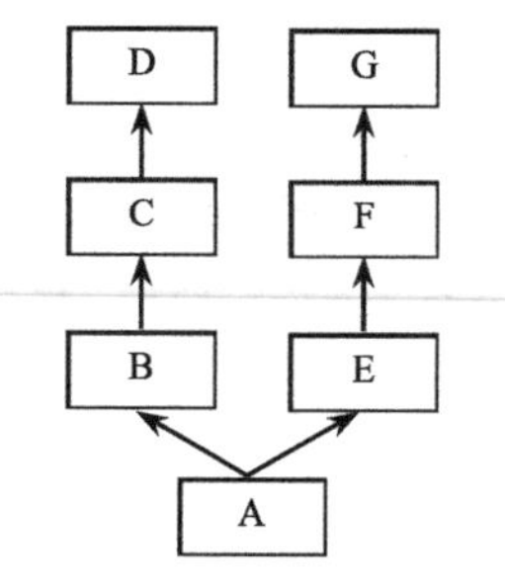

图 7-1　父类深度优先查找

【例 7-31】　子类的继承机制。

```
class H:
    def show(self):
        print('I am H')

class D(H):
    pass

class C(D):
    pass

class B(C):
    pass

class G(H):
    pass

class F(G):
    pass

class E(F):
    def show(self):
        print('I am E')

class A(B, E):
    pass

a = A()
a.show()                                        # I am E
```

深度优先查找，找至 D 后，接着不会去 H 中找，而是去 E 中找。

3. super()函数

在子类中，如果有与父类同名的成员，就会覆盖父类中的成员，即子类优先。如果想强制调用父类的成员，可以使用 super()函数，这是一个非常重要的函数，最常见的就是通过 super 调用父类的初始化方法__init__。super()函数的语法格式如下：

```
super(子类名,self).方法名()
```

需要传入的是子类名和 self，调用的是父类的方法，因此方法名后需要按父类的方法传入参数。

【例 7-32】 super()函数的使用。

```
class A:
    def __init__(self, name):
        self.name = name
        print('父类的__init__方法被执行了！')

    def show(self):
        print('父类的 show 方法被执行了！')

class B(A):
    def __init__(self, name, age):
        super(B, self).__init__(name = name)
        self.age = age

    def show(self):
        super(B, self).show()

obj = B('jack', 18)
obj.show()
```

运行结果：

```
父类的__init__方法被执行了！
父类的 show 方法被执行了！
```

4. 通过继承实现代码复用

【例 7-33】 编写简单的计算器，通过继承实现代码复用。

```
class Cal(object):                          # 定义运算器类
    def __init__(self, numa, numb):         # numa 和 numb 是运算对象
        self.numa = numa
        self.numb = numb

    def get_result(self):
        pass                                # 运算结果

class Add(Cal):                             # 子类 Add，调用父类的初始化方法，重写 get_result 方法
    def __init__(self, na, nb):
        super(Add, self).__init__(na, nb)
    def get_result(self):
        return self.numa+self.numb
```

```
class Sub(Cal):                              # 子类 Sub，调用父类的初始化方法，重写 get_result 方法
    def __init__(self, na, nb):
        super(Sub,self).__init__(na, nb)
    def get_result(self):
        return self.numa-self.numb

a = Add(2, 3)
b = Sub(3, 2)
print(a.get_result(), b.get_result())
```

运行结果：

```
5 1
```

7.6 函数重写

子类继承父类，子类就拥有了父类所有的类属性和类方法。通常情况下，子类会在此基础上扩展一些新的类属性和类方法。

子类从父类继承来的类方法中，大部分是适合子类使用的，但有个别类方法，子类对象无法直接照搬父类的方法进行使用。针对这种情况，就需要在子类中重写父类的方法。例如，鸟通常是有翅膀的，也会飞，因此我们可以这样定义一个与鸟相关的类。

【例 7-34】 函数重写举例。

```
class Bird:
    # 鸟有翅膀
    def isWing(self):
        print("鸟有翅膀")
    # 鸟会飞
    def fly(self):
        print("鸟会飞")
```

鸵鸟虽然也属于鸟类，也有翅膀，但是只会奔跑，并不会飞。可以这样定义鸵鸟类：

```
class Ostrich(Bird):
    # 重写 Bird 类的 fly 方法
    def fly(self):
        print("鸵鸟不会飞")
```

因为 Ostrich 继承自 Bird，所以 Ostrich 类拥有 Bird 类的 isWing 和 fly 方法。其中，isWing 方法同样适合 Ostrich，但 fly 方法明显不适合，因此在 Ostrich 类中对 fly 方法进行重写。重写又称为覆盖，指的是对类中已有方法的内部实现进行修改。

在前面代码的基础上，创建对象实例并调用方法：

```
ostrich = Ostrich()
# 调用 Ostrich 类中重写的 fly 类方法
ostrich.fly()
```

运行结果为：

```
鸵鸟不会飞
```

显然，ostrich 调用的是重写之后的 fly 类方法。其实，只要在子类中重写了从父类继承来

的类方法，那么当在类的外部通过子类对象调用该方法时，Python 总是会执行子类中重写的方法。

Python 已经提供了很多内建对象类型，如整数、浮点数、复数、字符串、元组、列表，字典。针对这些内建类型，提供了众多内建函数。在 Python 交互模式下，用命令“dir(__builtins__)”可显示所有的内建函数，这些内建函数往往可对多种类型对象进行类似的操作。

若需要对自定义的类 Bird 也用内建函数 len()计算鸟的长度，用 max()找最大的那只鸟，就需要对 len()函数和 max()函数重写。而 len()函数在系统中实际调用的是__len__方法，这些以“__”开头和结尾的方法是 Python 的特殊方法，常用的内建函数都有相应的特殊方法对应，如 str()函数对应__str__方法，reversed 函数对应__reversed__方法。所以，重写 len()函数就必须重写内建的__len__方法。下面要介绍的函数重写特指这些内建方法的重写。

1．函数重写

函数重写是让自定义类生成的对象实例像内建对象一样进行内建函数操作。

【例 7-35】 函数重写。

```
# 重写前
class MyClass:
    pass

obj = MyClass()
print(len(obj))
```

运行后报错：

```
TypeError: object of type 'MyClass' has no len()
```

因为用 len()函数计算一个自定义类的对象实例的长度，系统不知道怎么做，自定义类内也没有说明，那么需要重写__len__方法。

```
# 重写后
class MyClass:
    def __len__(self):
        return 100
obj = MyClass()
print(len(obj))
```

运行结果：

```
100
```

因为重写__len__方法时固定返回长度 100。上面的例子尽管重写了 len()函数，但没有体现出任何的实际意义，再次重写这个函数，如下面的例子。

【例 7-36】 创建班级类，把学号为 20 开头的学生加入班级，统计班级人数。

```
class MyClass:
    def __init__(self):
        self.__items = []
    def add(self,value):
        if value[:2] == '20':
            self.__items.append(value)
    def __len__(self):
```

```
        return len(self.__items)

mc = MyClass()
mc.add('20356894')
mc.add('21356894')
print(len(mc))
```

运行结果：

```
1
```

函数重写说明：重写方法的返回值类型必须与原函数规定的返回类型一致，否则触发 TypeError 错误！

例如，下面的__len__方法返回字符串类型的数据是错误的。

```
class MyClass:
    def __len__(self):
        return 'hello'                      # 非整数类型会引起错误
obj = MyClass()
print(len(obj))
```

运行报错：

```
TypeError: 'str' object cannot be interpreted as an integer
```

（1）对象转字符串函数的重写

函数 repr(obj)和 str(obj)都是将对象转字符串，有相似之处但又不完全相同。

repr(obj)函数：返回一个能代表此对象的表达式字符串，这个字符串是给 Python 解释器阅读的。此字符串用 eval()函数可以重现 obj 对象，即 eval(repr(obj)) == obj。

str(obj)函数：返回能描述这个对象的字符串，这个字符串能显示给用户。

【例 7-37】 重写 str(obj)和 repr(obj)函数。

```
class MyNumber:
    def __init__(self,value):
        self.data=value
    # 转换为普通字符串
    def __str__(self):
        return f'the number is {self.data}'
    #转换为 eval 函数能识别的字符串
    def __repr__(self):
        return f'MyNumber({self.data})'

mc = MyNumber(18)
print(str(mc))
print(repr(mc))
print('%s , %r'%(mc,mc))
```

运行结果：

```
the number is 18
MyNumber(18)
the number is 18, MyNumber(18)
```

repr()函数的运算结果是字符串“MyNumber(18)”，用 eval('MyNumber(18)')得到的结果还原成了 Python 表达式 MyNumber(18)。

另外，用格式控制符%s 和%r，分别得到 str(mc)和 repr(mc)的结果。

【例 7-38】 在班级中加入学生，用 str()函数输出学生名单。

```
class MyClass:
    def __init__(self):
        self.__items = []
    def add(self,value):
        if value[:2] == '20':
            self.__items.append(value)
    def __str__(self):
        return ','.join(self.__items)

mc = MyClass()
mc.add('20356894')
mc.add('21356894')
mc.add('20387600')
print('班级学生名单：',str(mc))
```

运行结果：

```
班级学生名单： 20356894,20387600
```

（2）str(obj)函数调用时的优先顺序

str(obj)函数优先调用 obj.__str__方法并返回结果。如果 obj.__str__方法不存在，那么调用 obj.__repr__方法并返回结果。如果 obj.__repr__()方法也不存在，那么调用 object 类的__repr__方法。object 类是 Python 的超类。

2. 常用内建函数重写

常用内建函数如表 7-1 所示。

表 7-1 常用内建函数

函 数	对应方法	函 数	对应方法
abs(obj)	__abs__(self)	len(obj)	__len__(self)
reversed(obj)	__reversed__(self)	round(obj)	__round__(self)

【例 7-39】 重写 str()、len()、abs()函数，求自定义类 MyList 对象的长度和绝对值。

```
class Mylist:
    def __init__(self, iterable = None):
        if iterable == None:
            iterable = []
        self.data = [x for x in iterable]
    def __str__(self):
        return "MyList(%s)"%self.data
    def __len__(self):
        return len(self.data)
    def __abs__(self):
```

```
        return Mylist((abs(x) for x in self.data))

L = Mylist([1,-2,3,-4])
print(L.data)
print(len(L))
print(abs(L).data)
```

运行结果：

```
[1, -2, 3, -4]
4
[1, 2, 3, 4]
```

MyList([1, -2, 3, -4])取绝对值后的结果是 MyList([1, 2, 3, 4])，这就是 abs()函数重写的具体体现。原始的内建函数 abs()，若写成：

```
abs([1,-2,3,-4]]
```

则直接报错：

```
bad operand type for abs(): 'list'
```

3．数值转换函数重写

数值转换函数的重写主要是将自定义类型创建的对象转换为系统内建的数据类型。能重写的数值转换函数有如表 7-2 所示。

表 7-2　能重写的数值转换函数

函　数	对应方法	函　数	对应方法
int(obj)	__int__	float(obj)	__float__
complex(obj)	__complex__	bool(obj)	__bool__

【例 7-40】 数值转换函数重写。

```
class MyNumber:
    def __init__(self,value):
        self.data = value
    def __int__(self):
        return int(self.data)
    def __float__(self):
        return float(self.data)
    def __bool__(self):
        return bool(int(self.data))

n1 = MyNumber('100')
print(int(n1))
print(float(n1))
print(complex(n1))
print(bool(n1))
```

运行结果：

```
100
100.0
```

```
(100+0j)
True
```

complex()函数重写说明：取__complex(self)方法的返回值作为结果返回，若自定义对象没有__complex(self)方法，就会用__float__(self)方法返回值作为实部，用0j作为虚部返回；若还没有__float__(obj)方法，就会触发TypeError类型的错误并进入异常状态。

4．布尔测试函数重写

重写布尔函数的作用是bool(obj)函数取值，用于if语句真值表达式中，还可以用于while语句真值表达式中。

【例7-41】 布尔测试函数重写。

```
class A:pass
a = A()
print(bool(a))                                  # True

class A:
    def __len__(self):
        return 0
a = A()
print(bool(a))                                  # False

class A:
    def __len__(self):return 1
    def __bool__(self):return False
a = A()
print(bool(a))                                  # False
```

bool(obj)函数重写说明：当自定义类内有__bool__(self)方法时，返回该方法的返回值；当不存在__bool__(self)方法时，返回__len__(self)方法的返回值，以该返回值是否为零来测试布尔值；当不存在__len__(self)方法时，则直接返回True。

7.7 运算符重载

运算符重载就是对已有的运算符重新进行定义，赋予新的运算规则，以适应不同的数据类型。例如，同样是加法运算，两个整数可以相加，两个字符串也可以相加，甚至两个列表也可以相加，每种数据类型的加法都有各自的含义，这就是运算符的重载。

如何让自定义的类生成的对象实例也能够使用重新定义的运算符进行操作，像数学表达式一样地运算？方法是运算符的重载。例如，希望两个对象相加dog +cat，只要对这个“+”运算符重载，赋予新的含义，如年龄相加或者姓名的连接甚至其他含义都可以。

运算符的重载涉及算术运算符、比较运算符、关系运算符等。

1．算术运算符重载

算术运算符有7个，是双目运算，如表7-3所示，运算时有正向和反向之分，如a-b和b-a的含义完全不同。正向算术运算符表示从对象自身出发加上右侧的另一个操作对象，方法__add__(self, rhs)表示self+rhs。

表 7-3　正向运算符和方法名

方　法	运算符和表达式	说　明
__add__(self, rhs)	self + rhs	加法
__sub__(self, rhs)	self - rhs	减法
__mul__(self, rhs)	self * rhs	乘法
__truediv__(self, rhs)	self / rhs	除法
__floordiv__(self, rhs)	self // rhs	地板除
__mod__(self, rhs)	self % rhs	取模（求余）
__pow__(self, rhs)	self ** rhs	幂

（1）正向算术运算符重载

二元运算符重载方法形式如下：

```
class 类名:
    def __XXX__(self,other):
        ...
```

二元运算符重载方法需要有两个参数来接收两个元素。

【例 7-42】 list 类运算符“+”和“*”重载示例。

```
l1 = [1,2,3]
l2 = [4,5,6]
print(l1+l2)
print(l1.__add__(l2))

print(l1*2)
print(l1.__mul__(2))
```

运行结果：

```
[1, 2, 3, 4, 5, 6]
[1, 2, 3, 4, 5, 6]
[1, 2, 3, 1, 2, 3]
[1, 2, 3, 1, 2, 3]
```

列表中的“+”运算就是内建函数__add__，“*”运算就是__mul__运算，两者功能相同。其次，两个列表对象的“+”和“*”操作都有明确的定义。

【例 7-43】 运算符“+”和“-”重载。

```
class MyNumber:
    def __init__(self,value):
        self.data = value
    def __repr__(self):
        return "MyNumber(%d)"%self.data
    def __add__(self, right):
        return MyNumber(self.data+right.data)          # 返回对象实例
    def __sub__(self, right):
        return MyNumber(self.data-right.data)          # 返回对象实例

n1 = MyNumber(100)
n2 = MyNumber(200)
```

```
print(n1+n2)
print(n1-n2)
```

运行结果：

```
MyNumber(300)
MyNumber(-100)
```

因为重载了“+”和“-”运算，所以对象 n1 和 n2 可以做加运算 n1+n2，也可以做减运算 n1-n2，运算结果返回对象实例。

（2）反向算术运算符重载

当运算符的左侧为内建类型，右侧为自定义类型进行算术运算时，会出现 TypeError 错误。

【例 7-44】 反向算术运算符重载。

```
class MyNumber:
    def __add__(self, rhs):
        pass

n1 = MyNumber()
print(n1+10)                                    # 正常
print(10+n1)                                    # 错误
```

运行结果：

```
None
TypeError: unsupported operand type(s) for +: 'int' and 'MyNumber'
```

n1+10 运算正常因为我们重载了__add__运算，是正向加法运算；10+n1 报错是因为这个加法默认理解为整数相加，而 n1 对象无法转换为数值型。此时需要使用反向算术运算符的重载来完成运算，反向算术运算符表示从另一个操作对象出发与对象自身作运算，如方法__radd__(self, rhs)表示 lhs+self。

反向运算符和方法名如表 7-4 所示。

表 7-4　反向运算符和方法

方　法	运算符和表达式	说　明
__radd__(self, lhs)	lhs + self	加法
__rsub__(self, lhs)	lhs - self	减法
__mul__(self, lhs)	lhs * self	乘法
__rtruediv__(self, lhs)	lhs / self	除法
__rfloordiv__(self, lhs)	lhs // self	地板除
__rmod__(self, lhs)	lhs % self	取模（求余）
__rpow__(self, lhs)	lhs ** self	幂

【例 7-45】 反向运算符举例。

```
class MyNumber:
    def __init__(self,value):
        self.data = value
    def __repr__(self):
        return "MyNumber(%d)"%self.data
    def __add__(self, rhs):
```

```
        if type(rhs) is MyNumber:
            return MyNumber(self.data+rhs.data)
        elif type(rhs) is int:
            return MyNumber(self.data+rhs)
    def __radd__(self, lhs):                        # 反向运算符
        return self+lhs

n1 = MyNumber(100)
print(n1+10)
print(20+n1)                                        # 此时就不再报错
```

运行结果：

```
MyNumber(110)
MyNumber(120)
```

2．复合赋值算术运算符重载

复合赋值算术运算符也有 7 个，如表 7-5 所示。

表 7-5　复合赋值算术运算符和方法

方　法	运算符和复合赋值语句	说　　明
__iadd__(self, rhs)	self += rhs	加法
__isub__(self, rhs)	self -= rhs	减法
__mul__(self, rhs)	self *= rhs	乘法
__itruediv__(self, rhs)	self /= rhs	除法
__ifloordiv__(self, rhs)	self //= rhs	地板除
__imod__(self, rhs)	self %= rhs	取模（求余）
__ipow__(self, rhs)	self **= rhs	幂

复合赋值算术运算符重载规则：以复合赋值算术运算符 x += y 为例，此运算符会优先调用 x.__iadd__(y)方法，如果没有，那么将复合赋值运算拆解为 x = x+y，再调用 x=x._ _add__(y)方法，如果还找不到，就触发 TypeError 异常。其他复合赋值算术运算符也具有相同的规则。

【例 7-46】 复合赋值算术运算符重载。

```
class MyClass:
    def __iadd__(self, other):
        return "iadd said:hello, " +other

mc = MyClass()
mc += 'xiaoming'
print(mc)
```

运行结果：

```
iadd said:hello, xiaoming
```

语句“mc += 'xiaoming'”实现了复合赋值算术运算符的重载。

3．比较运算符重载

比较运算符（如表 7-6 所示）的重载规则与算术运算符的重载规则一致。比较运算符重载通常返回布尔值 True 或 False。

表 7-6　比较运算符和方法

方　法	运算符和复合赋值语句	说　明
__lt__(self, rhs)	self < rhs	小于
__le__(self, rhs)	self <= rhs	小于等于
__gt__(self, rhs)	self > rhs	大于
__ge__(self, rhs)	self >= rhs	大于等于
__eq__(self, rhs)	self == rhs	等于
__ne__(self, rhs)	self != rhs	不等于

【例 7-47】 比较运算符重载举例。

```
class Person:
    def __init__(self, name, age):
        self.name = name
        self.age=age
    def __lt__(self, other):
        return self.age < other.age
    def __gt__(self, other):
        return self.name > other.name
xm = Person('xiaoming',18)
dxy = Person('leguan',39)

print(xm < dxy)                                    # True
print(xm > dxy)                                    # True
```

因为将“<”重载为两个对象的年龄比较，而“>”重载为两个对象的姓名比较，所以结果都为 True。

比较运算符重载说明：

① “>”的重载方法是__gt__，如果没有__gt__方法，将调用__lt__方法获取值后取非（NOT），如果也没有__lt__方法，就会触发 TypeError 类型错误。

② “<”的重载方法是__lt__，如果没有__lt__方法，将调用__gt__方法获取值后取非（NOT），如果也没有__gt__方法，就会触发 TypeError 类型错误。

③ “==”的重载方法是__eq__，如果没有__eq__方法时，将判断两个运算符的 ID 是否相同，如果相同，就返回 True，否则返回 False。

④ “!=”的重载方法是__ne__，如果没有__ne__方法，将调用__eq__方法获取值后取非（NOT），如果也没有__eq__方法，就判断两个运算符的 ID 是否相同，若不同，则返回 True，否则返回 False。

7.8　多态和枚举类

1. 多态

多态是面向对象程序设计中最核心和最关键的技术。Python 的多态性是指具有不同功能的函数可以使用相同的函数名，这样就可以用一个函数名调用不同内容的函数。

Python 是弱类型的语言，没有变量类型声明的规定，因此同一个变量完全可以在不同的时间引用不同的对象。这样，当同一个变量在调用同一个方法时，完全可能呈现出多种行为，这就是所谓的多态。

【例 7-48】 多态举例。

```
class Bird:
    def move(self, field):
        print(f"小鸟在{field}中自由地飞翔")
class Dog:
    def move(self, field):
        print(f'小狗在{field}上快乐地奔跑')


x = Bird()
x.move('天空')
x = Dog()
x.move('草地')
```

运行结果：

```
小鸟在天空中自由地飞翔
小狗在草地上快乐地奔跑
```

同一个变量，同一个方法，但可以呈现不同的形态，这就是程序运行过程中的多态。

【例 7-49】 多态的实现举例。

```
class Canvas:
    def draw(self, shape):
        print('开始绘制'.center(27,'-'))
        shape.draw(self)                    # self 是 Canvas 对象实例，即在 Canvas 上画画

class Rectangle:
    def draw(self, canvas):
        print(f'在{canvas.__class__.__name__}上绘制矩形')

class Triangle:
    def draw(self, canvas):
        print(f'在{canvas.__class__.__name__}上绘制三角形')

class Circle:
    def draw(self, canvas):
        print(f'在{canvas.__class__.__name__}上绘制圆形')

c = Canvas()                                # c 是 Canvas 对象
# 下面的 Rectangle()创建 Rectangle 对象实例，然后作为对象 c 的 draw 方法的参数。
c.draw(Rectangle())
c.draw(Triangle())
c.draw(Circle())
```

运行结果：

```
------------开始绘制-----------
在 Canvas 上绘制矩形
------------开始绘制-----------
```

```
在Canvas上绘制三角形
------------开始绘制-----------
在Canvas上绘制圆形
```

由于传入的参数不同，三个 draw 方法实现了完全不同的效果。

2．类型检查

Python 提供了两个函数来检查类型。

① issubclass(obj, class_or_tuple)：检查 obj 是否为某个类或元组包含的多个类中任意类的子类。

② isinstance(obj, class_or_tuple)：检查 obj 是否为某个类或元组包含的多个类中任意类的实例对象。

【例 7-50】 类型的判断。

```
class Animal:
    pass
class Dog(Animal):
    pass
class Cat(Animal):
    pass
class Bird:
    pass
class Duck(Animal, Bird):
    pass

print(issubclass(Dog, Animal))                    # 运行结果：True
print(issubclass(Cat, Animal))                    # 运行结果：True
print(issubclass(Bird, Animal))                   # 运行结果：False
print(issubclass(Duck, Animal))                   # 运行结果：True
print(issubclass(Duck, (Bird, Animal)))           # 运行结果：True
```

【例 7-51】 对象实例的判断。

```
class Animal:
    pass
class Dog(Animal):
    pass
class Cat(Animal):
    pass
class Bird:
    pass
class Duck(Animal, Bird):
    pass

print(isinstance(Dog(), Animal))                       # 运行结果：True
print(isinstance(Cat(), Animal))                       # 运行结果：True
print(isinstance(Bird(), Animal))                      # 运行结果：False
print(isinstance(Duck(), Animal))                      # 运行结果：True
print(isinstance(Duck(), (Bird, Animal)))              # 运行结果：True
```

【例 7-52】 显示某类的所有子类。

```
class Animal:
    pass
class Dog(Animal):
    pass
class Cat(Animal):
    pass
class Bird:
    pass
class Duck(Animal,Bird):
    pass
class WoodDuck(Duck):
    pass
print(Animal.__subclasses__())                          # 显示 Animal 类的子类
print(Duck.__subclasses__())                            # 显示 Duck 类的子类
```

运行结果：

```
[<class '__main__.Dog'>, <class '__main__.Cat'>, <class '__main__.Duck'>]
[<class '__main__.WoodDuck'>]
```

3．枚举类

在某些情况下，一个类的对象是有限且固定的，如季节类只有 4 个对象：春、夏、秋、冬。这种实例有限且固定的类，在 Python 中被称为枚举类。Python 程序有两种方法来定义枚举类：① 直接使用 Enum 列出多个枚举值来创建枚举类；② 通过继承 Enum 基类来派生枚举类。

【例 7-53】 创建枚举类。

```
from enum import Enum
# Season 是枚举类的名字
Season = Enum('Season',('Spring','Summer','Fall','Winter'))
Month = Enum('Month',('Jan','Feb','Mar','Apr','May','Jun','Jul','Aug','Sep','Oct','Nov','Dec'))
# 枚举类下标从 1 开始
print(Season.Spring, Season.Summer, Season(3), Season(4))
for name, member in Month.__members__.items():
    print(name,'-->',member,',',member.value)
```

运行结果：

```
Season.Spring Season.Summer Season.Fall Season.Winter
Jan --> Month.Jan, 1
Feb --> Month.Feb, 2
Mar --> Month.Mar, 3
Apr --> Month.Apr, 4
May --> Month.May, 5
Jun --> Month.Jun, 6
Jul --> Month.Jul, 7
Aug --> Month.Aug, 8
Sep --> Month.Sep, 9
Oct --> Month.Oct, 10
```

```
Nov --> Month.Nov, 11
Dec --> Month.Dec, 12
```

Season 和 Month 是枚举类。Month.__members__.items()是字典，由键值对构成，如(Jan, Month.Jan)。

【例 7-54】 创建派生枚举类，通过继承 Enum 基类派生自己的枚举类。

```
from enum import Enum, unique
@unique                                        # 装饰器，要求枚举类的值唯一，不能有相同值
class Weekday(Enum):
    周日 = 0
    周一 = 1
    周二 = 2
    周三 = 3
    周四 = 4
    周五 = 5
    周六 = 6

for name, member in Weekday.__members__.items():
    print(name, member, member.value)
```

运行结果：

```
周日 Weekday.周日 0
周一 Weekday.周一 1
周二 Weekday.周二 2
周三 Weekday.周三 3
周四 Weekday.周四 4
周五 Weekday.周五 5
周六 Weekday.周六 6
```

这样可以根据自己的习惯定义周日是一周中的第 1 天还是第 7 天了。

习　题

1. 关于封装，下列说法中错误的是（　　）。

A. 将多个基本类型符复合为一个自定义类型

B. 封装提高代码的重用性

C. 封装提高代码的安全性

D. 类内以“__”开头的标识符能够实现封装

2. 以下选项中，不能打印 100 这个值的是（　　）。

```
class A:
    v = 100
    def __init__(self):
        self.v = 200
a1 = A()
a2 = A()
del a2.v
```

A．print(A.v)　　B．print(a1.v)

C．print(a2.v)　　D．print(a1.__class__.v)

3．以下说法中，错误的是（　　）。

A．__dict__属性用来绑定实例变量的字典　　B．每个对象一定有__class__属性

C．每个对象一定有__dict__属性　　D．每个对象一定有__doc__属性

4．关于继承，正确的是（　　）。

A．Python 的继承是基于类的继承机制

B．多继承是指用不确定个数的基类来派生新类

C．继承机制可以实现代码的重用

D．有继承才有多态

5．以下说法中，正确的是（　　）。

A．实例方法只能用实例来调用　　B．类方法用实例和类都可以调用

C．静态方法只能用类来调用　　D．静态方法用实例和类都可以调用

6．在 Python 中，对于构造方法__init__的描述中，正确的是（　　）。

A．类必须显式定义构造方法

B．构造方法的返回类型必须是 None

C．构造方法和类有相同的名称，并且不能带任何参数

D．一个类可以定义多个构造函数，但只有最后一个起作用

7．以下代码运行后的结果为（　　）。

```
class A:
    a = 1
obj = A()
obj.a = 2
print(obj.a)
print(A.a)
A.a = 3
print(obj.a)
```

A．出错　　B．2 1 3

C．1 2 2　　D．2 1 2

8．下列关于类和对象的叙述中，错误的是（　　）。

A．一个类只能有一个对象

B．对象是类的具体实例

C．类是对某一类对象的抽象

D．类和对象的关系是一种数据类型与变量的关系

9．下列代码的执行结果是（　　）。

```
class A():
    v = 100
    def __init__(self):
        self.v = 200
class B(A):
    v = 300
    def __init__(self):
```

```
        self.v = 400
        super().__init__()
a = B()
print(a.v)
```

A. 100　　B. 200

C. 300　　D. 400

10. 关于实例方法的描述中，正确的是（　　）。

A. 实例方法定义可以没有任何形式参数，如：

```
  class A:
      def mymethod():
          pass
```

B. 实例方法的第一个参数可以为 cls

C. 实例方法可以通过类名来调用

D. 实例方法的第一个参数必须是 self

实　验

实验 7.1　定义类型并创建对象实例

【问题】 在 Python 中，如何定义类型并创建对象？

对象：指现实中的物体或实体。现实世界由对象构成。

面向对象：一种编程思想，把一切看成对象（实例），并在对象之间建立关系。

类：拥有相同属性（静态特征）和方法（动态行为）的一组对象，抽象为一个类型。类是用来描述对象的工具，也是一种抽象的数据结构。

实例：也叫对象，通常指用某个类型的构造函数创建出来的对象。实例有自己的作用域和名字空间，可以为该实例添加成员（实例变量/实例属性），可以调用类中的方法，可以访问类中的变量（类属性）。

【方案】 类的创建和实例化。

【步骤】 实现此案例需要按照如下步骤进行。

步骤一：类的创建和实例化。

```
#!/usr/bin/evn python
# -*- coding:utf-8 -*-
"""ex01_pathlib.py"""
```

类定义语句的基本形式：

```
class 类名(继承的父类列表):
    语句
```

class：定义类的关键字。类名：符合标识符规则的名称，首字母大写。继承的父类列表：该类继承的父类。语句：类的相关定义语句。

定义一个 MyClass 类，继承自 object 类：

```
class MyClass(object):
    pass                                # 暂时什么都不做
# 根据类实例化一个对象
```

```
mc = MyClass()
# 打印 MyClass 和 mc 的类型
print(MyClass)
# 打印结果
<class '__main__.MyClass'>
print(mc)
# 打印结果，at 后面是内存地址
<__main__.MyClass object at 0x102d940b8>
```

定义一个 Dog 类：

```
class Dog(object):
    pass
```

实例化两个对象：

```
jingba = Dog()
taidi = Dog()
# 打印两个对象的 id
print(id(jingba), id(taidi))
# 打印结果
2148341717256
2148341715912
```

定义一个 Teacher 类：

```
class Teacher(object):
    pass
```

实例化两个对象：

```
dxy = Teacher()
xm = Teacher()
print(dxy)
print(xm)
# 打印结果，对象地址
<__main__.Teacher object at 0x000001F4332513C8>
<__main__.Teacher object at 0x000001F433251908>
```

实验 7.2　实例属性和方法的调用

【问题】 在 Python 中，如何调用实例属性和方法？

① 在 Python 中，每个实例都可以有自己的变量。

② 实例变量通常用来记录实例对象的相关信息。

③ 实例变量的语法：

```
实例.变量名
```

④ 首次为实例变量赋值则创建此实例变量。

⑤ 再次为实例变量赋值则改变变量的绑定关系。

⑥ 实例方法：用于描述一个对象的行为。

⑦ 实例方法的第一个参数代表调用这个方法的实例，一般为 self，实例方法需要借助对象才能调用，实例方法的第二个参数是构造函数调用时传入的参数。

⑧ 实例方法的调用格式：

```
实例.实例方法名(调用参数)
类名.实例方法名(实例对象，调用参数)
```

【方案】

① 添加实例变量示例。

② 删除实例变量示例。

③ 实例方法的调用。

【步骤】 实现此案例需要按照如下步骤进行。

步骤一：添加实例变量示例。

```
#!/usr/bin/evn python
# -*- coding:utf-8 -*-
"""ex02_实例变量.py"""
```

定义 Dog 类：

```
class Dog(object):
pass
# 实例化一个对象
dog1 = Dog()
# 为 dog1 添加属性
dog1.kinds = '京巴'
dog1.color = '白色'
dog1.age = 1
# 修改 dog1 的属性
dog1.color = '黄色'
# 实例化另一个对象
dog2 = Dog()
# 添加 dog2 的属性
dog2.kinds = '拉布拉多'
dog2.color = '棕色'
```

输出两个对象的属性：

```
print(dog1.__dict__)
print(dog2.__dict__)
# 打印结果
{'kinds': '京巴', 'color': '黄色', 'age':1}
{'kinds': '拉布拉多', 'color': '棕色'}
```

步骤二：删除实例变量示例。

```
#!/usr/bin/evn python
# -*- coding:utf-8 -*-
""" ex02_实例变量.py"""
```

定义学生类：

```
class Student(object):
    pass
# 实例化一个对象
stu = Student()
```

```
# 对象添加属性
stu.name = 'xiaoming'
stu.age = 18
```

打印对象属性：

```
print(stu.name, stu.age)                    # 打印结果
xiaoming 18
```

通过“del 对象.属性”格式删除对象的 age 属性：

```
del stu.age
```

再次打印两个属性：

```
print(stu.name, stu.age)
# 打印结果，报错，对象没有这个属性
Traceback (most recent call last):
  File "c:/code/65.py", line 45, in <module>
    print(stu.name, stu.age)
AttributeError: 'Student' object has no attribute 'age'
```

步骤三：实例方法的调用。

```
#!/usr/bin/evn python
# -*- coding:utf-8 -*-
""" ex02_实例方法.py"""
```

定义 Dog 类：

```
class Dog(object):
    pass
    # 定义 eat 方法
    def eat(self, food):
        print('小狗正在吃', food)
    # 定义 sleep 方法
    def sleep(self, hour):
        print('小狗睡了', hour, '小时')
```

实例化一个对象：

```
dog1 = Dog()
# 调用实例方法，不需要传入 self 参数，直接传入第二个参数
dog1.eat('骨头')
dog1.sleep(1)
打印结果
小狗正在吃骨头
小狗睡了 1 小时
```

也可以通过类名直接调用实例方法，需要传入实例自身 self：

```
Dog.eat(dog1, '狗粮')
Dog.sleep(dog1, 2)
# 打印结果
小狗正在吃狗粮
小狗睡了 2 小时
```

定义 Teacher 类：

```
class Teacher(object):
    # 类内部定义 teaching 方法，接收 skill 参数
    def teaching(self, skill):
        return 'teaching {}'.format(skill)
```

定义 Student 类：

```
class Student(object):
    # 类内定义 learning 方法，接收 skill 参数
    def learning(self, skill):
        return 'learning {}'.format(skill)
```

实例化两个对象：

```
t = Teacher()
s = Student()
```

对象调用方法，并打印：

```
print(t.teaching('python'))
print(s.learning('web'))
# 打印结果
teaching python
learning web
```

实验 7.3　通过多态实现二元运算

【问题】 在 Python 中，什么是多态？

对于弱类型的语言来说，变量并没有声明类型，因此同一个变量完全可以在不同的时间引用不同的对象，当同一个变量在调用同一个方法时，完全可能呈现出多种行为，这就是多态。

Python 提供了两个函数来检查类型。

① issubclass(obj, class or_tuple)：检查 obj 是否为后一个类或元组包含的多个类中任意类的子类。

② isinstance(obj, class_or_tuple)：检查 obj 均是否为后一个类或元组包含的多个类中任意类的对象。

【方案】

① 多态代码示例。

② 类型检查实例。

【步骤】 实现本实验需要按照如下步骤进行。

步骤一：多态代码示例。

```
#!/usr/bin/evn python
# -*- coding:utf-8 -*-
"""ex01_多态.py"""
```

定义 Bird 类：

```
class Bird(object):
    # 定义 move 方法，接收 field 参数
    def move(self, field):
        print(f'小鸟在{field}中自由的飞翔')
```

定义 Dog 类：

```
class Dog(object):
    # 定义move方法，接收field参数
    def move(self, field):
        print(f'小狗在{field}上快乐的奔跑')
```

实例化一个 Bird 对象，调用 move 方法：

```
x = Bird()
x.move('天空')
```

实例化一个 Dog 对象，调用 move 方法：

```
x = Dog()
x.move('草地')
```

打印结果：

```
小鸟在天空中自由的飞翔
小狗在草地上快乐的奔跑
```

定义 Canvas 类：

```
class Canvas(object):
    def draw(self, shape):                    # 定义draw方法，内部调用对象的draw方法
        print('开始绘制'.center(27, '-'))
        shape.draw(self)
```

定义 Rectangle 类：

```
class Rectangle(object):
    def draw(self, canvas):
        print(f'在{canvas}上绘制矩形')
```

定义 Triangle 类：

```
class Triangle(object):
    def draw(self, canvas):
        print(f'在{canvas}上绘制三角形')
```

定义 Circle 类：

```
class Circle(object):
    def draw(self, canvas):
        print(f'在{canvas}上绘制圆形')
```

实例化一个对象：

```
c = Canvas()
# 对象调用draw方法，传入不同的对象
c.draw(Rectangle())
c.draw(Triangle())
c.draw(Circle())
```

打印结果：

```
-------------开始绘制-----------
在<__main__.Canvas object at 0x00000213B60BDB00>上绘制矩形
-------------开始绘制-----------
在<__main__.Canvas object at 0x00000213B60BDB00>上绘制三角形
```

```
------------开始绘制-----------
在<__main__.Canvas object at 0x00000213B60BDB00>上绘制圆形
```

步骤二：反向算术运算符重载。

```
#!/usr/bin/evn python
# -*- coding:utf-8 -*-
"""ex01_类型检查实例.py"""
```

定义 Animal 类：

```
class Animal:pass
```

定义两个类，继承自 Animal 类：

```
class Dog(Animal):
    pass
class Cat(Animal):
    pass
```

定义 Bird 类：

```
class Bird:pass
```

定义 Duck 类，继承自 Animal、Bird 类：

```
class Duck(Animal, Bird):
    pass
print(issubclass(Dog, Animal))
True
print(issubclass(Cat, Animal))
True
print(issubclass(Bird, Animal))
False
print(issubclass(Duck, Animal))
True
print(issubclass(Duck, (Bird, Animal)))
True
print(isinstance(Dog(), Animal))
True
print(isinstance(Cat(), Animal))
True
print(isinstance(Bird(), Animal))
False
print(isinstance(Duck(), Animal))
True
print(isinstance(Duck(), (Bird, Animal)))
True
print(Animal.__subclasses__())
[<class '__main__.Dog'>, <class '__main__.Cat'>, <class '__main__.Duck'>]
```

第 8 章 网络编程

Socket 是计算机之间进行网络通信的一套程序接口，相当于在发送端和接收端之间建立起一个管道来实现数据和命令的相互传递，通过 Socket 模块为基于 TCP 和 UDP 的通信双方实现不同的通信方式，满足不同的通信需求。

SocketServer 模块在 Socket 基础上进一步封装，简化了网络服务程序的编写，成为很多服务器框架的基础。标准库 Threading 是 Python 支持多线程的重要库，提供了大量的方法和类来支持多线程编程。

文件作为信息长久保存和允许重复使用和反复修改的重要方式，也是信息交换的重要途径，掌握文件的创建、打开、读写等操作也是 Python 中信息处理的基本要求。

本章最后将介绍 Pathlib 标准库，处理操作系统中的文件路径问题。

8.1 网络编程 TCP

1．TCP/IP

TCP/IP 即传输控制和网络协议，是网络使用中最基本和最重要的通信协议，对互联网中通信各方进行标准和方法的规定，保证网络及时、完整地传输数据信息。

TCP/IP 是一个四层的体系结构：应用层、传输层、网络层和数据链路层，如图 8-1 所示。其中，最关键的是传输控制协议 TCP 和网际协议 IP。TCP 位于传输层，负责保证端到端的可靠通信，IP 位于网络层，负责数据分组的发送和接收，包括挑选合适的传输路径。

2．Socket 抽象层

为了方便开发网络应用程序，在应用层与 TCP/IP 协议族中间加入了软件抽象层：Socket（套接字），如图 8-2 所示。Socket 是一组接口，用于隐藏复杂的 TCP/IP 协议族，程序员通过一组简单的接口就可以方便地访问 TCP/IP 协议族，进而组织数据并开发各种网络应用程序。套接字可以看作不同主机间的进程进行双方通信的端点，构成了单个主机及整个网络的编程界面。打个比方，用一条数据线把移动硬盘与计算机连接时，数据线的一端连接移动硬盘，另一端连接计算机，就可以在移动硬盘与计算机之间直接传输数据了。数据线与设备相连接的 USB 接口相当于套接字，而这条数据线就是连接。

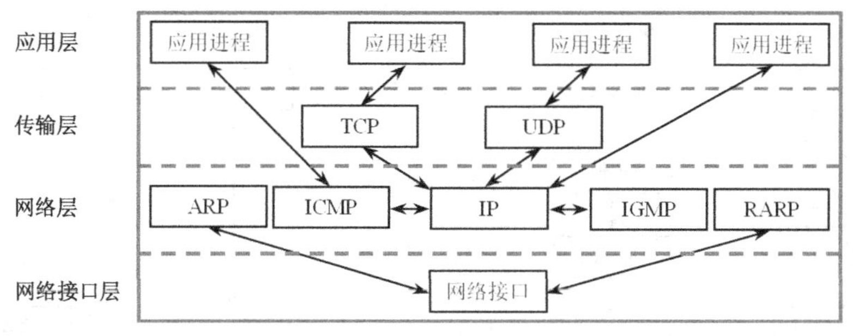

图 8-1　TCP/IP 模型

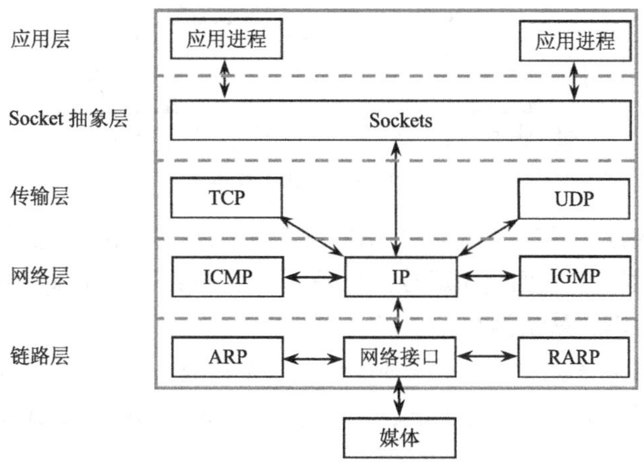

图 8-2　Socket 抽象层

套接字的表示方法为：

```
Socket = (IP 地址:端口号)
```

即点分十进制的 IP 地址后写上端口号，中间用“:”或“,”隔开。

每个传输层的连接被通信两端的两个端点唯一地确定，如果 IP 地址是 210.37.145.1，端口号是 23，那么套接字是(210.37.145.1:23)。

3．套接字类型

（1）流套接字

流套接字（Sock_Stream）使用 TCP 进行数据的传输，用于提供面向连接、可靠的数据传输服务，将保证数据能够实现无差错、无重复发送，并按顺序接收。

（2）数据报套接字

数据报套接字（Sock_Dgram）使用 UDP 进行数据的传输，提供一种无连接的服务，并不能保证数据传输的可靠性，数据有可能在传输过程中丢失或出现数据重复，且无法保证顺序地收到数据。

4．Socket 工作步骤

通信时，网络应用程序将需要传输的信息写入所在主机的 Socket 中，该 Socket 通过传输介质将这段信息传送到另一台主机的 Socket 中。服务器端和客户端的工作步骤如图 8-3 所示。

（1）Socket 服务器端工作步骤

① 创建套接字 Socket：

```
sk = socket.socket([family[, type[, protocol]]])
```

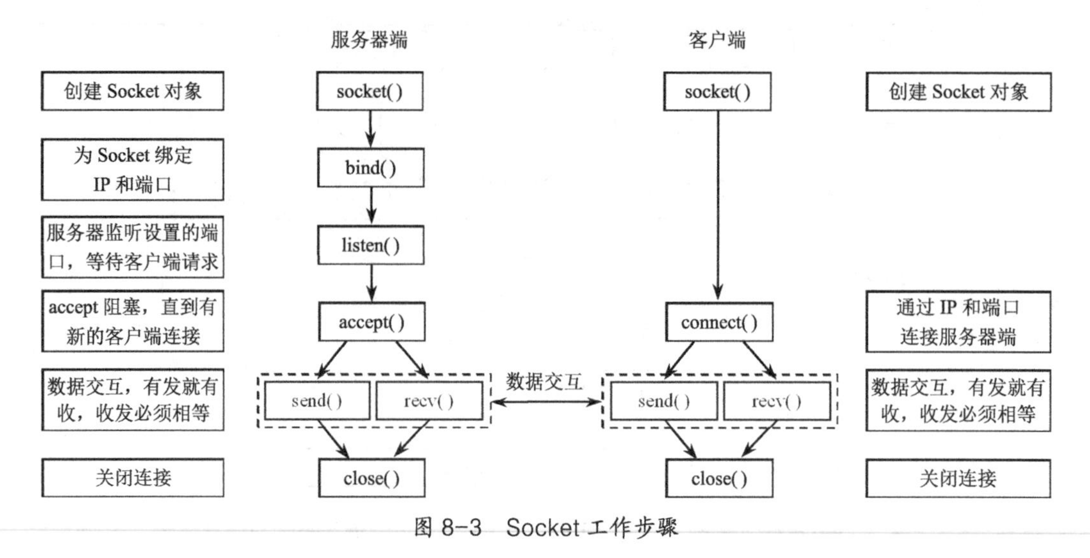

图 8-3 Socket 工作步骤

family：套接字家族，可以使用 AF_UNIX 或者 AF_INEF，指不同操作系统上的网络协议。

type：套接字类型，根据面向可靠连接还是非可靠连接分为 Sock_Stream 或 Sock_Dgram。

protocol：一般不填，默认为 0。

在基于 TCP 的网络编程时通常不需要提供这三个参数，直接使用默认值。

② s.bind()：绑定地址(host, port)到套接字，在 AF_INET 下，以元组(host, port)的形式表示地址。

③ s.listen(backlog)：开始监听，参数 backlog 用于指定在拒绝连接之前操作系统可以挂起的最大连接数量，该值至少为 1。

④ s.accept()：被动接受客户端连接，并返回(conn, address)二元元组，conn 是一个通信对象，用来接收和发送数据，address 是连接客户端的地址。

（2）Socket 客户端工作步骤

① 创建套接字 Socket：

```
sk=socket.socket([family[, type[, protocol]]])
```

② s.connect(address)：客户端向服务器端发起连接，address 的格式为元组(hostname, port)。

③ s.connect_ex()：connect()的扩展版本，出错时返回错误码，而不是抛出异常。

（3）Socket 在服务器端和客户端的套接字函数

① s.recv(bufsize)：接收数据，数据以 bytes 类型返回，bufsize 指定要接收的最大数据量。

② s.send()：发送数据，返回值是要发送的字节数量。

③ s.sendall()：保证完整发送数据。将数据发送到连接的套接字，在返回前会尝试发送所有数据。

④ s.recvfrom()：接收 UDP 数据，与 recv()类似，但返回值为(data,address)，其中 data 是接收的数据，address 是发送数据的套接字地址。

⑤ s.sendto(data,address)：发送 UDP 数据，将数据 data 发送到套接字，address 是形式为(ipaddr,port)的元组，指定远程地址。

⑥ s.close()：关闭套接字，通信完毕，必须执行 close()，释放资源。

5．Socket 基础编程实践

下面通过实例进一步介绍基于 TCP 的服务器端和客户端的消息交互过程。

【例 8-1】 基于 TCP 实现服务器端和客户端的消息交互。

创建服务器端：

```
#net-sr.py
import socket
sk = socket.socket()                            # 创建套接字对象
ip_port = ('127.0.0.1',5882)                    # IP 地址 127.0.0.1 代表本机。端口 5882 可以任意取
sk.bind(ip_port)                                # 绑定服务器

sk.listen(5)                                    # 监听客户端的访问，设置可以同时连接 5 个客户端
con, addr = sk.accept()                         # con 是连接，addr 是接收到的客户端地址

while True:
    client_data = con.recv(1024).decode()  # 1024 指缓冲区容量。收到网络数据后用 decode()解码
    if client_data == '886':                    # 收到客户端发来的信息'886'，就结束会话
        break
    print(addr, client_data)                    # 显示客户端地址及会话
    con.send(input(":").encode())               # 发送服务器端会话，需通过 encode()编码
con.close()                                     # 会话结束时，关闭连接
```

创建客户端：

```
#net-cl.py
import socket
in_port = ('127.0.0.1',5882)                    # 设定服务器端的 IP 地址 127.0.0.1 和端口
sk = socket.socket()                            # 创建套接字
sk.connect(in_port)                             # 创建与服务器的连接
while True:
    message = input(": ")                       # 从键盘输入信息
    sk.send(message.encode())                   # 把信息编码后发送给服务器
    if message == '886':                        # 发送'886'，意味着结束通话
        break
    print(sk.recv(1024).decode())               # 打印接收到的信息

sk.close() #接收会话
```

通话过程示例如下。打开两个终端，在一个终端输入 “python net-sr.py” 命令，启动服务器端，如图 8-4 所示，在另一个终端输入“python net-cl.py” 命令，启动客户端，如图 8-5 所示，从而创造双方会话的条件。

会话过程如下：

客户端	服务器端
hello server	Hi client
nice to meet you	how are you
886	

也可以直接在 PyCharm 环境下运行程序，看到运行窗口启动客户端和服务器端两个对话框，会话过程如图 8-6 所示。

```
E:\Project\Pycharm\core_python_via_pycharm\unit06>python net-sr.py
('127.0.0.1', 62896) hello server
:Hi client
('127.0.0.1', 62896) nice to meet you
:how are you

E:\Project\Pycharm\core_python_via_pycharm\unit06>886
```

图 8-4　服务器端窗口

```
E:\Project\Pycharm\core_python_via_pycharm\unit06>python net-cl.py
: hello server
Hi client
: nice to meet you
how are you
: 886

E:\Project\Pycharm\core_python_via_pycharm\unit06>
```

图 8-5　客户端窗口

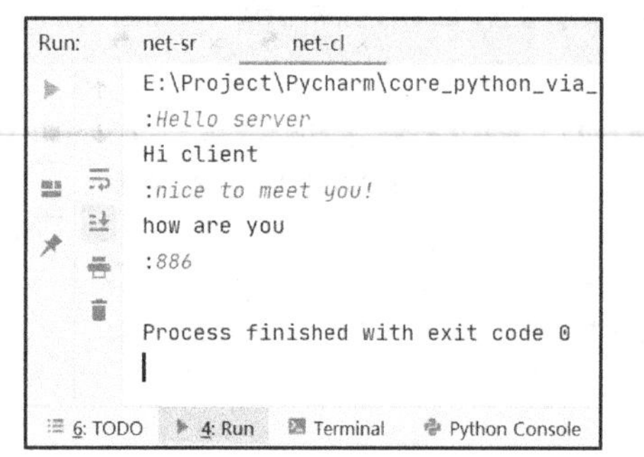

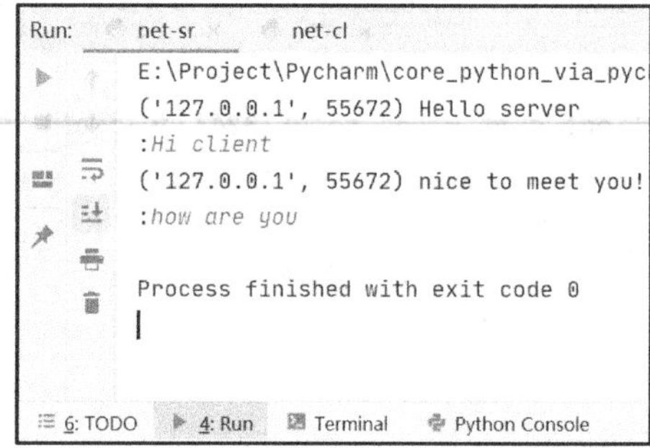

图 8-6　PyCharm 环境下基于 TCP 的会话过程

8.2　网络编程 UDP

8.1 节介绍了基于 TCP，通过 Socket 模块实现简便的网络编程。TCP 是基于可靠的连接，传输安全要求比较高。网络传输层还有一个广泛使用的协议——UDP（User Datagram Protocol，用户数据报协议），提供面向事务的简单、不可靠信息传送服务。事务是指最小的处理单元，不可靠是指为了提高网络的传输效率可以降低消息发送的确定性。相对 TCP 编程，UDP 网络编程简单很多，只需考虑把数据发送出去，不需要三次握手和四次挥手。

1. 服务器端

① 创建地址：IP 地址和端口。

② 创建 Socket 对象。

```
udpsock = socket.socket(socket.AF_INET,socket.SOCK_DGRAM,0)
```

其中，socket.AF_INET 表示 IPv4 地址，socket.SOCK_DGRAM 表示数据报套接字，protocol 表示协议，默认为 0。上述三个参数在 UDP 编程中不能省略。

③ 绑定地址：

```
bind()
```

④ 收发数据。

接收数据：

```
data, addr = recvfrom(BUFSIZE)
```

发送数据：

```
sendto(data, addr)
```

⑤ 关闭 Socket：

```
close()
```

与 TCP 编程相比，UDP 编程少了 listen（监听）和 Accept（接收）两个步骤，更简单，效率更高，但是降低了可靠性。

2．客户端

① 创建地址：服务器的 IP 地址和端口。

② 创建 Socket 对象：

```
udpsock = socket.socket(socket.AF_INET, socket.SOCK_DGRAM, 0)
```

③ 收发数据：

```
sendto(data, addr)
data, addr = recvfrom(BUFSIZE)
```

④ 关闭 Socket：

```
close()
```

3．编程实践

下面通过实例进一步介绍基于 UDP 的服务器端和客户端的消息交互过程。

【例 8-2】 基于 UDP 实现服务器和客户端的消息交互。

服务器端程序：

```
# net-udf-sr.py
import socket
ip_port = ('127.0.0.1',5884)
sk = socket.socket(socket.AF_INET, socket.SOCK_DGRAM, 0)
sk.bind(ip_port)
print("服务器已开启…")

while True:
    client_data,client_addr = sk.recvfrom(1024)
    print(client_data.decode())
    if client_data.decode() == 'q':
        break
    sk.sendto(input('server:').encode(), client_addr)
sk.close()
```

客户端程序：

```
# net-udf-cl.py
import socket
ip_port = ('127.0.0.1',5884)
sk = socket.socket(socket.AF_INET, socket.SOCK_DGRAM, 0)

while True:
    message = input('client:')
```

```
    sk.sendto(message.encode(), ip_port)
    if message == 'q':
        break
    print(sk.recvfrom(1024)[0].decode())        # 取 recvfrom 函数的第一个值，即消息

sk.close()
```

运行过程如图 8-7 和图 8-8 所示。

```
E:\Project\Pycharm\core_python_via_pycharm\unit06>python udp_server.py

服务器已开启...
hello from client
server:welcome to server
q

E:\Project\Pycharm\core_python_via_pycharm\unit06>
```

图 8-7　服务器端窗口

```
E:\Project\Pycharm\core_python_via_pycharm\unit06>python udp-client.py

client:hello from client
welcome to server
client:q

E:\Project\Pycharm\core_python_via_pycharm\unit06>
```

图 8-8　客户端窗口

会话过程如下：

客户端	服务器端
hello from client	welcome to server
q	q

也可以直接在 PyCharm 环境下运行程序，看到运行窗口启动客户端和服务器端两个对话框，如图 8-9 所示。

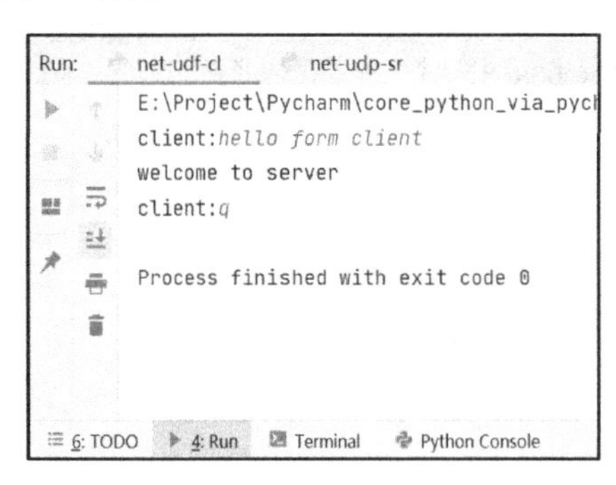

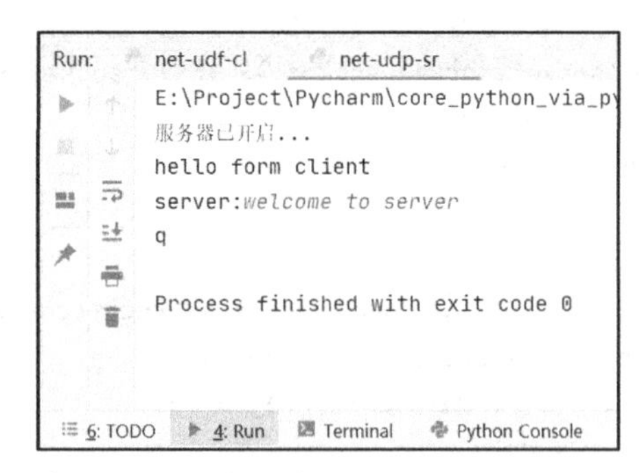

图 8-9　PyCharm 环境下基于 UDP 的会话过程

【例 8-3】 根据客户端输入的生日，判断客户的星座和今日幸运星座。

服务器端程序：

```
# net-con-sr.py
import socket
import random

constellations=('摩羯','水瓶','双鱼','白羊','金牛','双子','巨蟹','狮子','处女','天秤','天蝎','射手','摩羯')
```

```
def get_constellation(month,date):                  # 此函数用于根据所输入的月和日得到对应星座
    dates = (21,20,21,21,22,22,23,24,24,24,23,22)   #每个星座对应的截止日
    if date < dates[month-1]:
        return constellations[month-1]
    else:
        return constellations[month]

ip_port = ('127.0.0.1',5884)
sk = socket.socket(socket.AF_INET, socket.SOCK_DGRAM, 0)
sk.bind(ip_port)
print("服务器已开启...")

while True:
    client_data, client_addr = sk.recvfrom(1024)
    if client_data.decode() == 'q':
        break
    month, date = client_data.decode().split(' ')   # 输入月和日的格式：6 1
    const = get_constellation(int(month),int(date)) #将月和日类型转换为整型
    sk.sendto('你的星座是:{}，今天的幸运星座是:{}.'.format(const, random.sample(constellations, \
            1)).encode(), client_addr)
sk.close()
```

客户端程序：

```
# net-con-cl.py
import socket
ip_port = ('127.0.0.1', 5884)
sk = socket.socket(socket.AF_INET, socket.SOCK_DGRAM, 0)
print('欢迎来到小明的星座屋！')
while True:
    message = input('请输入你的生日（如“4 8”）:')
    sk.sendto(message.encode(),ip_port)
    if message == 'q':
        break
    print(sk.recvfrom(1024)[0].decode())

sk.close()
```

运行结果：

```
欢迎来到小明的星座屋！
请输入你的生日（如“4 8”）:12 23
你的星座是:摩羯，今天的幸运星座是：['天秤'].
请输入你的生日（如“4 8”）:4 1
你的星座是:白羊，今天的幸运星座是：['天秤'].
请输入你的生日（如“4 8”）:9 1
你的星座是:处女，今天的幸运星座是：['双鱼'].
请输入你的生日（如“4 8”）:q

Process finished with exit code 0
```

8.3 网络编程 SocketServer

在前面使用 Socket 的过程中先设置了 socket 类型，再依次调用 bind()、listen()、accept()，最后用 while 循环让服务器不断接受请求。这些可以通过 SocketServer 包来简化。

socketserver 模块是在 socket 模块基础上的一层封装，简化了网络服务程序的编写，可以实现并发，也是 Python 标准库中很多服务器框架的基础。

SocketServer 包提供了 4 个基本服务类，如图 8-10 所示。

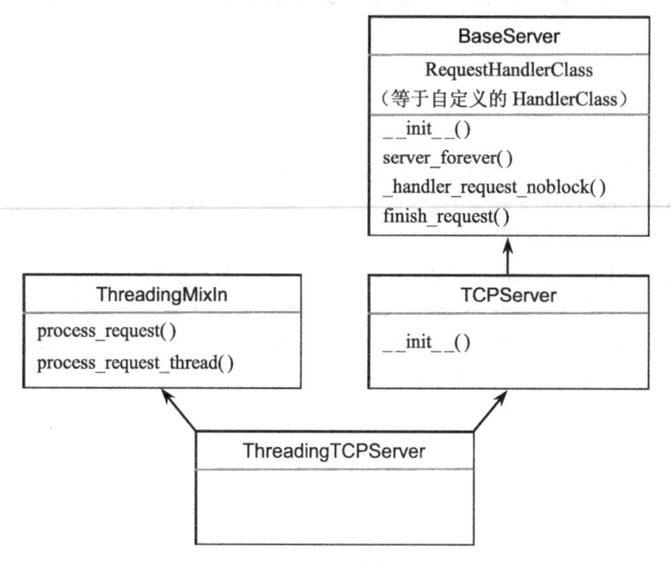

图 8-10　SocketServer 模块的 4 个基本服务类

ThreadingTCPServer 是一个继承自 BaseServer 和 ThredingMixIn 的子类，具备处理 TCP（Socket 模块）和多线程的能力。本节学习的 SocketServer 模块来自 ThreadingTCPServer 类。

先自定义一个类，取名 MyServer，是一个继承自 socketserver.BaseRequestHandler 的类，重写其 handle 方法，并将这个类和服务器的 IP 地址、端口作为参数传递给 ThreadingTCPServer 类，然后手动启动 ThreadingTCPServer。

ThreadingTCPServer 类就是一个连接客户端和服务器的管道，封装了 Socket 中的监听和请求这两个步骤。

再编写一个用 SocketServer 实现多线程会话的程序。利用 SocketServer，在内部使用 IO 多路复用和多线程/进程机制，实现并发处理多个客户端请求 Socket 服务器端会话的功能。每个客户端请求连接到服务器时，SocketServer 服务器端都会创建一个线程或者进程，专门负责处理当前客户端的所有请求。

【例 8-4】 用 SocketServer 实现多线程会话。

服务器端：

```
import socketserver
class MyServer(socketserver.BaseRequestHandler):
    def handle(self):
        conn = self.request                # 用 request 替代 listen 和 accept
        conn.sendall('欢迎访问服务器！'.encode())
        while True:
```

```
            client_data = conn.recv(1024).decode()
            if client_data == 'exit':
                print('断开与【{}】的连接'.format(self.client_address))
                break                         # 中断的只是某一个客户端的连接
            # 显示某个客户端的地址和消息
            print('来自【{}】的消息:【{}】'.format(self.client_address,client_data))
            conn.sendall('服务器收到了你的消息【{}】'.format(client_data).encode())

if __name__ == '__main__':                    # 启动MyServer服务
    server = socketserver.ThreadingTCPServer(('127.0.0.1', 5884), MyServer)
    print('服务器已启动…')
    server.serve_forever()
```

客户端的编码保持不变，直接复制即可：

```
import socket
ip_port = ('127.0.0.1', 5884)
sk = socket.socket()

sk.connect(ip_port)
server_data = sk.recv(1024).decode()
print(server_data)

while True:
    inp = input('请输入消息：').strip()
    sk.sendall(inp.encode())
    if inp == 'exit':
        print('谢谢使用，再见！')
        break
    server_data = sk.recv(1024).decode()
    print('服务器：', server_data)

sk.close()
```

先启动服务器端程序，再使用终端模式启动客户端1、客户端2，模拟两个不同的线程与服务器通信。当客户端2用“exit”指令结束与服务器的对话后，客户端1仍继续保持会话，同时在服务器端记录所有进程的信息。运行结果如图8-11～图8-13所示。

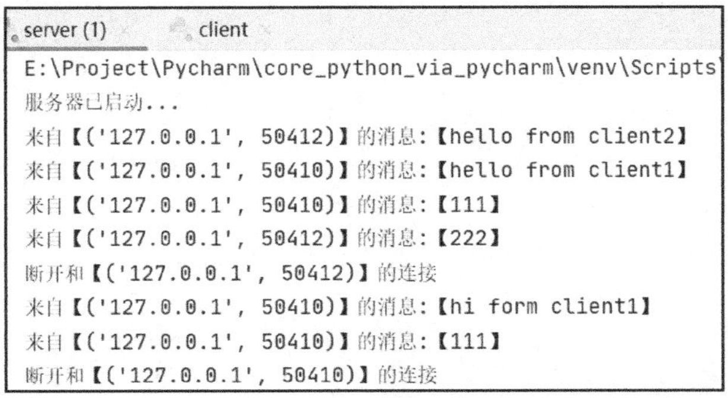

```
server (1)    client
E:\Project\Pycharm\core_python_via_pycharm\venv\Scripts
服务器已启动...
来自【('127.0.0.1', 50412)】的消息:【hello from client2】
来自【('127.0.0.1', 50410)】的消息:【hello from client1】
来自【('127.0.0.1', 50410)】的消息:【111】
来自【('127.0.0.1', 50412)】的消息:【222】
断开和【('127.0.0.1', 50412)】的连接
来自【('127.0.0.1', 50410)】的消息:【hi form client1】
来自【('127.0.0.1', 50410)】的消息:【111】
断开和【('127.0.0.1', 50410)】的连接
```

图8-11　服务器端

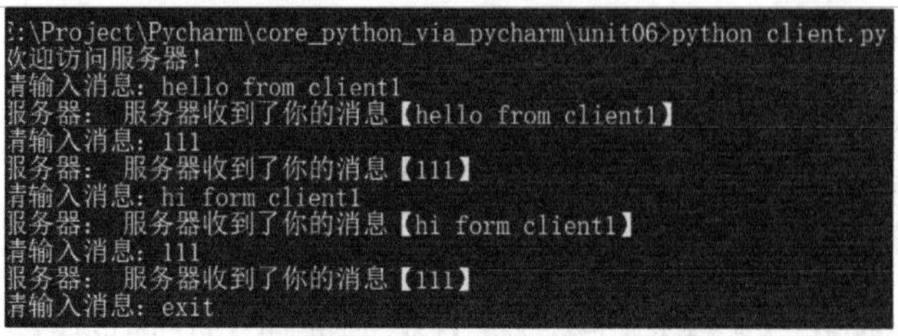

```
:\Project\Pycharm\core_python_via_pycharm\unit06>python client.py
欢迎访问服务器!
请输入消息: hello from client1
服务器:  服务器收到了你的消息【hello from client1】
请输入消息: 111
服务器:  服务器收到了你的消息【111】
请输入消息: hi form client1
服务器:  服务器收到了你的消息【hi form client1】
请输入消息: 111
服务器:  服务器收到了你的消息【111】
请输入消息: exit
```

图 8-12 客户端 1

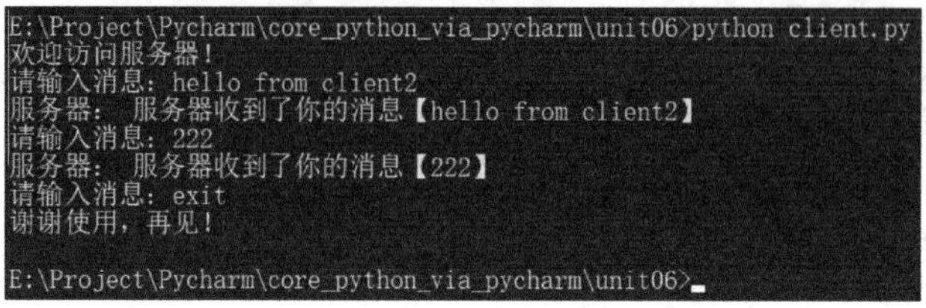

```
E:\Project\Pycharm\core_python_via_pycharm\unit06>python client.py
欢迎访问服务器!
请输入消息: hello from client2
服务器:  服务器收到了你的消息【hello from client2】
请输入消息: 222
服务器:  服务器收到了你的消息【222】
请输入消息: exit
谢谢使用，再见!

E:\Project\Pycharm\core_python_via_pycharm\unit06>_
```

图 8-13 客户端 2

【例 8-5】 摩斯码查询。

摩斯码也称为摩斯密码，发明于 1837 年，是一种早期的数字化通信形式。摩斯码用一种时通时断的信号为代码，通过不同的排列顺序表达不同的英文字母、数字和标点符号。摩斯码的代码包括 5 种：短促的点信号“·”，读“嘀”(Di)，保持一定时间的长信号“—”，读“嗒”(Da)，表示点和划之间的停顿，每个词之间中等的停顿，句子之间长的停顿。规定这五种代码的时间长度为：嘀为 1 t，嗒为 3 t，嘀嗒间为 1 t，字符间为 3 t，单词间为 7 t。

摩斯码编码：

```
# morse.py
# 定义摩斯码编码字典
CODE = {
    'A':'•-',
    'B':'-•••',
    'C':'-•-•',
    'D':'-••',
    'E':'•',
    'F':'••-•',
    'G':'--•',
    'H':'••••',
    'I':'••',
    'K':'-•-',
    'J':'•---',
    'L':'•-••',
    'M':'--',
    'N':'-•',
    'O':'---',
    'P':'•--•',
    'Q':'--•-',
    'R':'•-•',
    'S':'•••',
    'T':'-',
```

```
    'U':'••-',
    'V':'•••-',
    'W':'•--',
    'X':'-••-',
    'Y':'-•--',
    'Z':'--••',
    '0':'-----',
    '1':'•----',
    '2':'••---',
    '3':'•••--',
    '4':'••••-',
    '5':'•••••',
    '6':'-••••',
    '7':'--•••',
    '8':'---••',
    '9':'----•'
}

def encode(msg):
    '''将字符串编码成摩斯码
      :param msg: 字符串
      :return: 摩斯码
    '''
    code = ''
    for c in msg:
        if c == ' ':
            code += ' '
        else:
            code += CODE[c.upper()]+' '
    return code
```

服务器端代码：

```
# morse_sv.py
import socketserver
import morse                           # 将字符串编码成摩斯码的自定义文件
class MyServer(socketserver.BaseRequestHandler):
    def handle(self):
        conn = self.request
        conn.sendall('欢迎访问服务器！'.encode())
        while True:
            client_data = conn.recv(1024).decode()
            if client_data == 'exit':
                print('断开与【{}】的连接'.format(self.client_address))
                break
            else:
                print('来自【{}】的消息：【{}】'.format(self.client_address,client_data))
                code = morse.encode(client_data)            # 将客户端的消息编码成摩斯码
                conn.sendall('摩斯码是【{}】'.format(code).encode())
```

```
if __name__ == '__main__':
    server = socketserver.ThreadingTCPServer(('127.0.0.1', 5884), MyServer)
    print('服务器已启动…')
    server.serve_forever()
```

客户端代码：

```
# client.py
import  socket
ip_port = ('127.0.0.1', 5884)
sk = socket.socket()

sk.connect(ip_port)
server_data = sk.recv(1024).decode()
print(server_data)

while True:
    inp = input('请输入消息：').strip()
    sk.sendall(inp.encode())
    if inp == 'exit':
        print('谢谢使用，再见！')
        break
    server_data = sk.recv(1024).decode()
    print('服务器：', server_data)

sk.close()
```

运行结果如图 8-14 和图 8-15 所示。

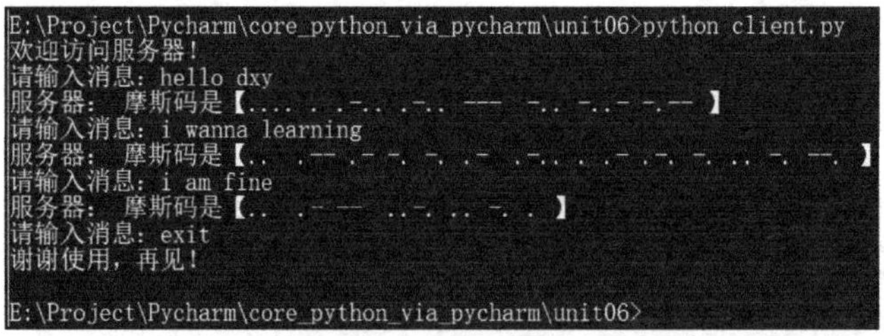

```
E:\Project\Pycharm\core_python_via_pycharm\unit06>python client.py
欢迎访问服务器!
请输入消息：hello dxy
服务器：  摩斯码是【.... . .-.. .-.. --- -.. -..- -.-- 】
请输入消息：i wanna learning
服务器：  摩斯码是【.. .-- .- -. -. .- .-.. . .- .-. -. .. -. --. 】
请输入消息：i am fine
服务器：  摩斯码是【.. .- -- ..-. .. -. . 】
请输入消息：exit
谢谢使用，再见!

E:\Project\Pycharm\core_python_via_pycharm\unit06>
```

图 8-14　客户端 1

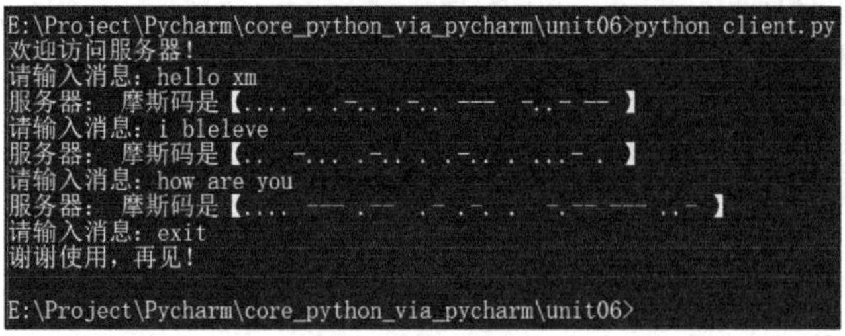

```
E:\Project\Pycharm\core_python_via_pycharm\unit06>python client.py
欢迎访问服务器!
请输入消息：hello xm
服务器：  摩斯码是【.... . .-.. .-.. --- -..- -- 】
请输入消息：i bleleve
服务器：  摩斯码是【.. -... .-.. . .-.. . ...- . 】
请输入消息：how are you
服务器：  摩斯码是【.... --- .-- .- .-. . -.-- --- ..- 】
请输入消息：exit
谢谢使用，再见!

E:\Project\Pycharm\core_python_via_pycharm\unit06>
```

图 8-15　客户端 2

服务器端显示如下：

```
服务器已启动…
```

```
来自【('127.0.0.1', 51147)】的消息:【hello dxy】
来自【('127.0.0.1', 51147)】的消息:【i wanna learning】
来自【('127.0.0.1', 51142)】的消息:【hello xm】
来自【('127.0.0.1', 51142)】的消息:【i believe】
来自【('127.0.0.1', 51142)】的消息:【how are you】
来自【('127.0.0.1', 51147)】的消息:【i am fine】
断开与【('127.0.0.1', 51147)】的连接
断开与【('127.0.0.1', 51142)】的连接
```

显然，服务器可以同时接收多个终端的请求，各终端独自与服务器通信。

8.4 多线程

1．进程

进程是程序的一个执行实例，每个运行中的程序可以同时创建多个进程，但至少一个。

每个进程提供执行程序所需的所有资源：虚拟的地址空间，可执行的代码，操作系统的接口，安全的上下文（记录启动该进程的用户和权限等），唯一的进程 ID，环境变量，优先级类，最小和最大的工作空间（内存空间）。

进程可以包含线程，并且每个进程必须有至少一个线程。

每个进程启动时先产生一个线程，即主线程，主线程会再创建其他子线程。

2．线程

线程，有时被称为轻量级进程，是程序执行流的最小单元。标准的线程包含线程 ID、当前指令的地址（PC）、寄存器集合和堆栈组成。线程是进程中的一个实体，是被系统独立调度和分派的基本单位。线程不独立拥有系统资源，但可与同属一个进程的其他线程共享该进程所拥有的全部资源。每个应用程序都至少有一个进程和一个线程，单个程序通过同时运行多个线程，完成不同的工作。

3．进程与线程的区别

① 同一个进程内的线程共享内存空间，不同进程的内存空间相互独立。

② 同一个进程内的所有线程共享数据，不同进程的数据相互独立。

③ 对主线程的修改会影响其他线程的行为，但是父进程的修改（除了删除）不会影响其他子进程。

④ 线程是一个上下文的执行指令，进程是与运算相关的一簇资源。

⑤ 同一个进程的线程之间可以直接通信，进程之间的交流需要借助中间代理来实现。

⑥ 创建新的线程很容易，但是创建新的进程需要对父进程做一次复制。

⑦ 一个线程可以操作同一进程内的其他线程，进程只能操作其子进程。

⑧ 线程启动速度快，进程启动速度慢。

4．Threading 模块常用方法

Threading 模块是 Python 中专门处理线程的内建模块，封装了相关属性和方法，常用方法如下。

❖ current_thread：返回当前线程。

❖ active_count：返回当前活跃的线程数，一个主线程和多个子线程。

❖ get_ident：返回当前线程 ID。

❖ enumerater：返回当前活动线程对象列表。

❖ main_thread：返回主线程对象。

【例 8-6】 线程常用方法举例。

```
import threading
print(threading.current_thread())              # 返回当前线程
print(threading.current_thread().name)         # 返回当前线程的名字
print(threading.get_ident())                   # 返回当前线程的 ID
print(threading.main_thread())                 # 返回当前主线程
```

运行结果：

```
<_MainThread(MainThread, started 420)>
MainThread
420
<_MainThread(MainThread, started 420)>
```

【例 8-7】 显示多个线程。

```
import threading
import time

print(threading.main_thread())

def show():
    time.sleep(2)                              # 延迟 2 秒
    print(threading.current_thread())
    print(threading.current_thread().name)

threading.Thread(target = show).start()
threading.Thread(target = show).start()
print(threading.active_count())
```

运行结果：

```
<_MainThread(MainThread, started 9856)>
3
<Thread(Thread-2, started 10380)>
Thread-2
<Thread(Thread-1, started 14884)>
Thread-1
```

显示共有 3 个进程：1 个主进程 MainThread，2 个子进程 Thread-2 和 Thread-1。程序通过 time.sleep(2)延迟输出信息的方法，能看清楚目前内存中的线程，因为线程是动态创建动态消亡的，线程执行完毕自动关闭。

5．创建线程

创建自定义线程类有两种方法：通过继承父类 threading.Thread 创建，这时需要重写 thread

类中的__init__和__run__方法，或者直接使用 Threading 模块创建，更加简便。

（1）通过继承父类 threading.Thread 创建线程

【例 8-8】 通过继承创建线程。

```
import threading
import time
import random
class MyThread(threading.Thread):
    def __init__(self):
        super(MyThread, self).__init__()

    def run(self):
        time.sleep(random.random())
        print(threading.current_thread().name, 'is running...')

if __name__ == '__main__':
    for i in range(5):
        MyThread().start()
```

运行结果：

```
Thread-4 is running...
Thread-1 is running...
Thread-2 is running...
Thread-3 is running...
Thread-0 is running...
```

创建的 MyThred 类继承自 threading.Thread 类，重写 thread 类中的__init__和__run__方法。__init__方法必须调用父类的__init__方法，即 super(MyThread, self).__init__。

__run__方法在开启子线程后（MyThread().start()）自动执行，为了看到当前执行的多个线程，通过 sleep()延迟输出信息。

main()函数中开启 5 个线程，每次 MyThread().start()都会自动触发 run 方法，输出当前线程的名字。因为每个线程随机延迟时间不一样，所以看到的 5 个线程是随机的。

通过继承创建的线程，默认名字是 Thread-1、Thread-2 等，那么，如何让每个线程有自己的名字呢？这涉及线程参数的传递。

【例 8-9】 创建线程时传入参数。

```
import threading
import time
import random
class MyThread(threading.Thread):
    def __init__(self, username):
        super(MyThread, self).__init__(name = username)

    def run(self):
        time.sleep(random.random())
        print(threading.current_thread().name, "is running…")

if __name__ == '__main__':
```

```
    for i in range(5):
        MyThread('线程-' + str(i)).start()
```

运行结果：

```
线程-1 is running...
线程-4 is running...
线程-2 is running...
线程-0 is running...
线程-3 is running...
```

程序在创建实例对象后调用 start 方法时，传入实参数('线程-' + str(i))，同时在__init__方法中接收形参 name。

在 super(MyThread,self).__init__(name=username)中传入 name 参数。

【例 8-10】 自定义函数，并将函数名作为参数传递给自定义线程。

```
import threading
import time
import random

class MyThread(threading.Thread):
    def __init__(self, func, username):
        super(MyThread, self).__init__()
        self.func = func
        self.username = username

    def run(self):
        time.sleep(random.random())
        self.func(self.username)


def coffee(coffee_name):
    print("请喝：", coffee_name)

if __name__ == '__main__':
    for i in range(5):
        obj = MyThread(coffee,'咖啡-'+str(i))
        obj.start()
```

运行结果：

```
请喝： 咖啡-3
请喝： 咖啡-2
请喝： 咖啡-1
请喝： 咖啡-4
请喝： 咖啡-0
```

通过继承创建的 MyThred 类，必须重写父类的__init__和__run__方法比较麻烦，使用 threading.Thread 方法可以直接创建子类，并创建实例对象。

（2）用 Threading 模块创建线程

【例 8-11】 用 threading.Thread 方法直接创建子类。

```
import threading
```

```
import time
import random

def jogging():
    time.sleep(random.random())
    print(threading.current_thread().name, "is running…")

if __name__ == '__main__':
    for i in range(5):
        t = threading.Thread(target=jogging)                    # 直接创建子类
        t.start()
```

运行结果：

```
Thread-4 is running...
Thread-1 is running...
Thread-2 is running...
Thread-3 is running...
Thread-0 is running...
```

这样写程序更加简洁明了。

【例 8-12】 用 threading.Thread 方法创建线程时传入参数。

```
import threading
import time
import random

def jogging(name):
    time.sleep(random.random())
    print(name,"is running...")

if __name__ == '__main__':
    for i in range(5):
        # 将 args 中的参数传递给 jogging 函数
        t = threading.Thread(target = jogging, args = ('线程-'+str(i),))
        t.start()
```

运行结果：

```
线程-1 is running...
线程-4 is running...
线程-3 is running...
线程-2 is running...
线程-0 is running...
```

threading.Thread(target = jogging, args = ('线程-'+str(i),))方法将 args 中的参数传递给 jogging()函数。

6. 守护线程

在多线程执行过程中，各线程独立执行任务，不等待其他线程。若把所有子线程都变成主线程的守护线程，当主线程结束后，守护线程也会随之结束，整个程序随之退出。

设置守护线程的方法如下：

```
setDaemon(True)
```

【例 8-13】 守护线程举例。

```
import threading
import time
import random

def jogging(name):
    time.sleep(random.random())
    print(name, "is running...")

if __name__ == '__main__':
    for i in range(5):
        t = threading.Thread(target = jogging, args = ('线程-'+str(i),))
        t.setDaemon(True)                          # 设置线程 t 是主线程的守护线程
        t.start()
    time.sleep(random.random())
    print(threading.main_thread().name,'is finished')
```

运行结果：

```
线程-3 is running...
线程-1 is running...
MainThread is finishd
```

由于设置了线程 0～线程 4 是主线程的守护线程，本来有 5 个子线程，但启动了线程 3 和线程 1 后主线程结束了，因此所有子线程都结束。

8.5 线程锁

为避免多个线程在运行过程中因争夺某资源而导致错误，需要设置各种线程锁来解决问题，如互斥锁、条件锁、共享锁。

【例 8-14】 模拟线程的作用。

```
import threading
import time
import random
def add():
    sum_ = 0
    for i in range(1,10000):
        sum_ += i

def mul():
    total = 1
    for i in range(1,10000):
        total *= i

if __name__ == '__main__':
```

```
    start = time.perf_counter()
    add()
    mul()
    end = time.perf_counter()
    print(end-start)                        # 此时间为串行运行函数 add 和 mul 的用时

    print('*'*20)

    start = time.perf_counter()
    threading.Thread(target = add).start()    # 开启子线程运行函数 add
    threading.Thread(target = mul).start()    # 开启子线程运行函数 mul
    end=time.perf_counter()
    print(end-start)                        # 此时间为多线程并行运行函数 add 和 mul 的用时
```

运行结果：

```
0.023831400000000003
********************
0.007014300000000001
```

time.perf_counter()用于计时，开始和结束两次采集时间相减就是程序运行所耗时间。

结果显示了串行方法和并行方法执行所耗时间的对比，显然使用多线程并行方法效率高很多。但是需要说明一点，时间 0.007014300000000001 只表示子线程启动的时间，不代表子线程已经执行完毕。但由于启动子线程后主线程可以响应用户新的需求，对用户来说并没有等待的感觉，而是感觉系统的响应时间非常快，因此不影响用户的体验。

上面的例子比较简单，没有涉及资源竞争，如果几个线程使用相同资源，就可能出现数据混乱。因为 CPU 按照一定的策略调度内存中的多个线程，每个线程可能只执行了若干指令后就被切换到其他线程，随后再切换回原线程执行，此时若这几个线程同时操作一个对象，就会出现不可预期的错误。例如，线程 A 在写数据的同时发生线程 B 读这个数据，由于缺少对该对象的保护，结果读到的数据可能是线程 A 写之前的数据，也可能是线程 A 写之后的数据，造成数据不可预期，这被称为线程不安全。所以，为了保证数据安全，需要设计线程锁，即同一时刻只允许一个线程操作该数据。

1．线程锁的基本含义

线程锁用于锁定资源，当需要独占某一资源时就用该锁锁定。系统中存在多个线程锁，任何一个锁都可以用于锁定某个资源，好比用不同的锁都可以把相同的一个箱子锁住一样。

【例 8-15】 不加锁产生的脏数据。

```
import threading
import time
number = 0
def plus():
    global number
    for _ in range(1000000):
        number += 1
    print(f'{threading.current_thread().name}:{number}')
```

```
if __name__ == '__main__':
    threading.Thread(target = plus).start()     # 开启线程，通用plus函数
    threading.Thread(target = plus).start()     # 开启线程，通用plus函数
    time.sleep(1)                               # 主线程等待1秒
    print(f'{threading.main_thread().name}: {number}')
```

运行结果：

```
Thread-1:981361
Thread-2:1220878
MainThread: 1220878
```

按以往的思路，线程 1（Thread-1）执行 plus()函数，number 计数结果是 1000000，线程 2（Thread-2）再执行 plus()函数，number 计数结果应该是 2000000，然后主线程（MainThread）结束，计数结果应该是 2000000，结果却显示 1220878，相去甚远。原因就在于现在是多线程的运行环境，系统开启了三个线程，它们彼此独立，异步执行，但共用了全局变量 number，两个线程在争用同一个变量时发生数据混乱，产生了脏数据，即数据出错了，此时需要加一把互斥锁。

2. Lock 互斥锁

互斥锁是一种独占锁，即同一时刻只有一个线程可以访问共享的资源，使用资源时先加锁再访问，使用完毕释放锁。

【例 8-16】 Lock 互斥锁举例。

```
import threading
import time
number = 0
lock = threading.Lock()                         # 创建互斥锁

def plus(lk):
    global number
    lk.acquire()                                # 加锁
    for _ in range(1000000):
        number += 1
    print(f'{threading.current_thread().name}:{number}')
    lk.release()                                # 释放锁

if __name__=='__main__':
    # 线程在访问数据的过程中不允许其他线程访问，所以加上互斥锁lock
    threading.Thread(target = plus, args = (lock,)).start()
    threading.Thread(target = plus, args = (lock,)).start()
    time.sleep(1)
    print(f'{threading.main_thread().name}: {number}')
```

运行结果：

```
Thread-1:1000000
Thread-2:2000000
MainThread: 2000000
```

运行结果完全正确。

注意互斥锁的使用方法：先初始化锁对象，再将锁当作参数传递给任务函数 plus()，在任务中加锁，使用后释放，这两个线程共享全局变量 number，需要互斥使用。

3．信号锁 BoundedSemaphore

信号锁允许一定数量的线程同时更改数据，好似批量放行。类似地铁安检，排队人很多，工作人员只允许一定数量的人进入安检区，其他人继续排队。

【例 8-17】 信号锁举例。

```
import threading
import time
import random
from get_random_name import get_name

semaphore = threading.BoundedSemaphore(3)          # 创建信号锁，一次放行 3 个

def enter(name, se):                               # se 是传递来的锁
    se.acquire()                                   # 加锁
    print(f'{name}通过了安检！')
    time.sleep(3)
    se.release()                                   # 释放锁

if __name__ == '__main__':
    for i in range(10):                            # 10 个线程，每组 3 个，按组运行
        threading.Thread(target=enter, args=(get_name(), semaphore)).start()

# 模拟人名，把这段代码单独保存为文件（模块），便于后面复用
# get_random_name.py
import random

first_name = ['王', '李', '张', '刘', '陈', '杨', '黄', '赵', '吴', '周', '徐', '孙', '马', \
              '朱', '胡', '郭', '何', '高', '林', '罗']
last_name = ['郑', '梁', '谢', '宋', '唐', '许', '韩', '冯', '邓', '曹', '彭', '曾', '肖', \
             '田', '董', '袁', '潘', '于', '蒋', '蔡']

def get_name():
    return random.sample(first_name, 1)[0] + ''.join(random.sample(last_name, random.randint(1, 3)))

def get_names(count):
    names = []
    for i in range(count):
        names.append(get_name())
    return names

if __name__ == '__main__':
    print(get_name())
```

运行结果如图 8-16 所示。

4．事件锁

事件锁的运行机制是定义一个状态，如果状态值为 False，那么当线程执行 wait 方法时就会阻塞，如果状态值为 True，那么线程不再阻塞。事件锁类似交通红绿灯（默认为红灯），红灯的时候一次性阻挡所有线程，绿灯的时候一次性放行所有排队中的线程。

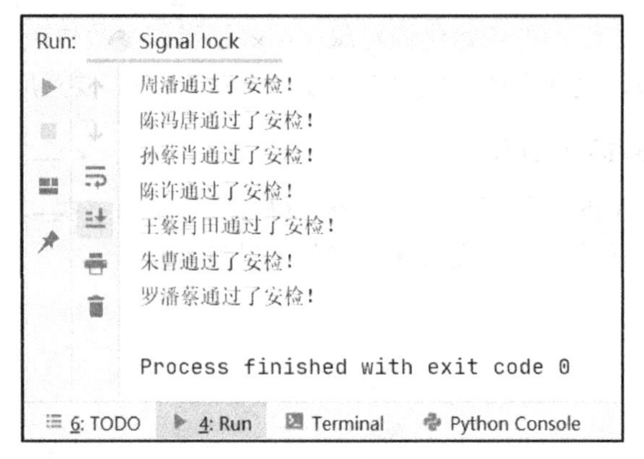

图 8-16　信号锁的使用示例

【例 8-18】 事件锁举例。

```
import random
import time
import threading

from get_random_name import get_names

event = threading.Event()                         # 创建事件锁

def lighter():                                    # 模拟信号灯
    green_time = 3
    red_time = 3
    event.set()                                   # 加锁，绿灯
    while True:
        print("\033[1;32m 绿灯亮… \033[0m")
        time.sleep(green_time)                    # 绿灯亮 3 秒
        event.clear()                             # 释放锁，即改变为红灯
        print('\033[1;31m 红灯亮...\033[0m')
        time.sleep(red_time)                      # 红灯亮 3 秒
        event.set()                               # 再次改为绿灯

def run(name):
    while True:
        if event.is_set():
            print(f'{name}通过了马路')              # 当绿灯时，不断有人过马路
            time.sleep(random.randint(1, 3))
        else:
            print(f'{name}看到红灯，在路边等待')      # 红灯时，所有人等待
            event.wait()

if __name__ == '__main__':
    lighter = threading.Thread(target=lighter, )
    lighter.start()
    for name in get_names(100):                   # 100 个人，相当于 100 个线程
        car = threading.Thread(target = run, args = (name,))
        car.start()
```

运行结果：

```
绿灯亮…
陈田通过了马路
吴肖通过了马路
朱于谢通过了马路
黄曾曹通过了马路
李潘通过了马路
…
红灯亮…
黄曾曹看到红灯，在路边等待
朱于谢看到红灯，在路边等待
胡田看到红灯，在路边等待
吴肖看到红灯，在路边等待
…
```

程序模拟了红绿灯下行人过马路的效果。行人代表线程，红绿灯就是事件锁，当加锁时，所有线程都放开运行，否则阻塞线程。

8.6 文件 IO

IO（Input/Output）是指输入和输出，文件 IO 即文件的读和写，Python 的文件读写分为字符串读写（StringIO）和字节流读写（BytesIO）。文本文件的读写是 StringIO，而音频、图片、视频的读写就是 ByteIO。

Python 内置了读写文件的函数。在磁盘上读写文件的功能是由操作系统提供的，操作系统不允许普通的程序直接操作磁盘，而是通过程序的请求打开一个文件对象，然后通过操作系统提供的接口从这个文件对象中读取数据。

1．文件读写

Python 内置了 open 方法，用于打开一个文件对象，才可以对文件进行读写操作。open 方法的返回值是一个 file 对象，可以将它赋值给一个变量。其基本语法格式为：

```
f = open(filename,mode)
```

filename：要访问的文件名；mode：打开文件的模式，如表 8-1 所示。

表 8-1 打开文件的模式

模式	操 作	描 述
r	只读	默认模式，若文件不存在，则报错；存在，则正常读取
w	只写	若文件不存在，则新建文件后写入；若存在，则先清空文件内容再写入
a	追加	若文件不存在，则新建文件后写入；若存在，则在文件的最后追加写入
x	新建	若文件存在，则报错；若文件不存在，则新建文件后写入内容，比 w 模式更安全
b	二进制模式	以字节流（bytes）类型操作数据。r、w、a 模式默认读取文本文件，若读取二进制文件，必须加后缀 b 一起使用，如 rb、wb、ab
+	追加模式	在原来的基础上增加读或写的功能，如 r+是在读基础上增加写的功能。w+、a+同理

【例 8-19】 打开文件并读取内容。

```
f = open('readme.md', 'r')
content = f.read()
# 关闭打开的文件
f.close()
print(content)
```

【例 8-20】 打开文件并写入指定的内容。

```
s = 'hello,xiaoming'
b = bytes(s, encoding = 'UTF-8')          # 将字符串以指定的 UTF-8 编码转为字节流
f = open('xm.txt', 'w')                   # 默认是文本文件
f.write(s)                                # 写入的是字符串
f.write('\n')
f.close()
f = open('xm.txt', 'ab')                  # 用了 ab 模式，是追加写二进制模式
f.write(b)  #写入的是字节流
f.close()
```

文件 xm.txt 的内容：

```
hello,xiaoming
hello,xiaoming
```

2．扩展模式

在模式 w、a、r 基础上加上“+”，构成 w+、a+、r+，意味着在原来的基础上增加读或写的功能，如 r+就是在读基础上增加写的功能。

注意：① 对于 w+模式，在读写前会清空文件的内容；② 对于 a+模式，永远只能在文件的末尾写入；③ 对于 r+模式，也就是读写模式，配合 seek 和 tell 方法，可以实现更多操作。

【例 8-21】 打开文件的模式。

```
f=open('log','a+')                        # 文件追加方式
f.write("hello")
f.write("\n")
f.write("python")
f.write("\n")
f.write("world")
f.close()
```

运行结果，文件 log 的内容如下：

```
hello
python
world
```

3．文件对象读操作

根据读的方式，文件读操作分为三种：① read(size)方法，读取 size 大小的数据；② readline 方法，读取一行内容；③ readlines 方法，读取所有行内容。

（1）read(size)方法

read(size)方法读取一定大小的数据，然后作为字符串或字节对象返回。size 是一个可选的数字类型参数，用于指定读取的数据量。当 size 忽略或者为负值时，该文件的所有内容都将被

读取并且返回。

【例 8-22】 用 read(size)方法读文件。

```
f = open('readme.md','r')
str = f.read(1024)                              # 一次读取 1024 字节
print(str)
f.close()
```

（2）readline 方法

从文件中读取一行内容，换行符为‘\n’，如果返回一个空字符串，说明已经读取到最后一行。这种方法通常是读一行，并且不能回退，只能前进，读过的行不能重复读。

【例 8-23】 用 readline 方法读文件。

```
f = open('readme.md','r')
str = f.readline()
print(str)
f.close()
```

随着 readline 方法的执行，文件指针会逐行下移，直到文件末。

（3）readlines 方法

readlines 方法将文件中所有的行全部读入，每行作为一个元素加入列表并返回这个列表。

【例 8-24】 用 readlines 方法读文件。

```
f = open('readme.md','r')
a = f.readlines()
print(a)
f.close()
```

一次性把文件读完，a 是列表对象，可以用遍历的方式处理所有行。

4．文件对象写操作

先打开文件，指定模式为写操作：

```
f = open('about.txt', 'w')
```

然后使用 write 方法写文件：

```
f.write(str)
```

用于将字符串或字节流写入文件。

写动作可以多次重复进行，但都是在内存中操作，并不会立刻写回硬盘，直到执行 close 方法后，才会将所有的写入操作反映到硬盘上。在此过程中，如果想把内存中的内容直接保存到硬盘上，就可以使用 f.flush 方法。

5．文件读写位置操作

用 open 方法打开文件时，文件指针定位在文件开头位置，文件总是在指针所在位置处读或写，随着读写操作的进行，文件指针会不断地移动，如果需要获得当前文件指针的位置或移动指针到指定位置，就要用到下面两个方法。

（1）tell 方法

f.tell()方法返回文件读写指针的位置，用从文件头开始到当前位置的字节数来表达。

（2）seek 方法

f.seek(offset, from_what)方法用于改变指针位置：offset 是偏移，from_what 是参照位置。例如，seek(x, 0)，从起始位置即文件首行首字符开始往后移动 x 个字符；seek(x, 1)，表示从当前位置往后移动 x 个字符；seek(-x, 2)，表示从文件的结尾往前移动 x 个字符。

【例 8-25】 文件指针的操作。

```
f = open('about.txt','rb+')                    # rb+是读写字节流
f.write(b"abcdefghijklmnopqrstuvwxyz")         # b 开头表示将字符串转换成字节流
print(f.tell())                                # 返回位置是 26
f.seek(5)                                      # 移动指针到位置 5, 字符'f'处, 注意下标从 0 开始
print(f.read(1))                               # 读到字符'f'
f.seek(-3,2)                                   # 从文件的结尾往前移动 3 个字符
print(f.read(1))                               # 读到字符'x'
f.close()
```

6．with 关键字

使用 with 关键字引入上下文管理器机制，一方面，程序可以不写 close 语句，而使文件自动关闭，省去程序中频繁地打开和关闭文件的操作；另一方面，避免了当读写文件异常时因没有及时关闭文件所引发的错误。使用方法如下：

```
with open('test.txt','w') as f:
    f.write('Hello,world!')
```

7．os 模块

os 模块负责程序与操作系统的交互，提供了一种方便地使用操作系统的方法。

- os.mkdir()：创建目录。
- os.getcwd()：查看当前所在路径。
- os.listdir(path)：列举文件夹下的所有文件。
- os.path.abspath(path)：返回 path 的绝对路径。
- os.path.dirname(path)：返回 path 中的文件夹部分，结果不包含“\”。
- os.path.basename(path)：返回 path 中的文件名。
- os.path.getsize(path)：返回文件或文件夹的大小，若是文件夹，则返回 0。
- os.path.exists(path)：文件或文件夹是否存在，返回 True 或 False。

8.7 Pathlib 库

标准库 Pathlib 提供了一组面向对象的类，这些类可以代表各种操作系统上的路径，程序可通过这些类操作路径。其中常用子类 PurePath 的结构如下：

```
PurePath（纯路径）
    PurePosixPath（UNIX 或 MAC OSX 系统风格的路径）
    PureWindowsPath（Windows 系统风格的路径）
    Path（真正路径）
        PosixPath（UNIX 或 Mac 系统风格的路径）
```

windowsPath（Windows 系统风格的路径）

1. PurePath 类

PurePath 为"纯路径"，只是负责对路径字符串执行操作，至于该字符串是否对应实际的路径，并不关心。

PurePath 有两个子类，即 PurePosixPath 和 PureWindowsPath，分别代表 Linux 风格的路径（包括 Mac）和 Windows 风格的路径。Linux 风格与 Windows 风格的路径主要区别在于根路径和路径分隔符：

根路径

Linux：/

Windows：盘符

路径分隔符

Linux：/

Windows：\

2. Path 类

Path 类是 PurePath 类的子类，代表访问实际文件系统的"真正路径"。Path 类同样有两个子类，即 PosixPath 和 WindowsPath。Path 对象用于判断对应的文件是否存在、是否为文件、是否为目录等。

3. PurePath 类的基本功能

程序可使用 PurePath 类或它的两个子类来创建 PurePath 对象。如果在 UNIX 或 Mac 系统上使用 PurePath 创建对象，那么程序返回 PurePosixPath 对象。如果在 Windows 系统上使用 PurePath 对象，那么程序返回 PureWindowsPath 对象。

【例 8-26】 PurePath 的基本使用。

```
from pathlib import *
pp = PurePath('index.py')                    # 构造一个 pathlib.PureWindowsPath 对象
print(type(pp))
# <class 'pathlib.PureWindowsPath'>，即 Windows 风格的路径

pp = PurePath('tedu','tlv','info')
print(pp)
# tedu\tlv\info。合并字符串为路径，这是相对路径，存于当前目录下

pp = PureWindowsPath(Path('tedu'), Path('tlv'), Path('info'))
print(pp)
# tedu\tlv\info，指定生成 Windows 风格的路径
```

【例 8-27】 PurePath 类的进一步使用。

```
from pathlib import *
pp = PurePath()                              # 如果不传入参数，那么默认使用当前路径
print(pp)                                    # 显示：.代表当前目录

# 传入的参数包含多个根路径，则只有最后一个根路径及其后面的子路径生效
```

```
pp = PurePosixPath('/tedu','/usr','python3')
print(pp)                                    # /usr/python3

pp = PureWindowsPath('C:\windows', 'D:\program files','python3')
print(pp)                                    # D:\Program Files\Python3
```

【例 8-28】 PurePath 对路径的操作。

```
from pathlib import *
# 在windows风格的路径中，只有盘符才能算作根路径，仅有斜杠是不算的
pp = PureWindowsPath('C:\windows','D:\program files')
print(pp)                                     # D:\program files

# 传入的路径字符串中包含多余的斜杠和标点，系统会直接忽略这些斜杠和标点
pp = PurePath('foo\\bar')
print(pp)                                    # foo\bar

pp = PurePath('foo\.\bar')
print(pp)                                    # foo\bar
```

【例 8-29】 PurePath 实现字符串拼接。

```
from pathlib import *
pp_xm = PurePosixPath('xm')
pp_dxy = PurePosixPath('dxy')
print(pp_xm/'python'/'lesson_01')            # xm/python/lesson_01，使用/直接拼接字符串
print(pp_xm/pp_dxy)                          # xm/dxy
```

【例 8-30】 用 PurePath 判断目录的类型。

```
from pathlib import *

pp_xm = PurePosixPath('xm','python','lesson_01')
pp_dxy = PureWindowsPath('dxy','python03','lesson_02')

print(type(pp_xm), pp_xm)
# <class 'pathlib.PurePosixPath'> xm/python/lesson_01，是UNIX系统类型

print(type(pp_dxy), pp_dxy)
# <class 'pathlib.PureWindowsPath'> dxy\python03\lesson_02，是Windows系统类型
```

4．PurePath 类的属性和方法

PurePath 类提供了许多属性和方法（如表 8-2 和表 8-3 所示），表示以字符串形式表达的有关路径的信息。

表 8-2　PurePath 类的属性

属　性	描　述	属　性	描　述	属　性	描　述
parts	字符串的各部分	drive	驱动器盘符	root	根路径
anchor	盘符和根路径	parents	父路径	name	文件名
suffixes	文件所有后缀名	suffix	文件后缀名	stem	主文件名

表 8-3 PurePath 类的方法

方 法	描 述	方 法	描 述
as_posix()	转换成 UNIX 风格	as_uri()	转换成 URI
is_absolute()	是否为绝对路径	joinpath(*other)	连接路径
match(pattern)	正则匹配	relative_to(*other)	去除基准路径
with_name(name)	替换新文件名	with_suffix(suffix)	替换新后缀

【例 8-31】 PurePath 类常用属性和方法举例。

```
from pathlib import *
print(PureWindowsPath('C:/program files/python/site-packages/').drive)
#C:\
print(PureWindowsPath('/program files/python/site-packages/').drive)
#空字符串
print(PurePosixPath('/usr/local/python3/bin/').drive)
#空字符串
print(PureWindowsPath('C:/program files/python/site-packages/').root)
#\
print(PureWindowsPath('/program files/python/site-packages/').root)
#\
print(PurePosixPath('/usr/local/python3/bin/').root)
#/
print(PureWindowsPath('C:/program files/python/site-packages/').anchor)
#C:\
print(PureWindowsPath('/program files/python/site-packages/').anchor)
#\
print(PurePosixPath('/usr/local/python3/bin/').anchor)
#/
```

【例 8-32】 PurePath 路径访问方法举例。

```
from pathlib import *
pp = PurePath('/usr/local/python3/lib')
print(pp.parents[0])                    # \usr\local\python3
print(pp.parents[1])                    # \usr\local
print(pp.parents[2])                    # \usr
print(pp.parents[3])                    # \
print(pp.parent)                        # \usr\local\python3
```

【例 8-33】 PurePath 类的方法举例。

```
from pathlib import *
pp = PurePath('/','usr','local','python','hello_world.py')
print(pp) #\usr\local\python\hello_world.py
print(pp.as_posix()) #/usr/local/python/hello_world.py
print(pp.relative_to('/'))# usr\local\python\hello_world.py
print(pp.relative_to('/usr')) # local\python\hello_world.py
print(pp.relative_to('/usr/local'))#python\hello_world.py
pp = PurePath('c:/','usr','local','python','hello_world.py')
print(pp.as_uri()) #file:///c:/usr/local/python/hello_world.py
```

【例 8-34】 PurePath 文件名操作举例。

```
from pathlib import *
pp = PurePath('/', 'usr', 'local', 'python', 'hello_world.py')
print(pp)
# \usr\local\python\hello_world.py
print(pp.with_name('hello_xm.py'))
# \usr\local\python\hello_xm.py
print(pp.with_suffix('.pyc'))
\usr\local\python\hello_world.pyc
```

5. Path 类的功能和用法

Path 类是 PurePath 的子类，除了支持 PurePath 类的各种操作、属性和方法，还会真正访问底层的文件系统，包括判断 Path 类对应的路径是否存在，获取 Path 类对应路径的各种属性，甚至可以对文件进行读写。

【例 8-35】 Path 类举例。

```
from pathlib import *
p = Path('.')                                 # 获取当前目录

for x in p.iterdir():                         # 遍历当前目录下所有文件和子目录
    print(x)

for py in p.glob('*.py'):                     # 遍历所有 py 后缀的文件
    print(py)
```

【例 8-36】 Path 类对文件的读写操作举例。

```
from pathlib import *
p = Path('./about.txt')                       # 在当前目录下指定一个文件
print(p)

# 直接将字符串写入文件
length = p.write_text('hello my name is xiaoming, his name is daxiyi', encoding='utf-8')
print(length)                                 # 文本的长度

content = p.read_text(encoding='utf-8')       # 读取文件内容
print(content)

b_content = p.read_bytes()                    # 读取字节流
print(b_content)
```

运行结果：

```
about.txt
44
hello my name is xiaoming, his name is daxiyi
b'hello my name is xiaoming, his name is daxiyi'
```

习 题

1. 下列关于网络通信的说法中，正确的是（　　）。
A. TCP 和 UDP 都需要解决粘包的问题
B. 流式套接字和数据报套接字都需要 connect( )函数
C. 流式套接字中接收客户端链接的套接字与通信套接字是同一个
D. 以上三个均不正确
2. 下列关于网络编程接口的说法中，错误的是（　　）。
A. bind()函数用于绑定本机的 IP 和端口号
B. listen()函数目的是将套接字变成监听套接字
C. UDP 通信中服务器端不能够使用 bind()函数
D. Accept()是处理客户端连接请求的函数
3. 对于 Python 语句“f = open()”，以下对 f 的描述中，错误的是（　　）。
A. f 是文件句柄，用来在程序中表达文件
B. 表达式 print(f)执行将报错
C. f 是一个 Python 内部变量类型
D. 将 f 当作文件对象，f.read()可以读入文件全部信息
4. 关于进程和线程的说法中，正确的是（　　）。
A. 应该更多地使用进程而不是线程
B. 应该更多地使用线程而不是进程
C. 应该根据情况选择进程或者线程的使用
D. Python 计算密集型程序选择并发应该是多进程
6. 死锁的产生条件是（　　）。
A. 互斥条件　　B. 请求和保持条件
C. 不剥夺条件　　D. 环路等待条件
7. 下列关于多进程的描述中，正确的是（　　）。
A. 进程可以使用计算机多核资源　　B. 计算机中创建进程越多效率越高
C. 进程是系统资源分配的基本单位　　D. 进程是一个执行过程的描述
8. 两个线程或进程争夺一个资源时（　　）。
A. 一定产生死锁　　B. 不会死锁
C. 不一定会死锁　　D. 以上说法都不对
9. 下面关于网络知识的描述中，错误的是（　　）。
A. 端口号是可以随意使用的
B. TCP 数据传输是可靠地传输
C. UDP 连接更适用于网络不太好、信息准确性要求不高的情况
D. UDP 的传输效率比 TCP 更高
10. 下列关于线程的描述中，错误的是（　　）。
A. 多个线程共享进程的资源多个线程共享进程的资源
B. 线程间可以使用全局变量进行通信
C. 线程 daemon 属性设置为 True，则主线程退出时其他线程也会退出

D．多线程可以完全替代多进程的功能

11．下列关于 UDP 通信方式的说法中，错误的是（　　）。

A．UDP 通信不需要建立连接

B．UDP 通信方式以数据报的方式发送数据

C．UDP 通信中如果一次信息接收不全下次会继续接收完整

D．UDP 通信方式中不保证数据的可靠性

12．两次调用文件的 write 方法，以下描述中正确的是（　　）。

A．连续写入的数据之间无分隔符

B．连续写入的数据之间默认采用换行分隔

C．连续写入的数据之间默认采用空格分隔

D．连续写入的数据之间默认采用逗号分隔

13．下面关于 IO 多路复用的说法中，不正确的是（　　）。

A．Select、Poll、Epoll 都属于 IO 多路复用方法

B．IO 多路复用可以同时监听多个 IO 事件

C．水平触发效率要比边缘触发高

D．Select 和 Poll 方法都支持水平触发，只有 Epoll 支持水平和边缘触发

14．关于文件的打开方式，以下选项中描述正确的是（　　）。

A．文件只能选择二进制或文本方式打开　　B．所有文件都可能以二进制方式打开

C．文本文件只能以文本方式打开　　D．所有文件都可能以文本方式打开

15．以下关于 with 语句的描述中，正确的是（　　）。

A．任何对象都能用 with 语句进行管理

B．open()函数返回的文件流对象可以用 with 语句中进行管理

C．with 语句主要用于容易引发异常的异常处理中

D．在 with 语句内部创建的变量，在 with 语句之后无法再次访问

16．以下不属于 Python 文件操作方法的是（　　）。

A．read　　B．write

C．join　　D．readline

17．属于 Python 读取文件一行操作的是（　　）。

A．readtext　　B．readline

C．readall　　D．read

18．以下关于 Python 文件打开模式的描述中，错误的是（　　）。

A．只读模式 r　　B．覆盖写模式 w

C．追加写模式 a　　D．创建写模式 n

19．在 Python 中，用 open 方法打开 Windows 的 D 盘下的文件，路径名错误的是（　　）。

A．D:\PythonTest\a.txt　　B．D:\PythonTest\\a.txt

C．D:/PythonTest/a.txt　　D．D://PythonTest//a.txt

20．在 Python 中，将二维数据写入 CSV 文件，最可能使用的函数是（　　）。

A．write()　　B．split()

C．join()　　D．exists()

21．以下对文件的描述中，错误的是（　　）。

A．文件是一个存储在辅助存储器上的数据序列
B．文本文件和二进制文件都是文件
C．文件中可以包含任何数据内容
D．文本文件能用二进制文件方式读入

实　验

实验 8.1　网络编程 TCP

【问题】 在 Python 中，网络编程有哪些模型？

① OSI 参考模型（七层）

应用层：提供应用服务，具体的功能由具体程序体现。

表示层：数据的压缩优化和加密。

会话层：建立应用连接，选择合适的传输服务。

传输层：提供传输服务、进行流量控制。

网络层：路由选择、网络互连。

链路层：进行数据交换、控制具体消息收发、链路连接。

物理层：提供物理硬件传输、网卡、接口设置、传输介质。

② TCP/IP 模型（四层）

应用层：应用层、表示层、会话层合并在应用层完成。

传输层：提供传输服务、进行流量控制。

网络层：路由选择、网络互连。

物理链路层：物理层，链路层功能。

③ 通信模型特点

建立了统一的工作流程；分层清晰，每层各司其职；降低了通信模块开发过程中的耦合的。

【方案】

① Socket 常用方法。

② 创建 socket_tcp 服务器端。

③ 创建 socket_tcp 客户端。

④ 运行服务器端与客户端。

【步骤】 实现本实验需要按照如下步骤进行。

步骤一：Socket 常用方法。

```
#!/usr/bin/evn python
# -*- coding:utf-8 -*-
"""ex01_socket模块.py"""
```

创建套接字：

```
s = socket.socket([family[, type[, proto]]])
```

family：套接字家族，可以为 AF_UNIX 或者 AF_INET。

type：套接字类型，根据是面向连接的还是非连接分为 Sock_Stream 或 Sock_Dgram。

protocol：一般不填默认为 0。

① 服务器端方法

```
s.bind(addr)
```

功能：绑定服务器地址。

参数：addr，以元组形式(host, port)给出服务器地址。

例如：

```
s.bind(('192.168.1.2', 8888))
s.listen(n)
```

功能：设置监听套接字，建立监听队列。

参数：n，监听队列大小，在拒绝连接前，操作系统可以挂起的最大连接数量值至少为 1。

```
connfd, addr = s.accept()
```

功能：阻塞等待处理客户端连接。

返回值：connfd，客户端连接套接字，是一个通信对象，可以用来接收和发送数据；addr，连接客户端的地址。

阻塞函数：程序运行过程中遇到阻塞函数会暂停执行，直到达成某种条件再继续执行。

② 客户端方法

```
s.connect(address)
```

功能：客户端向服务器端发起连接。

参数：一般 address 的格式为元组(hostname, port)。

connect()函数的扩展版本，出错时返回出错码，而不是抛出异常。

```
s.connect_ex()
```

公共方法包括如下：

```
data = s.recv(buffersize)
```

功能：阻塞，等待接受客户端消息。

参数：整数，一次最多接收多少字节消息。

返回值：返回接收到的内容。

```
n = s.send(data)
```

功能：发送数据。

参数：要发送的内容为 bytes 格式，str-->bytes — encode()，bytes-->str — decode()。

返回值：实际发送数据的大小（字节）。

```
s.sendall()
```

完整发送数据：将数据发送到连接的套接字，但在返回之前会尝试发送所有数据。

```
s.recvform()
```

接收 UDP 数据，与 recv 方法类似，但返回值是(data, address)。其中，data 是包含接收的数据，address 是发送数据的套接字地址。

```
s.sendto(data, address)
```

发送 UDP 数据，将数据 data 发送到套接字，address 是形式为(ipaddr, port)的元组，指定远程地址。

```
s.close()
```

关闭套接字，必须执行。

步骤二：创建 socket_tcp 服务器端。

```
#!/usr/bin/evn python
# -*- coding:utf-8 -*-
"""ex01_scoket模块.py"""
tcp_server.py
# 导入socket模块
import socket
# 创建TCP套接字
sockfd = socket.socket(socket.AF_INET,socket.SOCK_STREAM)
# 绑定地址
sockfd.bind(('172.40.76.103', 8888))
# 设置监听
sockfd.listen(5)
```

建立死循环，持续监听：

```
while True:
    # 打印等待信息
    print("Waiting for cinnect...")
    # 等待处理客户端连接
    connfd, add = sockfd.accept()
    # 打印客户端地址
    print("Connect from", add)
    # 循环进行消息收发
    while True:
        # 消息接收
        data = connfd.recv(5)
        # 如果客户端退出，那么服务器端recv立即返回空子串
        if not data:
           break
        # 解码消息，并打印
        print("Receive Msg:",data.decode())

        # 服务器端发送消息，通知客户端已收到
        n = connfd.send(b"I see")
        print("Send %d bytes"%n)

    # 关闭连接
    connfd.close()
```

关闭套接字：

```
sockfd.close()
```

步骤三：创建 Socket 客户端。

```
#!/usr/bin/evn python
# -*- coding:utf-8 -*-
"""ex01_scoket模块.py"""
```

```
tcp_client.py
# 导入socket模块
from socket import *
# 创建套接字
sockfd = socket()
# 发起连接请求
server_addr = ('172.40.76.103', 8888)
sockfd.connect(server_addr)
```

循环消息收发：

```
while True:
    # 接收输入
    data = input(">>")
    # 如果输入为空，则退出
    if not data:
        break
    # 将消息编码并发送
    sockfd.send(data.encode())
    # 接收服务器返回，并打印
    data = sockfd.recv(5)
    print("From server:",data.decode())
```

关闭套接字：

```
sockfd.close()
```

步骤四：运行服务器端和客户端。

```
#!/usr/bin/evn python
# -*- coding:utf-8 -*-
"""ex01_scoket模块.py"""
# 在终端中进入服务器端文件所在目录，运行服务器端
D:\Code>python tcp_server.py
Waiting for cinnect...
# 新建另一个终端，在客户端目录下，运行客户端
D:\Code>python tcp_client.py
>>
# 此时可以从客户端输入消息，并接收服务器端返回
```

实验 8.2　网络编程 UDP

【问题】 在 Python 中，网络编程 UDP 如何实现？

面向无连接的传输服务（基于 UDP）。

特征：提供不可靠的传输服务，不保证传输过程的数据完整性。

适用情况：网络较差，对传输可靠性要求不高，或者传输不能够建立连接，如视频、群聊、广播通信。

TCP 和 UDP 套接字编程的差异：

❖ 流式套接字是以字节流的方式传输数据，数据报套接字则以数据报方式传输。

❖ TCP 套接字会有粘包，但是 UDP 套接字有消息边界不会粘包。

❖ TCP 套接字保证传输的可靠性，UDP 套接字无法保证。

❖ TCP 套接字使用 listen accpet 进行连接，UDP 则不需要。

❖ TCP 套接字使用 recv 和 send 方法收发消息，UDP 则用 recvfrom、sendto 方法。

【方案】

① UDP 编程。

② 创建 socket_udp 服务器端。

③ 创建 socket_udp 客户端。

④ 运行客户端和服务器端。

⑤ socket_udp 服务实现星座判断。

【步骤】 实现本实验需要按照如下步骤进行。

步骤一：UDP 编程。

```
# !/usr/bin/evn python
# -*- coding:utf-8 -*-
"""ex01_socket_udp.py"""
```

服务器端：

```
# 创建数据报套接字
sockfd = socket(AF_INET, SOCK_DGRAM)
# 绑定地址
sockfd.bind(addr)
# 收发消息
data, addr = sockfd.recvfrom(buffersie)
"""功能：收发数据报消息
    参数：一次最多接收消息的大小（字节）
    返回值：data，接收到的内容；addr，消息发送者的地址"""
n = sockfd.sendto(data,addr)
"""功能：发送数据报消息
    参数：data，要发送的消息 bytes；addr，发送消息的目标地址"""
    返回：发送的字节数
# 关闭套接字
sockfd.close()
```

客户端编程如下。

① 创建地址：IP 地址和端口。

② 创建 socket 对象：

```
socket.AF_INET
socket.SOCK_DGRAM
```

③ 收发数据：

```
sendto(消息，服务器地址)
消息，服务器地址 = recvfrom(缓冲)
```

④ 关闭 socket：

```
close()
```

步骤二：创建 socket_udp 服务器端。

```
#!/usr/bin/evn python
```

```
# -*- coding:utf-8 -*-
"""ex01_scoket_udp.py"""
udp_server.py
# 导入 socket 模块
import socket
#创建 UDP 套接字
ip_port = ('127.0.0.1', 5884)
sk = socket.socket(socket.AF_INET,socket.SOCK_DGRAM,0)
# 绑定地址
sk.bind(ip_port)
# 提示信息
print('服务器已开启...')
```

设定循环：

```
while True:
    # 接收多少信息，元组形式：(信息，客户端地址)
    client_data, client_addr = sk.recvfrom(1024)
    # 解码并打印信息
    print(client_data.decode())
    # 约定，如果传过来的信息为 q，则退出
    if client_data.decode() == 'q':
        break
    # 如果不是 q，则返回消息，接收输入并编码
    sk.sendto(input('server:').encode(),client_addr)
```

关闭套接字：

```
sk.close()
```

步骤三：创建 socket_udp 客户端。

```
# !/usr/bin/evn python
# -*- coding:utf-8 -*-
"""ex01_scoket_udp.py"""
udp_client.py
# 导入 socket 模块
import socket
# 创建 UDP 套接字
ip_port = ('127.0.0.1', 5884)
sk = socket.socket(socket.AF_INET, socket.SOCK_DGRAM, 0)
```

循环消息收发：

```
while True:
    # 接收输入消息
    mssage = input("client:")
    # 将消息发送给服务器端
    sk.sendto(mssage.encode(),ip_port)
    # 如果输入为 q，则退出
    if mssage == 'q':
        break
    # 如果不为 q，则打印服务器返回消息
```

```
    print(sk.recvfrom(1024)[0].decode())
```

关闭套接字：

```
sk.close()
```

步骤四：运行服务器端和客户端。

```
#!/usr/bin/evn python
# -*- coding:utf-8 -*-
"""ex01_scoket_udp.py"""
```

先在终端进入服务器端文件所在目录，运行服务器端。

```
D:\Code>python dup_server.py
服务器已开启...
hello from client
server: welcome to server
```

新建另一个终端，在客户端目录下运行客户端，此时可以从客户端输入消息，并接收服务器端返回。

```
D:\Code>python udp_client.py
client:hello from client
welcome to server
```

在客户端输入 q，停止连接：

```
client : q
```

步骤五：socket_udp 服务实现星座判断。

```
#!/usr/bin/evn python
# -*- coding:utf-8 -*-
"""ex01_scoket_udp.py"""
```

编写服务器端：

```
import socket
import random

def get_con(month, date):
    dates = (21,20,21,21,22,22,23,24,24,24,23,22)
    if date < dates[month - 1]:
        return constellations[month - 1]
    else:
        return constellations[month]
ip_port = ('127.0.0.1', 5884)
sk = socket.socket(socket.AF_INET, socket.SOCK_DGRAM, 0)
sk.bind(ip_port)
print('服务器已开启…')
while True:
    client_data, client_addr = sk.recvfrom(1024)
    month,date = client_data.decode().split(' ')

    const = get_con(int(month), int(date))
```

```
    if client_data.decode() == 'q':
        break
    sk.sendto('你的星座是:{}, 今天的幸运星座是{}'.format(const, random.sample(constellations, \
            1)).encode(), client_addr)
sk.close()
```

编写客户端：

```
import socket

ip_port = ('127.0.0.1', 5884)
sk = socket.socket(socket.AF_INET, socket.SOCK_DGRAM, 0)
print('黄英来到小明的星座屋：')
while True:
    mssage = input("请输入生日（如“4 8”）：")
    sk.sendto(mssage.encode(), ip_port)
    if mssage == 'q':
        break
    print(sk.recvfrom(1024)[0].decode())

sk.close()
```

实验 8.3 实现 SocketServer 服务器端

【问题】 在 Python 中如何使用 SocketServer 服务器端？

为了满足对多线程网络服务器的需求，Python 提供了 SocketServer 模块。

SocketServer 在内部使用 IO 多路复用和多线程/进程机制，实现了并发处理多个客户端请求的 Socket 服务器端。每个客户端请求连接到服务器时，SocketServer 服务器端都会创建一个“线程”或者“进程”，专门负责处理当前客户端的所有请求。

创建一个继承自 socketserver.BaseRequestHandler 的类，其中必须定义 handle 方法，不能是别的名字；将这个类和服务器的 IP 地址、端口作为参数，传递给 ThreadingTCPServer 构造器，手动启动 ThreadingTCPServer。

【方案】

① 创建 SocketServer 服务器端。

② 创建 SocketServer 客户端。

③ 运行客户端和服务器端。

④ 实现摩斯码查询。

【步骤】 实现本实验需要按照如下步骤进行。

步骤一：创建 SocketServer 服务器端。

```
#!/usr/bin/evn python
# -*- coding:utf-8 -*-
"""ex01_socketserver.py"""
```

导入模块：

```
import socketserver
```

自定义一个类，继承自 socketserver.BaseRequestHandler 父类：

```
class MyServer(socketserver.BaseRequestHandler):
    # 定义一个handle方法
    def handle(self):
    # 连接
    conn = self.request
    # 编码并发送给所有客户端
    conn.sendall('欢迎访问服务器！'.encode())
    # 循环接收消息
    while True:
        # 接收消息，并解码
        client_data = conn.recv(1024).decode()
        # 如果客户端发送退出消息
        if client_data == "exit":
            # 打印信息，并退出
            print("断开与【%s】的连接！" % (self.client_address,))
            # 终端的仅仅是发送退出消息的客户端
            break
            # 如果不是退出消息，则打印消息
            print("来自【%s】的客户端向你发来信息：【%s】" % (self.client_address, client_data))
            # 返回给客户端消息
            conn.sendall('已收到你的消息【%s】' % client_data).encode())
```

定义主函数：

```
if __name__ == '__main__':
    # 使用自定义的服务器启动
    server = socketserver.ThreadingTCPServer(('127.0.0.1', 5884), MyServer)

# 打印启动消息
    print("启动服务器！")

# 服务器永久启动
    server.serve_forever()
```

步骤二：创建socketclient客户端。

```
#!/usr/bin/evn python
# -*- coding:utf-8 -*-
"""ex01_scokeclient.py"""
socketclient.py
# 导入socket模块
import socket
# 创建Socket套接字
ip_port = ('127.0.0.1', 5884)
sk = socket.socket()
# 连接
sk.connect(ip_port)
# 接收服务器端消息
server_data = sk.recv(1024).decode()
# 打印信息
print('服务器：',server_data)
```

设定循环：

```
while True:
    # 接收输入信息
    inp = input('请输入消息：').strip()
    # 编码并发送给服务器端
    sk.sendall(inp.encode())
    # 如果发送的为 exit，则退出
    if inp == 'exit':
        # 打印消息，并退出循环
        print("谢谢使用，再见！")
        break
    # 通过 recv 接收服务器返回消息，并解码
    server_data = sk.recv(1024).decode()
    # 打印消息
    print('服务器：', server_data)
```

关闭套接字：

```
sk.close()
```

步骤三：运行服务器端和客户端。

```
#!/usr/bin/evn python
# -*- coding:utf-8 -*-
"""ex01_scoketserver.py"""
# 先在终端中进入服务器端文件所在目录，运行服务器端
D:\Code>python socketserver.py
启动服务器！
来自【('127.0.0.1', 50674)】的客户端向你发来信息：【hello】
来自【('127.0.0.1', 50669)】的客户端向你发来信息：【你好】
来自【('127.0.0.1', 50674)】的客户端向你发来信息：【这是客户端 1 发送的消息】
断开与【('127.0.0.1', 50674)】的连接！
来自【('127.0.0.1', 50669)】的客户端向你发来信息：【这是客户端 2 发送的消息】
断开与【('127.0.0.1', 50669)】的连接！
```

新建另一个终端，在客户端目录下运行客户端，此时可以从客户端输入消息，并接收服务器端返回。

```
D:\Code>python socketclient.py
服务器：欢迎访问服务器！
请输入消息:hello
服务器：已收到你的消息【hello】
请输入消息：这是客户端 1 发送的消息
服务器：已收到你的消息【这是客户端 1 发送的消息】
# 客户端输入 exit 停止连接
请输入消息：exit
谢谢使用，再见！
```

再新建一个终端，可以同时有多个客户端向服务器端发送消息，并接收返回。

```
D:\Code>python socketclient.py
服务器：欢迎访问服务器！
请输入消息：你好
```

```
服务器：已收到你的消息【你好】
# 一个客户端退出不影响其他客户端连接
请输入消息：这是客户端 2 发送的消息
服务器：已收到你的消息【这是客户端 2 发送的消息】
请输入消息：exit
谢谢使用，再见！
```

步骤四：实现摩斯码查询。

```
#!/usr/bin/evn python
# -*- coding:utf-8 -*-
"""ex01_scoketserver.py"""
```

首先编写 morse.py 文件，生成摩斯码和对应字符表，定义一个解码函数。

```
CODE = {
    'A':'·-',
    'B':'-···',
    'C':'-·-·',
    'D':'-··',
    'E':'·',
    'F':'··-·',
    'G':'--·',
    'H':'····',
    'I':'··',
    'J':'·----',
    'K':'-·-',
    'L':'·-··',
    'M':'--',
    'N':'-·',
    'O':'---',
    'P':'·--·',
    'Q':'--·-',
    'R':'·-·',
    'S':'···',
    'T':'-',
    'U':'··-',
    'V':'···-',
    'W':'·--',
    'X':'-··-',
    'Y':'-·--',
    'Z':'--··',
    '0':'-----',
    '1':'·----',
    '2':'··---',
    '3':'···--',
    '4':'····-',
    '5':'·····',
    '6':'-····',
    '7':'--···',
    '8':'---··',
```

```
    '9':'----•',
    '?':'••--••',
    '/':'-••-•',
    '()':'-•--•-',
    '-':'-••••-',
    '•':'•-•-•-'
    }
def encode(msg):
    """将字符串编码成摩斯码
    : param msg: 字符串
    : return: 摩斯码
    """
    code = ''
    for c in msg:
        if c == ' ':
            code += ' '
        else:
            code += CODE[c.upper()] + ' '
    return code
```

重写编写 socketserver.py 服务器端文件：

```
import socketserver
```

导入编写好的 morse 包：

```
import morse
class MyServer(socketserver.BaseRequestHandler):
    def handle(self):
        conn = self.request
        conn.sendall('欢迎访问服务器！'.encode())
        while True:
            client_data = conn.recv(1024).decode()
            if client_data == "exit":
                print("断开与【%s】的连接！" % (self.client_address,))
                break
            print("来自【%s】的客户端向你发来信息：【%s】" % (self.client_address, client_data))
            # 新增
            code = morse.encode(client_data)
            conn.sendall('摩斯码：【{}】'.format(code).encode())

if __name__ == '__main__':
    server = socketserver.ThreadingTCPServer(('127.0.0.1', 5884), MyServer)
    print("启动服务器！")
    server.serve_forever()
```

在终端中进入服务器端文件所在目录，运行服务器端：

```
D:\Code>python socketserver.py
启动服务器！
来自【('127.0.0.1', 64228)】的客户端向你发来信息：【hello】
来自【('127.0.0.1', 64228)】的客户端向你发来信息：【hello world】
```

```
来自【('127.0.0.1', 64228)】的客户端向你发来信息：【i love python】
断开与【('127.0.0.1', 64228)】的连接！
```

新建另一个终端，运行客户端：

```
D:\Code>python socketclient.py
服务器：欢迎访问服务器！
请输入消息：hello
服务器：摩斯码：【•••• • •-•• •-•• --- 】
请输入消息：hello world
服务器：摩斯码：【•••• • •-•• •-•• ---  •-- --- •-• •-•• -•• 】
请输入消息：l love python
服务器：摩斯码：【•-••  •-•• --- •••- •  •--• -•-- - •••• --- -• 】
请输入消息：exit
谢谢使用，再见！
```

第 9 章 应用开发

本章介绍 Python 应用开发的几个常用场景：用 Turtle 库画各种简单有趣的图形；解决自动化办公领域的数据分析处理问题；Python 的异常处理机制、软件测试问题；用 Smtplib 和 Poplib 模块搭建邮件收发程序；最后，尝试用 PyGame 制作一个小游戏。Python 不仅是一种编程语言，更是一个生态系统，已经并将在越来越多的领域展示出强大的发展潜力。

9.1 Turtle 图形绘制

Turtle（海龟库）是 Python 中一个流行的绘制图像的函数库。一只小龟在横轴为 *X*、纵轴为 *Y*、原点(0, 0)位置开始，根据一组函数指令的控制，在这个平面坐标系中移动，从而在它爬行的路径上绘制了图形。

1. 画布

画布就是 Turtle 为我们展开用于绘图的区域（如图 9-1 所示）。

图 9-1　画布

用户可以设置其大小和初始位置。

```
turtle.screensize(canvwidth = None, canvheight = None, bg = None)
```

其参数分别为画布的宽、高（单位为像素）、背景颜色。画布存在于窗体中，用 setup()函数设置窗体的初始位置和大小。

```
turtle.setup(width = 0.5, height = 0.7, startx = None, starty = None)
```

width、height：输入整数，表示像素；输入浮点数，则表示占据屏幕的比例。

(startx, starty)：表示矩形窗口左上角顶点的位置，若为空，则窗口位于屏幕中心。

【例 9-1】 设置画布。

```
import turtle
turtle.screensize(400, 400)
turtle.setup(width = 600, height = 600)
turtle.done()
```

设置画布的宽和高都是 400 像素，画布在窗体的正中间位置，且占据屏幕的宽和高的比例为 0.5 和 0.7。

画布上默认有一个坐标原点为画布中心的坐标轴，坐标原点上有一只面朝 *X* 轴正方向的小龟。小龟的状态用位置（坐标原点）和方向（面朝 *X* 轴正方向）描述。

2．画笔

画笔有很多属性，如画笔的粗细、颜色、画笔移动速度。

turtle.pensize()：设置画笔的粗细。

turtle.pencolor()：没有参数传入时，返回当前画笔的颜色，传入参数即设置画笔颜色。

turtle.speed(speed)：设置画笔移动速度，画笔绘制的速度范围[0,10]整数，数字越大越快，但取值 0 时是特例，表示最快。

【例 9-2】 设置画笔。

```
import turtle
#turtle.screensize(400, 400)
turtle.setup(width = 600, height = 6007)
turtle.pensize(5)
turtle.pencolor('purple')
turtle.speed(10)
turtle.done()
```

画笔运动命令如表 9-1 所示。画笔控制命令如表 9-2 所示。画笔全局控制命令如表 9-3 所示。

表 9-1 画笔运动命令

命　令	说　明
turtle.forward(distance)	向当前画笔方向移动 distance 像素长度
turtle.backward(distance)	向当前画笔相反方向移动 distance 像素长度
turtle.right(degree)	顺时针移动 degree 角度
turtle.left(degree)	逆时针移动 degree 角度
turtle.pendown()	落笔，当落笔时移动小龟，即绘制图形，系统默认是落笔状态
turtle.goto(x,y)	将画笔移动到坐标为 x、y 的位置
turtle.penup()	提笔，当提起笔移动时，不绘制图形，用于另起一个地方绘制
turtle.circle()	画圆，半径为正（负），表示圆心在画笔的左边（右边）画圆
setx( )	将当前 x 坐标移动到指定位置
sety( )	将当前 *y* 坐标移动到指定位置
setheading(angle)	设置当前朝向为 angle 角度
home()	设置当前画笔位置为原点，朝向东
dot(r)	绘制一个指定直径和颜色的圆点

表 9-2　画笔控制命令

命　令	说　明
turtle.fillcolor(colorstring)	绘制图形的填充颜色
turtle.color(color1, color2)	同时设置 pencolor=color1，fillcolor=color2
turtle.filling()	返回当前是否在填充状态
turtle.begin_fill()	准备开始填充图形
turtle.end_fill()	填充完成
turtle.hideturtle()	隐藏画笔的 turtle 形状
turtle.showturtle()	显示画笔的 turtle 形状

表 9-3　全局控制命令

命　令	说　明
turtle.clear()	清空 turtle 窗口，但是 turtle 的位置和状态不会改变
turtle.reset()	清空窗口，重置 turtle 状态为起始状态
turtle.undo()	撤销上一个 turtle 动作
turtle.isvisible()	返回当前 turtle 是否可见
stamp()	复制当前图形
turtle.write(s [, font=("font_name", font_size, "font_type")])	写文本，s 为文本内容，font 是字体的参数，分别为字体名称、大小和类型；font 为可选项，其参数也是可选项

【例 9-3】 绘制正方形。

```
import turtle
turtle.color('red')                          # 画笔颜色
turtle.pensize(20)                           # 画笔粗细
turtle.forward(100)
turtle.left(90)
turtle.forward(100)
turtle.left(90)
turtle.forward(100)
turtle.left(90)
turtle.forward(100)
turtle.left(90)
turtle.done()                                # 让屏幕一直显示
```

【例 9-4】 循环绘制正方形。

```
import turtle
turtle.color('red')                          # 画笔颜色 red
turtle.speed(0)

for i in range(50):
    turtle.forward(i*5)
    turtle.right(90)
turtle.done()
```

运行结果如图 9-2 所示。

【例 9-5】 绘制文字。

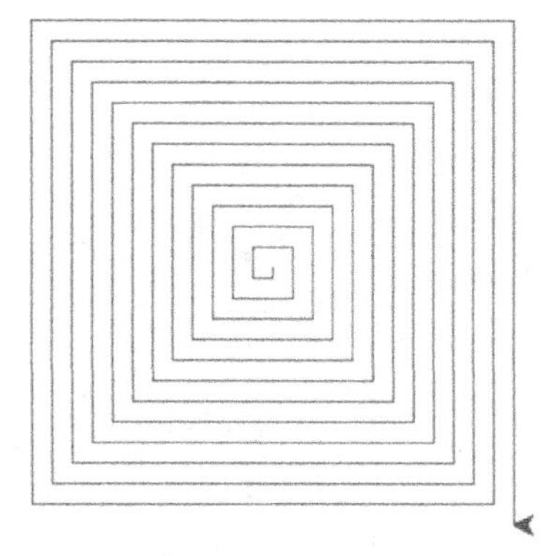

图 9-2　循环绘制正方形

```
import turtle
turtle.screensize(400, 400, 'pink')
turtle.color('red')
turtle.hideturtle()                                      # 隐藏画笔
turtle.penup()                                           # 提起画笔移动
turtle.goto(-260, 10)                                    # 移动画笔的位置
turtle.write('达内直播课', font=('黑体', 70, 'bold'))
turtle.done()
```

运行结果如图 9-3 所示。

图 9-3　绘制文字

【例 9-6】 绘制太阳花。

```
import turtle
turtle.color('red','yellow')                             # 画笔为 red，填充为 yellow
turtle.speed(0)
turtle.begin_fill()

for _ in range(36):
    turtle.forward(200)
    turtle.left(170)
turtle.end_fill()
turtle.mainloop()
```

运行结果如图 9-4 所示。

【例 9-7】 绘制五角星。

```
import turtle
```

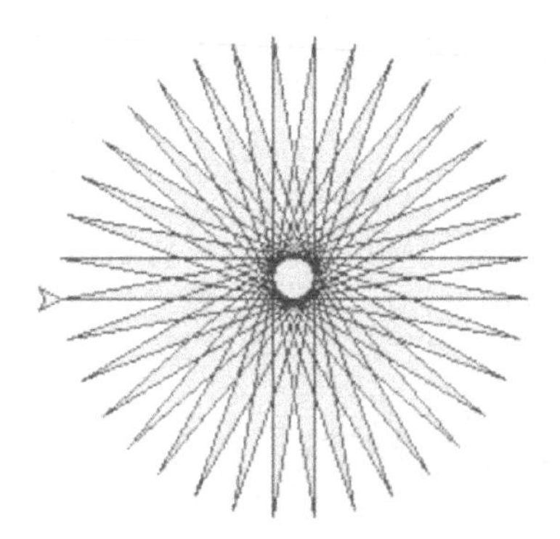

图 9-4　太阳花

```
turtle.pensize(5)
turtle.speed(0)
turtle.pencolor('yellow')
turtle.fillcolor('red')
turtle.begin_fill()

for _ in range(5):
    turtle.forward(200)
    turtle.right(144)
turtle.end_fill()

turtle.mainloop()
```

运行结果如图 9-5 所示。

图 9-5　五角星

【例 9-8】 任意形状的绘制。

```
import turtle
turtle.home()
#当前位置(0,0)开始逆时针画半径为 30 的圆
turtle.circle(30)
#逆时针画半径为 50 的半圆
turtle.circle(50,180)
#方向值为 180,"standard"模式时方向向左,“logo”模式方向向下
print(turtle.heading())
turtle.circle(-50,180)
```

```
# 逆时针方向半径为40画五边形（5步画接近整圆的图形）
turtle.circle(30, None, 5)
turtle.done()
```

运行结果如图9-6所示。

图9-6 任意形状的绘制

9.2 Excel文件读写

Python在自动化办公领域越来越受欢迎，自动化办公涉及Excel、Word、邮件、文件处理、数据分析处理等。其中，Excel因出色的计算功能和图表工具成为了流行的数据处理软件。

我们经常遇到批量数据的操作，如采集的大量的商品信息需要写入Excel文件，或从Excel中读取数据进行各种统计和格式处理。针对这样的问题，若用手工方法一条一条地添加数据，则效率太低。如果Python能自动将数据写入Excel文件并进行数据处理，就可以大大提高工作效率。Python针对Excel有很多第三方库可用，如xlwings、xlsxwriter、xlrd、xlwt、xlsxwriter、xlutils等。本节介绍使用xlrd模块读取XLS或XLSX文件，使用xlwt模块生成XLS文件。使用前必须安装这两个库：

```
pip install xlwt
pip install xlrd
```

【例9-9】 简单的处理Excel文件的例子。

```
import  xlwt

# 创建一个workbook并设置编码
workbook = xlwt.Workbook(encoding='UTF-8')
# 创建一个worksheet
worksheet = workbook.add_sheet('My Worksheet')
# 写入Excel文件
# worksheet.write方法的参数对应行、列、值
worksheet.write(1, 0, label = 'this is test')
```

```
#保存，格式必须为.xls
workbook.save('Excel_Workbook.xls')
```

运行程序后，打开文件 Excel_Workbook.xls，内容如图 9-7 所示。

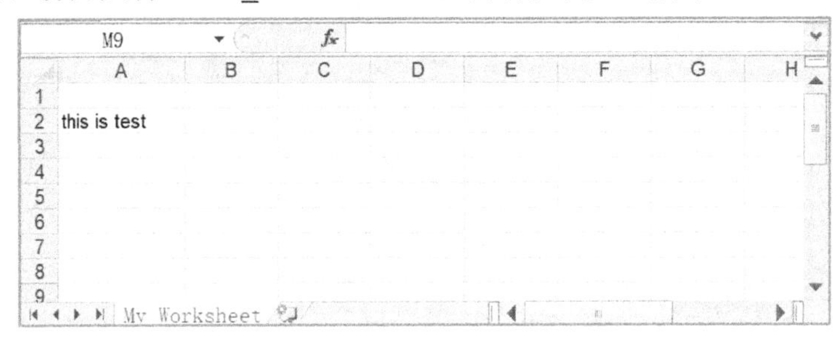

图 9-7　简单的处理 Excel 文件的例子

【例 9-10】 Excel 文件的格式设置。

```
import  xlwt


workbook = xlwt.Workbook(encoding = 'UTF-8')
worksheet = workbook.add_sheet('My Worksheet')
font = xlwt.Font()                                      # 设置字体对象 font
font.name = 'Times New Roman'                           # 设置属性
font.bold = True
font.underline = True
font.italic = True
style = xlwt.XFStyle()                                  # 设置样式对象 style
style.font = font                                       # 将设置好的 font 属性写入样式
worksheet.write(0, 0, 'Unformatted value')              # 写入 0 行 0 列单元格
worksheet.write(1, 0, 'Formatted value',style) # 1 行 0 列单元格，增加了样式
workbook.save('Excel_Workbook.xls')
```

运行程序后，打开文件 Excel_Workbook.xls，内容如图 9-8 所示。

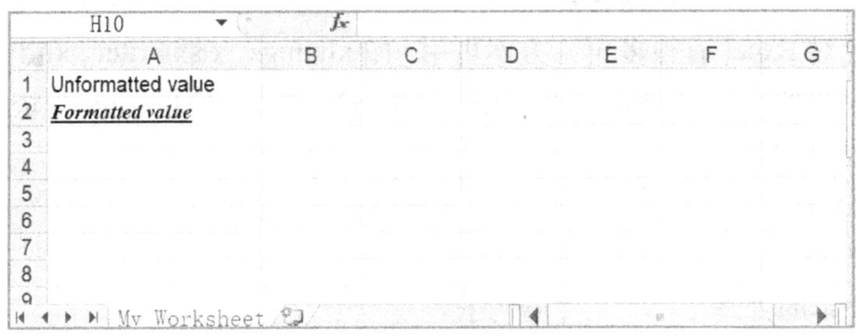

图 9-8　Excel 文件的格式设置

【例 9-11】 设置单元格格式并输入当前日期。

```
import  xlwt
import datetime

workbook = xlwt.Workbook(encoding = 'UTF-8')
worksheet = workbook.add_sheet('Mysheet')
style = xlwt.XFStyle()
worksheet.write(0, 0, '当前日期')
```

```
# 设置单元格(0,0)的宽和高
worksheet.col(0).width = 8000
worksheet.col(0).height = 60
# 输入当前日期到单元格
style.num_format_str = 'YYYY-MM-DD hh:mm:ss'
worksheet.write(1, 0, datetime.datetime.now(), style)
workbook.save('Excel_Workbook.xls')
```

运行程序后，打开文件 Excel_Workbook.xls，内容如图 9-9 所示。

图 9-9 设置单元格格式并输入当前日期

【例 9-12】 向单元格添加公式和超链接。

```
import  xlwt
import datetime

workbook = xlwt.Workbook()
worksheet = workbook.add_sheet('MySheet')
# 添加数据
worksheet.write(0, 0, 5)
worksheet.write(0, 1, 2)
# 添加公式
worksheet.write(1, 0, xlwt.Formula('A1*B1'))
worksheet.write(1, 1, xlwt.Formula('SUM(A1, B1)'))
# 添加超链接
worksheet.write(2, 0, xlwt.Formula('HYPERLINK("http://www.tedu.cn";"TEDU")'))
workbook.save('Excel_Workbook.xls')
```

运行程序后，打开文件 Excel_Workbook.xls，内容如图 9-10 所示。

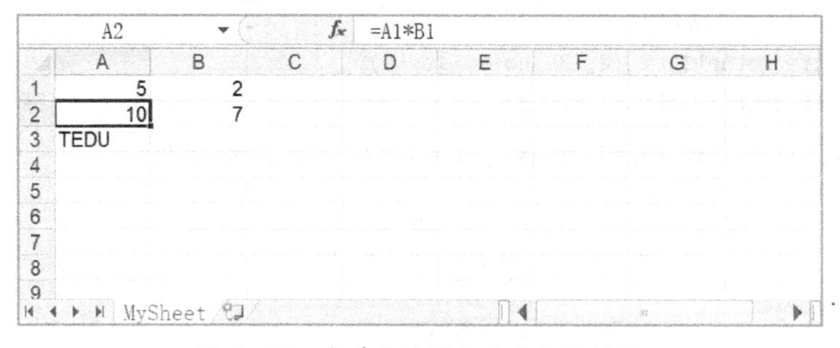

图 9-10 向单元格添加公式和超链接

【例 9-13】 合并行列，设置背景色，及单元格内容的对齐方式设置。

```
import  xlwt
```

```
workbook = xlwt.Workbook(encoding='UTF-8')
worksheet = workbook.add_sheet('Mysheet')

# 设置单元格对齐方式为水平、垂直居中
alignment=xlwt.Alignment()
alignment.horz=xlwt.Alignment.HORZ_CENTER
alignment.vert=xlwt.Alignment.VERT_CENTER
# 设置字体加粗，实心填充，颜色为黄色
font = xlwt.Font()
font.bold = True  #字体加粗
pattern = xlwt.Pattern()
pattern.pattern = xlwt.Pattern.SOLID_PATTERN
pattern.pattern_fore_colour = 5
# 设置风格
style = xlwt.XFStyle()
style.font = font
style.alignment = alignment
style.pattern = pattern
# 设置单元格宽和高
worksheet.col(0).width = 12000
worksheet.col(0).height = 8000

poem_title = '静夜思'
poem = '''
床前明月光，疑是地上霜。
举头望明月，低头思故乡。'''
# 合并单元格，从单元格(0,0)到(0,3)，并写入内容
worksheet.write_merge(0, 0, 0, 3, poem_title, style)
# 更改字体和填充
font = xlwt.Font()
font.bold = False
pattern = xlwt.Pattern()
pattern.pattern = xlwt.Pattern.NO_PATTERN
style.pattern = pattern #背景颜色
# 合并单元格，从单元格(1,0)到(2,3)
worksheet.write_merge(1, 2, 0, 3, poem, style)
workbook.save('Excel_Workbook.xls')
```

运行程序后，打开文件 Excel_Workbook.xls，内容如图 9-11 所示。

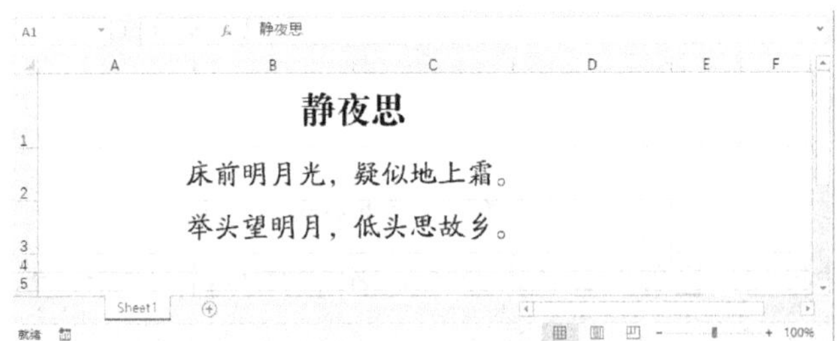

图 9-11　格式设置

【例 9-14】 读取 JSON 文件，然后生成 Excel 文件。

```python
import xlwt, json

workbook = xlwt.Workbook()
worksheet = workbook.add_sheet('Product Info')

with open('products.json', 'rb+') as f:
    products = json.loads(f.read())

alignment = xlwt.Alignment()
alignment.horz = xlwt.Alignment.HORZ_CENTER
alignment.vert = xlwt.Alignment.VERT_CENTER

font = xlwt.Font()
font.bold = True

pattern = xlwt.Pattern()
pattern.pattern = xlwt.Pattern.SOLID_PATTERN
pattern.pattern_fore_colour = 5

style = xlwt.XFStyle()
style.alignment = alignment
style.font = font
style.pattern = pattern

for col, key in enumerate(products[0]):
    worksheet.write(0, col, key, style)

for row, products in enumerate(products):
    for col, value in enumerate(products.values()):
        worksheet.write(row + 1, col, value)

workbook.save('products.xls')
```

运行结果图 9-12 所示。

	A	B	C	D	E	F	G	H	I	J	K	L	M	N
1	供应商 ID	ID	产品代码	产品名称	说明	标准成本	列出价格	再订购水平	目标水平	单位数量	中断	小再订购数	类别	附件
2	为全	1	NWTB-1	苹果汁		5	30	10	40	10箱 x 20(	FALSE	10	饮料	0
3	金美	3	NWTCO-3	蕃茄酱		4	20	25	100	每箱12瓶	FALSE	25	调味品	0
4	金美	4	NWTCO-4	盐		8	25	10	40	每箱12瓶	FALSE	10	调味品	0
5	金美	5	NWTO-5	麻油		12	40	10	40	每箱12瓶	FALSE	10	调味品	0
6	康富食品,	6	NWTJP-6	酱油		6	20	25	100	每箱12瓶	FALSE	25	果酱	0
7	康富食品	7	NWTDFN-	海鲜粉		20	40	10	40	每箱30盒	FALSE	10	干果和坚果	0
8	康堡	8	NWTS-8	胡椒粉		15	35	10	40	每箱30盒	FALSE	10	调味品	0
9	康富食品,	14	NWTDFN-	沙茶		12	30	10	40	每箱12瓶	FALSE	10	干果和坚果	0
10	德昌	17	NWTCFV-	猪肉		2	9	10	40	每袋500克	FALSE	10	水果和蔬菜	0
11	佳佳乐	19	NWTBGM-	糖果		10	45	5	20	每箱30盒	FALSE	5	焙烤食品	0
12	康富食品,	20	NWTJP-6	桂花糕		25	60	10	40	每箱30盒	FALSE	10	果酱	0
13	佳佳乐	21	NWTBGM-	花生		15	35	5	20	每箱30包	FALSE	5	焙烤食品	0
14	为全	34	NWTB-34	啤酒		10	30	15	60	每箱24瓶	FALSE	15	饮料	0
15	正一	40	NWTCM-4	虾米		8	35	30	120	每袋3公斤	FALSE	30	肉罐头	0
16	德昌	41	NWTSO-4	虾子		6	30	10	40	每袋3公斤	FALSE	10	汤	0
17	妙生, 为全	43	NWTB-43	柳橙汁		10	30	25	100	每箱24瓶	FALSE	25	饮料	0
18	金美	48	NWTCA-4	玉米片		5	15	25	100	每箱24包	FALSE	25	点心	0
19	康富食品	51	NWTDFN-	猪肉干		15	40	10	40	每箱24包	FALSE	10	干果和坚果	0
20	佳佳乐	52	NWTG-52	三合一麦片		12	30	25	100	每箱24包	FALSE	25	谷类/麦片	0
21	佳佳乐	56	NWTP-56	白米		3	10	30	120	每袋3公斤	FALSE	30	意大利面食	0
22	佳佳乐	57	NWTP-57	小米		4	12	20	80	每袋3公斤	FALSE	20	意大利面食	0
23	康堡	65	NWTS-65	海苔酱		8	30	10	40	每箱24瓶	FALSE	10	调味品	0

图 9-12 生成的 Excel 文件

【例 9-15】 读取 Excel 文件。

```
import xlrd

book = xlrd.open_workbook('products.xls')
sheet = book.sheets()[0]                          # 选第一张工作表

for r in range(sheet.nrows):                      # 遍历行
    print(sheet.row_values(r,0,sheet.ncols))      # 遍历列
```

运行结果：

```
['供应商 ID', 'ID', '产品代码', '产品名称', '说明', '标准成本', '列出价格', '再订购水平',
 '目标水平', '单位数量', '中断', '最小再订购数量', '类别', '附件']
['为全', 1.0, 'NWTB-1', '苹果汁', '', 5.0, 30.0, 10.0, 40.0, '10 箱 x 20 包', 0, 10.0, '饮料', '0']
['金美', 3.0, 'NWTCO-3', '番茄酱', '', 4.0, 20.0, 25.0, 100.0, '每箱 12 瓶', 0, 25.0, '调味品', '0']
['金美', 4.0, 'NWTCO-4', '盐', '', 8.0, 25.0, 10.0, 40.0, '每箱 12 瓶', 0, 10.0, '调味品', '0']
['金美', 5.0, 'NWTO-5', '麻油', '', 12.0, 40.0, 10.0, 40.0, '每箱 12 瓶', 0, 10.0, '调味品', '0']
['康富食品, 德昌', 6.0, 'NWTJP-6', '酱油', '', 6.0, 20.0, 25.0, 100.0, '每箱 12 瓶', 0, 25.0, '果酱', '0']
['康富食品', 7.0, 'NWTDFN-7', '海鲜粉', '', 20.0, 40.0, 10.0, 40.0, '每箱 30 盒', 0, 10.0, '干果和坚果', '0']
…
```

9.3 异常处理

计算机中的异常是指在程序运行过程中发生的异常事件使程序的正常流程被打断，异常事件一般由外部问题（如硬件错误、物理设备限制、输入错误、代码错误等）导致。

在通常情况下，程序运行过程中如果发生错误，就会返回一个错误代码，但是用错误代码来表示错误不够友好，也不太方便，因为函数本身返回的正常结果和错误码混在一起，为调用者判断代码的错误原因带来困难。所以，高级语言都内置了一套 try-except-finally 的错误处理机制，Python 也不例外。

异常处理的意义是保证程序的健壮性。

1．异常的处理方式

（1）防御式编码

在处理数据前，程序员用代码检查数据的有效性或合法性。

【例 9-16】 防御式编码。

```
inp = input('请输入你的年龄：')
if inp.isdigit():
    age = int(inp)                                # 安全隐患，如输入 abc
    print('成年' if age>=18 else "未成年")
else:
    print("无效的年龄格式，请重新输入！")
```

当输入非数值型数据时，程序会提醒“无效的年龄格式，请重新输入！”，这就属于防御式编码。这种处理方式的优势是处理性能高，劣势是代码多，逻辑复杂，如判断邮箱是否合理需要考虑各种可能性。

（2）异常处理

另一种思路是，在程序运行中等待执行错误，一旦出错，捕获错误，转入错误处理，如果没有错误，那么程序继续正常稳定地往下执行。所以，异常处理需要系统监听所有代码，以备随时应对，这会造成一定程度上资源的浪费。

【例 9-17】 处理异常。

```
inp = input('请输入你的年龄：')
try:
    age = int(inp)                                  # 安全隐患，如输入 abc
    print('成年' if age >= 18  else "未成年")
except:
    print("无效的年龄格式，请重新输入！")
```

运行结果：

```
请输入你的年龄：eighteen
无效的年龄格式，请重新输入！
```

当程序执行时，运行 try 语句块，如果执行出错，那么后续代码不会继续执行，而是直接跳转至错误处理的代码，即 except 语句块，然后程序结束。

异常有多种类型，分门别类后构成树状的层级关系，成为 Python 的异常类结构，使用时要注意它们之间的继承关系。

2. 内置异常类结构层次

内置异常类结构层次如下：

```
BaseException                  # 所有异常的基类
    SystemExit                 # 解释器请求退出（强制）
    KeyboardInterrupt          # 用户中断执行（通常是输入^C）
    GeneratorExit              # 生成器（generator）发生异常通知退出
    Exception                  # 常规异常的基类（最常用的异常处理类）
StopIteration                  # 迭代器没有更多的值
ArithmeticError                # 各种算术错误引发的内置异常的基类
……
```

【例 9-18】 分母为 0 的异常捕获。

```
inp = input('请输入你的年龄：')
numa = input('请输入被除数：')
numb = input('请输入除数：')

try:
    age = int(inp)
    print('成年' if age >= 18  else "未成年")
    print('{}/{}={}'.format(numa, numb, int(numa) / int(numb)))
except ValueError as exp:                           # 值错误，exp 为错误类型的别名
    print('无效的年龄格式，请重新输入！')
    print(exp)
except ZeroDivisionError as exp:                    # 除数为 0 错误
    print(exp)
```

运行结果：

```
请输入你的年龄：18
请输入被除数：12
请输入除数：0
成年
division by zero                                # 提示异常为被0除
```

【例 9-19】 多路异常捕获。

```
inp = input('请输入你的年龄：')
numa = input('请输入被除数：')
numb = input('请输入除数：')

try:
    age = int(inp)
    print('成年' if age >= 18 else "未成年")
    print('{}/{}={}'.format(numa, numb, int(numa) / int(numb)))
except ValueError as exp:                       # 值错误，exp为错误类型的别名
    print('无效的年龄格式，请重新输入！')
    print(exp)
except ZeroDivisionError as exp:                # 除数为0错误
    print(exp)
except Exception as exp:                        # 所有其他的异常在此捕获
    print(exp)
else:                                           # 没有错误捕获
    print('成功执行完毕！')
finally:
    print('程序结束')
```

语法结构是try-except-except-except-else-finally，运行try语句块，如果执行出错，那么捕获错误，执行相应的错误处理代码，即对应的 except 语句块；如果没有错误发生，那么执行 else 语句块；最后，无论有无错误发生，都执行 finally 语句块，至此执行结束。

3. 抛出异常：raise

在编程中，通常在try中主动抛出异常，然后由except捕获处理，用于程序的业务逻辑出错时中断程序的执行。

【例 9-20】 抛出异常。

```
class AgeRangeException(Exception):             # 自定义异常类
    def __init__(self,age):
        self.age = age

inp = input('请输入你的年龄：')
try:
    age = int(inp)
    if age <= 0 or age >= 200:
        # raise：程序员手动写入一个错误
        raise AgeRangeException("年龄范围不正确！")
```

```
    except AgeRangeException as exp:            # 年龄异常错误
        print(exp)
    except Exception as exp:                    # 所有其他的异常在此捕获
        print(exp)
    else:
        print('成功执行完成！')
    finally:
        print('程序结束')
```

运行结果：

```
请输入你的年龄：230
年龄范围不正确！
程序结束
```

当输入年龄为 230 岁时，主动抛出异常，触发自定义异常类 AgeRangeException，捕获异常，给出提示“年龄范围不正确！”。

9.4 软件测试概述

软件运行过程中会有各种各样的异常，需要编程捕获并加以处理，这些都在程序员的控制下，但是软件中还有很多隐藏的错误，甚至软件发布后也没有被发现，所以才会有各种各样的软件补丁。这在软件发布中成为了常态，也催生了软件业的另外一个分支——软件测试。随着软件行业的发展，软件测试越来越重要。Bill Gates 说：很多人认为微软是一家软件开发公司，而事实上我们是一家软件测试公司，在最后产品发布的时候，此产品的所有相关部门都必须签字，而测试人员拥有绝对的否决权。

软件测试是伴随着软件的产生而产生的。早期软件的规模很小、复杂程度低，软件开发过程无序、随意，测试的含义比较狭窄，开发人员将测试等同于“调试”，目的是纠正软件中已经知道的故障，通常由开发人员自己完成这部分的工作。当时对测试的投入极少，测试介入也晚，常常是等到产品已经基本完成时才进行测试。到了 20 世纪 80 年代初期，软件和 IT 行业开始进入了大发展时期，软件趋向大型化、高复杂度，软件的质量越来越重要。这时，一些软件测试的基础理论和实用技术开始形成，并且人们为软件开发设计了各种流程和管理方法，软件开发的方式逐渐由混乱无序的开发过程过渡到结构化的开发过程，以结构化分析与设计、结构化评审、结构化程序设计、结构化测试为特征。人们还将“质量”的概念融入其中，软件测试定义发生了改变，测试不但是一个发现错误的过程，而且将测试作为软件质量保证（SQA）的主要职能，并包含软件质量评价。Bill Hetzel 在《软件测试完全指南》（*Complete Guide of Software Testing*）一书中指出：“测试是以评价一个程序或者系统属性为目标的任何一种活动，测试是对软件质量的度量。”

现在，软件测试已有了行业标准 IEEE/ANSI。1983 年，IEEE 提出的软件工程术语中给软件测试下的定义是：“使用人工或自动的手段来运行或测定某个软件系统的过程，其目的在于检验它是否满足规定的需求或弄清预期结果与实际结果之间的差别。”这个定义明确指出，软件测试的目的是检验软件系统是否满足需求，它再也不是一次性的且只是开发后期的活动，而是与整个开发流程融为一体。软件测试已成为一个专业，需要运用专门的方法和手段，需要专门人才和专家来承担。

9.5 单元测试和文档测试

不管是功能测试、自动化测试、还是单元测试，一般都会预设一个正确的预期结果，而在测试执行的过程中会得到一个实际的结果。测试的成功与否就是用实际的结果与预期的结果进行比较，这个比较的过程就是断言（Assert）。

1．断言

如断言 1+1 大于 2，可以写成：assert 1+1>2。然后在代码中判断这个假设是否成立，若不成立，就捕捉异常，中断代码的正常执行。断言可以看作异常处理的一种高级形式。

断言通常作为程序排错的一种方式，用于判断程序出现错误的大致位置。例如，插入一个断言，如果断言未通过，就可以判断程序错误发生在断言这一行之前的代码中。

断言表示为一些布尔表达式，程序员相信在程序中的某个特定点该表达式值为真。例如，相信一个函数或对象的某方法产生的结果应是期望的那个结果，但具体的结果是否如愿用断言测试。

程序员可以在任何时候启用和禁用断言验证，通常在测试时启用断言，而在部署时禁用断言。同样，程序投入运行后，最终用户在遇到问题时可以重新启用断言。

【例 9-21】 断言的简单例子。

```
print('hello')
assert True
print('python')
assert False                                  # 断言
print('world')
```

运行结果：

```
hello
python
Traceback (most recent call last):
  File "E:/Project/Pycharm/core_python_via_pycharm/unit06/cla.py", line 5, in <module>
    assert False
AssertionError
```

因为断言语句 assert False 中表达式为 False，所以单元测试失败，返回 AssertionError，程序中断正常运行，不再输出“world”。

断言语句格式如下：

```
if not expression:
    raise AssertionError
AssertionError
```

【例 9-22】 断言年龄的合法性。

```
inp = input('请输入你的年龄：')
assert inp.isdigit()                          # 断言输入的是数字
age = int(inp)                                # 安全隐患，如输入 abc
```

```
print('成年' if age >= 18  else "未成年")
print("无效的年龄格式，请重新输入！")
```

运行结果：

```
请输入你的年龄：eighteen
Traceback (most recent call last):
  File "E:/Project/Pycharm/core_python_via_pycharm/unit06/cla.py", line 3, in <module>
    assert inp.isdigit()
AssertionError
```

当输入 eighteen 时，断言未被通过，程序中断。断言用于程序员排错，不会增加程序的稳定性。

2. 文档测试

在 Python 的官方文档中，我们通常可以看到对函数的文档描述，其中有很多示例代码。

【例 9-23】 测试文档。

```
def test(x):
    """
    >>>test(2)
    'even'
    >>>test(1)
    'odd'
    :param x:
    :return:
    """
    if x % 2==0:
        return 'even'
    else:
        return 'odd'
```

程序中用"""引起来的部分是测试用例，明确告诉函数的调用者该函数的期望输入和输出。可以用人工方法在 Python 交互模式下测试运行，如：

```
>>>test(2)
```

看结果是否为“even”。

Python 内置的“文档测试”（doctest）模块可以直接提取注释中的代码并自动执行测试。doctest 严格按照 Python 交互式命令行的输入和输出来判断测试结果是否正确，只有测试异常，才会有大段的错误信息输出。

【例 9-24】 doctest 测试。

```
import doctest
def test(x):
    """
    >>> test(2)
    'even'
    >>> test(1)
    'odd'
```

```
    :param x:
    :return:
    """
    if x % 2 == 0:
        return 'even'
    else:
        return 'odd'
if __name__ == "__main__":
    doctest.testmod()
```

运行结果什么都没显示，说明测试正确。假如把测试用例 test(2)写成了 'odd'，将看到如下结果：

```
Failed example:
    test(2)
Expected:
    'odd'
Got:
    'even'
**********************************************************************
1 items had failures:
   1 of   2 in __main__.test
***Test Failed*** 1 failures.
```

显示测试 test(2)时出现一个错误，正确的是“odd”，但得到的结果是“even”。

文档测试的最大好处是可以提高文档的可读性，同时简化测试。更复杂的测试可以用更加系统的测试方法，如单元测试。

3．单元测试

单元测试就是开发者编写一小段代码，检验目标代码的功能是否符合预期。通常情况下，单元测试主要面向一些功能单一的模块进行。

例如，一台计算机由许多零部件组成，在正式组装前，这些零部件，如 CPU、内存、电池、摄像头等，都要进行测试，这就是单元测试。

常用的单元测试模块有 unittest 和 pytest，前者是标准库，后者为第三方库。

（1）unittest 模块

创建测试的流程如下：新建单元测试脚本，导入单元测试，继承单元测试类，实现单元测试方法，编写单元测试。

【例 9-25】 unittest 模块实现单元测试。

```
# 被测试文档 cal.py
def add(a, b):
    return a+b
def sub(a, b):
    return a-b

# 测试文档 ex-unittest.py
import unittest
from cal import add, sub
```

```
class MyTest(unittest.TestCase):
    def test_cal(self):
        self.assertEqual(add(12,3),15) #测试 12+3=15
        self.assertEqual(sub(12,3),6)  #测试 12-3=6

if __name__ == "__main__":
    unittest.main()
```

运行程序，显示如下结果：

```
F
======================================================================
FAIL: test_cal (__main__.MyTest)
----------------------------------------------------------------------
Traceback (most recent call last):
  File "E:/Project/Pycharm/core_python_via_pycharm/unit06/bb.py", line 6, in test_cal
    self.assertEqual(sub(12,3),6)
AssertionError: 9 != 6

----------------------------------------------------------------------
Ran 1 test in 0.000s

FAILED (failures=1)

Process finished with exit code 1
```

说明 self.assertEqual(sub(12,3),6)这个测试出错，期待是 9，而实际是 6。把测试用例改为 self.assertEqual(sub(12,3),9)，则测试通过。

unittest 单元测试框架中提供了丰富的断言方法，如 assertEqual()、assertIn()、assertTrue()、assertIs()等。

（2）pytest 模块

pytest 模块是第三方库，提供了更简单的测试方法。pytest 单元测试框架中并没提供特殊的断言方法，而是直接使用 Python 的 assert 进行断言。

首先安装 pytest 模块（pip install pytest）和 pytest-html 模块（pip install pytest-html，用于将测试结果生成为 web 网页）。

验证安装版本：

```
pytest --version
```

编写测试版本的步骤：测试文件以“test_”开头（_test 结尾也可以）；测试类以“Test”开头，并且不能带有 init 方法；测试函数以“test_”开头；断言使用基本的 assert 语句即可。

【例 9-26】 pytest 测试。

```
# 被测试文件 ex05-pytest.py
import pytest
def func(x):
    return x+1

def test_func():
```

```
    assert func(3)==4
```

在终端测试文件，输入命令：

pytest ex-5-pytest.py －html=report.html

生成测试报告，如图 9-13 所示。

图 9-13　测试报告

9.6　用 Smtplib 模块发送邮件

SMTP（Simple Mail Transfer Protocol，简单邮件传输协议）是一组用于由源地址到目的地址传送邮件的规则，控制信件的中转发送。Python 的 Smtplib 库提供了一种简便的途径发送电子邮件，对 SMTP 进行了简单封装。

1．Smtplib 库发送邮件的准备工作

① 准备发送邮件的必要信息，如接收方邮箱地址、邮件的发送方式。

② 由于邮件发送是由邮件服务器完成的，因此需要准备本人真实的邮件账号、密码。这里采用 163 邮箱为例发送邮件，设用户名为 tedulivevideo@163.com，密码为 tedu@2019。

③ 163 的 SMTP 服务器地址为 smtp.163.com，端口号为 465（其他常用的邮箱可以在运行商网站上查询）。

④ 准备邮件的内容，如标题、邮件正文、落款签名等。

2．发送邮件的步骤

Web 上发送邮件的基本流程为：连接网易的 SMTP 服务器，开启安全协议并登录，发送邮件，结束。Python 发送邮件的步骤同样需要这些过程，具体来说：

① 发送自己的邮箱地址、密码给服务器，服务器认证通过后才能发送邮件。

② 创建邮件对象，设置收件人、发件人、标题、正文、抄送或密送等信息。

③ 发送邮件，结束。

【例 9-27】 用 Smtplib 模块发送邮件。

```
import smtplib
from email.message import EmailMessage
# 设置 SMTP 服务器信息
smtp_server = "smtp.163.com"
# 设置发件人邮箱地址及密码
from_addr = "tedulivevideo@163.com"
password = "tedu@2019"
# 设置收件人邮箱地址列表，可以同时给多个人发邮件
to_addrs = ['87689097@qq.com', 'derek@icloud.com', '8730dff88@163.com']

# 创建服务器连接
conn = smtplib.SMTP_SSL(smtp_server,465)
conn.set_debuglevel(1)                          # 调试信息，可选

# 授权
conn.login(from_addr,password)
# 创建邮件对象
msg = EmailMessage()
msg['subject'] = 'a letter from domkn'          # 邮件标题
msg['from'] = f'domkn<{from_addr}>'             # 发件人，格式为：domkn<tedulivevideo@163.com>
msg['to'] = f'xiaoming<{to_addrs}>'             # 收件人，邮件列表
msg.set_content('''小明同学，你好！
2020 年了，我终于学会使用 Python 写邮件了，
你也要加油哦！''','plain','utf-8')             # plain 为纯文本内容
# 发送邮件
conn.sendmail(from_addr, to_addrs, msg.as_string())
# 退出
conn.quit()
```

运行程序后，邮件发送成功。

若需要发送更丰富的网页格式的邮件内容，如红色字体、加粗和超链接效果，则把上述邮件对象的正文语句修改如下：

```
msg.set_content('''<font color='red'>小明同学</font>，你好！
2020 年了，我终于学会使用<strong><a href='www.python.org>Python</a></strong>写邮件了，
你也要加油哦！''','html','utf-8')
```

若要添加一张图片作为附件发送，则在上述语句后增加如下语句：

```
with open('notion.jpg','rb')as f:
    msg.add_attachment(f.read(), maintype='image', subtype='jpeg', filename='notion.jpg')
```

Python 的 Smtplib 可以轻松实现邮件群发，这里不再赘述。

9.7 用 Poplib 模块收取邮件

收取邮件是编写一个接收邮件所使用的邮件客户端，将通过 SMTP 发送、转发的邮件保

存到用户的计算机或者手机上。收取邮件常用的协议是POP协议，目前版本号是3，俗称POP3。

Python有一个内置模块Poplib提供了poplib.POP3和poplib.POP3_SSL两个类，分别用于连接普通的POP服务器和基于SSL的POP服务器。

1．连接和认证的过程

① 建立一个POP3对象，包含参数有远程服务器的主机名和端口号。

② 调用user()和pass_()函数发送用户名和密码。

③ 如果产生poplib.error_proto异常，那么登录失败，服务器发送异常信息给客户端。

④ 登录连接后，调用stat()，返回一个元组，其中包含了服务器邮箱中的邮件数量和邮件总的大小。使用列表得到邮件列表的信息，调用retr()提取具体的某一封邮件。

⑤ 调用email模块解析邮件列表中的内容，还原为邮件对象。

⑥ 调用quit()，关闭POP连接。

163的POP邮件服务器地址为POP3.163.com，端口号为995（其他常用的邮箱可以在运行商网站上查询）。

准备好本人接收邮件用的邮箱的账号、密码，设邮箱地址为sender@163.com，密码是123456。

【例9-28】 使用Poplib模块收取邮件。

```
# 导入模块
import poplib
from email.parser import BytesParser
from email.policy import default
import mimetypes
# 配置邮箱地址和密码
email = "sender@163.com"
password = "123456"
# 163 邮件接收服务器
pop_server = 'pop.163.com'
# 连接到 pop 服务器
conn = poplib.POP3_SSL(pop_server,995)
# 运行过程中显示调试信息
#conn.set_debuglevel(1)
# 打印提示信息
print("欢迎信息：")
# 显示服务器端的欢迎信息
print(conn.getwelcome().decode('utf-8'))
# 授权
conn.user(email)
conn.pass_(password)
# 获取服务器端邮箱的状态并打印
message_num, total_size = conn.stat()
print("邮箱状态：")
print(f"邮件数量：{message_num},邮件总大小：{total_size}")
# 获取服务器端邮箱中邮件列表的信息：
# resp_code 是服务器的响应编码，mails 是邮件列表，octets 是字节数
```

```
resp_code, mails, octets = conn.list()
print("列表信息：")
print(f"相应代码：{resp_code}，邮件列表：{mails}，字节数：{octets}")
# 提取最后一封邮件的信息：编码、内容、字节数
resp_code,data,octets=conn.retr(len(mails))
# 将所有数据拼接在一起
msg_data = b'\r\n'.join(data)
# 将字节流转换成字符串，解析成可读的邮件内容
msg = BytesParser(policy=default).parsebytes(msg_data)
# 获取邮件内容
print(f'邮件标题：{msg["subject"]}')
print(f'发件人：{msg["from"]}')
print(f'收件人：{msg["to"]}')
# 遍历正文内容
for part in msg.walk():
    counter = 1
    # 如果内容是multipart类型，那么跳过
    if part.get_content_maintype()=='multipart':
        continue
    # 如果内容是文本，那么打印出来
    elif part.get_content_maintype()=='text':
        print(part.get_content())
    # 其他类型，即附件
    else:
        # 获取附件名字
        filename = part.get_filename()
        # 如果没找到文件名
        if not filename:
            # 根据文件类型，推测后缀名
            ext = mimetypes.guess_extension(part.get_content_type())
            # 如果没推测出来
            if not ext:
                ext='.bin'
            # 生成附件名
            filename = 'part-%03d%s'%(counter,ext)
        # 每次循环变量加1
        counter += 1
        # 打印信息
        print(filename)
conn.quit()                                          # 断开连接
```

运行结果：

```
欢迎信息：
+OK Welcome to coremail Mail Pop3 Server (163coms[10774b260cc7a37d26d71b52404dcf5cs])
邮箱状态：
邮件数量：3，邮件总大小：76846
列表信息：
相应代码：b'+OK 3 76846'，邮件列表：[b'1 26514', b'2 24410', b'3 25922']，字节数：27
```

```
邮件标题：The Rapid 3 | 
发件人：Chris from RapidMiner <dotyc@rapidminer.com>
收件人：*******@163.com
```

9.8 PyGame 小程序

PyGame 是一组用来开发游戏软件的 Python 程序模块，基于 SDL 库开发，允许在 Python 程序中创建功能丰富的游戏和多媒体程序。PyGame 是一个高可移植性的模块，支持多个操作系统，在 Python 3.7.7 版本以上有比较好的支持，详细信息可以查看 PyGame 官网。

1. 安装和验证 Pygame

安装 pygame：

```
pip install pygame
```

验证 pygame：

```
import pygame
```

显示 PyGame 1.9.6 版本

PyGame 模块概览如表 9-4 所示。

表 9-4 PyGame 模块概览

模 块	作 用	模 块	作 用
cursors	加载光标图像，包括标准光标	display	控制显示窗口或屏幕
draw	在 surface 上画简单形状	event	管理事件和事件队列
font	创建并呈现 Truetype 字体	image	保存和加载图像
key	管理键盘	mixer	处理声音
mouse	管理鼠标	movie	MPEG 文件播放
music	播放声音	—	

2. 创建一个 PyGame 程序

【例 9-29】 PyGame 游戏小程序。在窗口中移动鼠标，在当前鼠标位置以随机半径和画笔粗细画圆。

```
# 导入模块
import pygame
import sys
# pygame.locals 模块保存开发中的数据
from pygame.locals import *
import random
# 初始化窗体
pygame.init()
# display 显示窗体，set_mode()设置窗体的尺寸
screen = pygame.display.set_mode((500,300), 0, 32)
# 设置窗体的标题
pygame.display.set_caption("Hello, PyGame World!")
# 加载背景图片，使用 convert()栅格化
```

```
background = pygame.image.load('images/bg.jpg').convert()
# 通过无限循环显示窗体，直到手工关闭窗体或按下键盘上的任意键
while True:
    #监听键盘事件
    for event in pygame.event.get():
    # 如果监听到窗体关闭或按下键盘事件，那么退出
        if event.type in (QUIT, KEYDOWN):
            # 退出窗体
            pygame.quit()
            # 退出脚本程序
            sys.exit()
    # 填充背景图片
    screen.blit(background, (0,0))
    # 捕捉当前的鼠标位置
    x, y = pygame.mouse.get_pos()
    # 产生随机颜色
    rgb = random.randint(0, 255), random.randint(0,255), random.randint(0, 255)
    # 随机生成半径
    radius = random.randint(30, 50)
    # 随机生成画笔粗细
    width = random.randint(3, 30)
    # 在当前鼠标位置以随机半径和画笔粗细画圆
    pygame.draw.circle(screen, rgb, (x,y), radius, width)
    # 刷新屏幕，显示背景图
    pygame.display.update()
```

运行效果如图 9-14 所示。

图 9-14　运行效果

习　题

1．以下关于 Python 的 try 语句的描述中，错误的是（　　）。

A．try 用来捕捉执行代码发生的异常，处理异常后能够回到异常出继续执行
B．当执行 try 代码块除法异常后，会执行 except 后面的语句
C．一个 try 代码块可以对应多个处理异常的 except 代码块
D．try 代码块不触发异常时，不会执行 except 后面的语句
2．确定软件项目是否进行开发的文档是（　　）。
A．需求分析规格说明书　　B．可行性分析
C．软件开发计划　　D．测试报告

实　验

实验 9.1　用 Turtle 绘制图形

【问题】 在 Python 中，Turtle 是什么？
① Turtle 库是 Python 中一个流行的绘制图像的函数库。
② 横轴为 x、纵轴为 y 的坐标系，从原点(0, 0)位置开始。
③ 根据一组函数指令的控制，在平面坐标系中移动，从而在移动的路径上绘制了图形。
【方案】
① 画布和画笔。
② 绘制图形。
【步骤】 实现本实验需要按照如下步骤进行。
步骤一：绘制画布和画笔。
画布就是 Turtle 为我们展开用于绘图的区域，可以设置它的大小和初始位置。

```
turtle.screensize(canvwidth=None, canvheight=None, bg=None)
```

其参数分别为画布的宽、高（单位为像素）、背景颜色。

```
turtle.setup(width=0.5, height=0.7, startx=None, starty=None)
```

width、height：输入宽和高为整数时，表示像素；为小数时，表示占据屏幕的比例。
(startx, starty)：表示矩形窗口左上角顶点的位置，如果为空，则窗口位于屏幕中心。
代码

```
#!/usr/bin/evn python
# -*- coding:utf-8 -*-
"""ex01_使用turtle绘制图形.py"""
# 导入turtle模块
import turtle
# 设定画布的宽为600像素，高为600像素，颜色为绿色
turtle.screensize(600, 600, "green")
turtle.setup(width=600, height=600)
# 关闭turtle，一般在使用完turtle后添加，否则会无响应
turtle.done()
```

在 Turtle 绘图中，使用位置和方向描述画笔的状态。
画笔还有属性、颜色、画线的宽度等。

❖ turtle.pensize()：设置画笔的粗细。
❖ turtle.pencolor()：没有参数传入，返回当前画笔颜色，传入参数设置画笔颜色。
❖ turtle.speed(speed)：设置画笔移动速度，画笔绘制的速度范围为[0, 10]之间的整数，数字越大则越快。

```
# 导入模块
import turtle
# 设置画布
turtle.setup(width=600, height=600)
# 设定画笔粗细为 5
turtle.pensize(5)
# 设置画笔颜色
turtle.pencolor('purple')
# 设置画笔速度
turtle.speed(10)
turtle.done()
```

绘图命令：画笔运动命令。

❖ turtle.forward(distance)：向当前画笔方向移动 distance 像素长度。
❖ turtle.backward(distance)：向当前画笔相反方向移动 distance 像素长度。
❖ turtle.right(degree)：顺时针移动 degree°。
❖ turtle.left(degree)：逆时针移动 degree°。
❖ turtle.pendown()：移动时绘制图形，默认时也为绘制。
❖ turtle.goto(x,y)：将画笔移动到坐标为(x, y)的位置。
❖ turtle.penup()：提起笔移动，不绘制图形，用于另起一个地方绘制。
❖ turtle.circle()：画圆，半径为正（负），表示圆心在画笔的左边（右边）画圆。
❖ setx( )：将当前 x 轴移动到指定位置。
❖ sety( )：将当前 y 轴移动到指定位置。
❖ setheading(angle)：设置当前朝向为 angle 角度。
❖ home()：设置当前画笔位置为原点，朝向东。
❖ dot(r)：绘制一个指定直径和颜色的圆点。

绘图命令：画笔控制命令。

❖ turtle.fillcolor(colorstring)：绘制图形的填充颜色。
❖ turtle.color(color1, color2)：同时设置 pencolor=color1，fillcolor=color2。
❖ turtle.filling()：返回当前是否在填充状态。
❖ turtle.begin_fill()：准备开始填充图形。
❖ turtle.end_fill()：填充完成。
❖ turtle.hideturtle()：隐藏画笔的 turtle 形状。
❖ turtle.showturtle()：显示画笔的 turtle 形状。

绘图命令：全局控制命令。

❖ turtle.clear()：清空 turtle 窗口，但是 turtle 的位置和状态不会改变。
❖ turtle.reset()：清空窗口，重置 turtle 状态为起始状态。
❖ turtle.undo()：撤销上一个 turtle 动作。

❖ turtle.isvisible()：返回当前 turtle 是否可见。

❖ stamp()：复制当前图形。

❖ turtle.write(s [, font=("font-name", font_size, "font_type")])：写文本，s 为文本内容，font 是字体的参数，分别为字体名称，大小和类型；font 为可选项，font 参数也是可选项。

步骤二：绘制图形。

```
#!/usr/bin/evn python
# -*- coding:utf-8 -*-
"""ex01_使用turtle绘制图形.py"""
```

画笔：绘制正方形。

```
import turtle
turtle.color('red', 'yellow')
turtle.pensize(20)
turtle.forward(100)
turtle.left(90)
turtle.forward(100)
turtle.left(90)
turtle.forward(100)
turtle.left(90)
turtle.forward(100)
turtle.left(90)
turtle.done()
```

画笔：循环绘制正方形。

```
import turtle
turtle.color('red', 'yellow')
turtle.speed(10)
for i in range(50):
    turtle.forward(i * 5)
    turtle.right(90)
turtle.done()
```

画笔：绘制文字。

```
import turtle
turtle.screensize(400, 400, 'pink')
turtle.color('red')
turtle.hideturtle()                 # 隐藏画笔
turtle.penup()                      # 提起画笔移动
turtle.goto(-260, 10)               # 移动画笔位置
turtle.write('达内直播课', font=('娃娃体-简', 100, 'bold'))
turtle.hideturtle()
turtle.done()
```

画笔：绘制五角星。

```
import turtle
turtle.pensize(5)
turtle.speed(10)
turtle.pencolor("yellow")
```

```
turtle.fillcolor("red")
turtle.begin_fill()
for _ in range(5):
    turtle.forward(200)
    turtle.right(144)
turtle.end_fill()
turtle.mainloop()
```

画笔：绘制太阳花。

```
import turtle
turtle.color("red", "yellow")
turtle.speed(10)
turtle.begin_fill()
for _ in range(36):
    turtle.forward(200)
    turtle.left(170)
turtle.end_fill()
turtle.mainloop()
```

画笔：绘制不规则图形。

```
import turtle
turtle.home()
# 当前位置(0,0)开始逆时针画半径为 30 的圆
turtle.circle(30)
# 逆时针画半径为 50 的半圆
turtle.circle(50, 180)
# 方向值为 180，“standard”模式时方向向左，“logo”模式方向向下
print(turtle.heading())
turtle.circle(-50, 180)
print(turtle.heading())
# 逆时针方向半径为 40 画五边形(5 步画接近整圆的图形)
turtle.circle(40, None, 5)
turtle.done()
```

实验 9.2 用 Smtplib 模块发送邮件

【问题】 在 Python 中，如何使用 Smtplib 模块发送邮件？

SMTP 是一组用于由源地址到目的地址传送邮件的规则，用来控制信件的中转方式。

Python 的 Smtplib 提供了一种方便的途径发送电子邮件，对 SMTP 进行了简单封装。

Python 创建 SMTP 对象的语法格式如下：

```
smtpObj = smtplib.SMTP( [host [, port [, local_hostname]]])
```

host：SMTP 服务器主机，可以指定主机的 IP 地址或者域名（如 runoob.com），可选。

port：如果提供了 host 参数，就需要指定 SMTP 服务使用的端口号。一般情况下，SMTP 端口号为 25。

local_hostname：如果 SMTP 在本机上，只需指定服务器地址为 localhost 即可。

Python SMTP 对象使用 sendmail 方法发送邮件，语法格式如下：

```
SMTP.sendmail(from_addr, to_addrs, msg[, mail_options, rcpt_options])
```

其中，from_addr，邮件发送者地址；to_addrs，字符串列表，邮件发送地址；msg，发送消息。

注意，参数 msg 是字符串，表示邮件。邮件一般由标题、发信人、收件人、邮件内容、附件等构成，发送邮件时要注意 msg 的格式，就是 SMTP 中定义的格式。

【方案】

① 用 Smtplib 模块发送 163 邮箱的邮件。

② 用 Smtplib 模块发送带 HTML 网页的邮件。

③ 用 Smtplib 模块发送带附件的邮件。

【步骤】 实现本实验需要按照如下步骤进行。

步骤一：用 Smtplib 模块发送 163 邮箱的邮件。

```
#!/usr/bin/evn python
# -*- coding:utf-8 -*-
"""ex01_smtplib.py"""

"""发送 163 邮件"""
# 导入简单邮件传输协议的模块
import smtplib
# 导入邮件模块
from email.message import EmailMessage
# 互联网 SMTP 服务器的名字，可以查到 smtp.163.com…
smtp_server = 'smtp.163.com'
# 发件人的地址
from_addr = 'xxxxxx@163.com'
# 发件人的邮箱密码
password = 'xxxxxx'
# 收件人的邮箱列表，可以给多个人发
to_addr = ['xxxxxx@163.com', 'zzzzzz@qq.com']

"""建立与服务器（SMTP.163.com）的连接通道"""
# 465 通道是规定的
conn = smtplib.SMTP_SSL(smtp_server, 465)

"""在终端显示调试信息"""
conn.set_debuglevel(1)

"""授权"""
conn.login(from_addr,password)

"""创建邮件对象"""
msg = EmailMessage()
# 内容，plain 纯文本，后面是编码方式
msg.set_content('你好，这是一封来自小明同学的学习邮件', 'plain', 'UTF-8')
# 设置邮件主题（标题）
msg['subject'] = '来自小明的一封邮件'

"""设置发件人显示样式（可选）"""
```

```
msg['from'] = f'小明 <{from_addr}>'

"""使用刚才创建的变量发送邮件对象"""
conn.sendmail(
    # 发件人的邮件地址
    from_addr,
    # 收件人的邮件地址列表
    to_addr,
    # 邮件内容
    msg.as_string()
)

"""关闭连接"""
conn.quit()
```

步骤二：用 Smtplib 模块发送带 HTML 网页的邮件。

```
#!/usr/bin/evn python
# -*- coding:utf-8 -*-
"""ex01_smtplib.py"""

"""发送带 HTML 网页的邮件"""
# 导入 smtplib 模块
import smtplib
# 导入邮件模块
from email.message import EmailMessage
# 第三方 SMTP 服务
# SMTP 服务器
smtp_server = "smtp.qq.com"

"""发件人邮箱"""
from_addr = "发件人@qq.com"
# 发件人邮箱的密码，或第三方授权码
password = "密码或第三方授权码"
# 接收邮件，可设置为你的 QQ 邮箱或者其他邮箱
to_addr = ['收件人@qq.com']

"""创建服务器连接"""
conn = smtplib.SMTP_SSL(smtp_server, 465)

"""测试信息"""
conn.set_debuglevel(1)

"""授权登录"""
conn.login(from_addr, password)

"""创建邮件对象"""
msg = EmailMessage()
# 主题
```

```
msg['subject'] = '这是主题'
# 发件人
msg['from'] = f'发件人名称 <{from_addr}>'
# 收件人
msg['to'] = f'xiaoming <to_addr>'
# 内容，格式，编码方式
msg.set_content('''<p>Python 邮件发送测试...</p>
<p><a href="http://www.baidu.com">这是一个链接</a></p>''', 'html', 'utf-8')

"""发送邮件"""
conn.sendmail(from_addr, to_addr, msg.as_string())

"""退出"""
conn.quit()
print('发送成功')
```

步骤三：用 Smtplib 模块发送带附件的邮件。

```
#!/usr/bin/evn python
# -*- coding:utf-8 -*-
"""ex01_smtplib.py"""

"""发送带附件的邮件"""
# 导入 smtplib 模块
import smtplib
# 导入邮件模块
from email.message import EmailMessage
import email.utils
# 第三方 SMTP 服务
# SMTP 服务器
smtp_server = "smtp.qq.com"
# 发件人邮箱
from_addr = "1159683063@qq.com"
# 发件人邮箱的密码
password = "arhalughzjshgbae"
# 接收邮件，可设置为你的 QQ 邮箱或者其他邮箱
to_addr = ['1537070531@qq.com']

"""创建服务器连接"""
conn = smtplib.SMTP_SSL(smtp_server, 465)

"""测试信息"""
conn.set_debuglevel(1)

"""授权登录"""
conn.login(from_addr, password)

"""创建邮件对象"""
msg = EmailMessage()
```

```
# 主题
msg['subject'] = '这是主题'
# 发件人
msg['from'] = f'发件人名称 <{from_addr}>'
# 收件人
msg['to'] = f'xiaoming <to_addr>'
# 内容, 格式, 编码方式
msg.set_content('''<p>Python 邮件发送测试…</p>
<p><a href="http://www.baidu.com">这是一个链接</a></p>''', 'html', 'UTF-8')

"""生成附件编号"""
cid = email.util.make_msgid()

"""打开文件"""
with open('文件路径\文件名.jpg', 'rb') as f:
    # 对文件进行读取, 传入文件格式, 类别, 文件别名, id
    msg.agg_attachment(f.read(), maintype='image', subtype='jpeg', filename = '文件别名.jpg', cid=cid)

"""发送邮件"""
conn.sendmail(from_addr, to_addr, msg.as_string())

"""退出"""
conn.quit()
print('发送成功')
```

实验 9.3　用 Poplib 模块收取邮件

【问题】 在 Python 中如何使用 Poplib 模块收取邮件？

Python 的 Poplib 模块用来从 POP3 协议收取邮件，也可以说是处理邮件的第一步。

POP3 协议并不复杂，也是采用一问一答式的方式，向服务器发送一个命令，服务器必然会回复一个信息。POP3 能实现访问远程主机下载新的邮件或者下载后删掉这些邮件。

Poplib 支持多个认证方法。最普遍的是基本的用户名+密码方式和 APOP，后者是 POP 的一种可选扩展，可以帮助服务器在传输明文的时候避免袭击者盗取密码。

连接和认证过程如下：

① 建立一个 POP3 对象，传给它远程服务器的主机名和端口号。

② 调用 user()和 pass_()函数来发送用户名和密码。

③ 如果产生 poplib.error_proto 异常，那么登录失败，服务器就会发送和异常有关的字符串和解释文字。

④ 登录连接后，调用 star()返回一个元组，其中包含了服务器邮箱中的邮件数量和邮件总的大小。

⑤ 调用 quit()，关闭 POP 连接。

【方案】

① 连接服务器。

② 接收并打印欢迎信息。

③ 获取并打印邮箱状态。
④ 获取邮件列表信息。
⑤ 获取邮件内容。

【步骤】 实现本实验需要按照如下步骤进行。

步骤一：连接服务器。

```
#!/usr/bin/evn python
# -*- coding:utf-8 -*-
"""ex01_poplib.py"""

"""以 163 邮件为例"""
# 导入模块
import poplib
# 配置邮箱地址
email = 'tedulivevideo@163.com'
# 邮箱密码
password = 'tedu@2019'
# 连接远程服务器地址
pop_server = 'pop.163.com'
# 连接到 POP 服务器
conn = poplib.POP3_SSL(pop_server, 995)
# 运行过程中显示测试信息
conn.set_debuglevel(1)

"""断开连接，释放资源"""
conn.quit()

"""运行结果，连接成果，并断开"""
D:\Code> & "D:/Program Files/Python3.6.8/python.exe" d:/Code/ex_poplib.py
*cmd* 'QUIT'
```

步骤二：接收并打印欢迎信息。

```
#!/usr/bin/evn python
# -*- coding:utf-8 -*-
"""ex01_poplib.py"""
# 导入模块
import poplib
# 配置邮箱地址
email = 'tedulivevideo@163.com'
# 邮箱密码
password = 'tedu@2019'
# 连接远程服务器地址
pop_server = 'pop.163.com'
# 连接到 pop 服务器
conn = poplib.POP3_SSL(pop_server, 995)
# 运行过程中显示测试信息
conn.set_debuglevel(1)
```

```
"""打印提示信息"""
print('欢迎信息：')

"""显示服务端的欢迎信息"""
print(conn.getwelcome().decode('utf-8'))
# 空行
print()

"""断开连接，释放资源"""
conn.quit()
```

运行结果：

```
D:\Code>"D:/Program Files/Python3.6.8/python.exe" d:/Code/ex_poplib.py
欢迎信息：
+OK Welcome to coremail Mail Pop3 Server (163coms[10774b260cc7a37d26d71b52404dcf5cs])
*cmd* 'QUIT'
```

步骤三：获取并打印邮箱状态。

```
#!/usr/bin/evn python
# -*- coding:utf-8 -*-
"""ex01_poplib.py"""
# 导入模块
import poplib
# 配置邮箱地址
email = 'tedulivevideo@163.com'
# 邮箱密码
password = 'tedu@2019'
# 连接远程服务器地址
pop_server = 'pop.163.com'
# 连接到POP服务器
conn = poplib.POP3_SSL(pop_server, 995)
# 运行过程中显示测试信息
conn.set_debuglevel(1)
# 打印提示信息
print('欢迎信息：')
# 显示服务端的欢迎信息
print(conn.getwelcome().decode('utf-8'))
# 空行
print()

"""授权"""
conn.user(email)
conn.pass_(password)

"""获取服务端邮箱的状态并打印"""
message_num, total_size = conn.stat()
print('邮箱状态：')
print(f'邮件数量：{message_num}，邮件总大小：{total_size}')
```

```
    """断开连接，释放资源"""
    conn.quit()
```

运行结果：

```
D:\Code>"D:/Program Files/Python3.6.8/python.exe" d:/Code/ex_poplib.py
欢迎信息：
+OK Welcome to coremail Mail Pop3 Server (163coms[10774b260cc7a37d26d71b52404dcf5cs])
*cmd* 'USER tedulivevideo@163.com'
*cmd* 'PASS tedu@2019'
*cmd* 'STAT'
*stat* [b'+OK', b'12', b'15991']
邮箱状态：
邮件数量：12，邮件总大小：15991
*cmd* 'QUIT'
# 将debuglevel()注释后运行
+OK Welcome to coremail Mail Pop3 Server (163coms[10774b260cc7a37d26d71b52404dcf5cs])
邮箱状态：
邮件数量：12，邮件总大小：15991
```

步骤四：获取邮件列表信息。

```
#!/usr/bin/evn python
# -*- coding:utf-8 -*-
"""ex01_poplib.py"""
# 导入模块
import poplib
# 配置邮箱地址
email = 'tedulivevideo@163.com'
# 邮箱密码
password = 'tedu@2019'
# 连接远程服务器地址
pop_server = 'pop.163.com'
# 连接到pop服务器
conn = poplib.POP3_SSL(pop_server, 995)
# 打印提示信息
print('欢迎信息：')
# 显示服务端的欢迎信息
print(conn.getwelcome().decode('utf-8'))
print()
# 授权
conn.user(email)
conn.pass_(password)
# 获取服务端邮箱的状态并打印
message_num, total_size = conn.stat()
print('邮箱状态：')
print(f'邮件数量：{message_num}，邮件总大小：{total_size}')
print()

"""获取服务端邮箱中邮件列表的信息"""
resp_code, mails, octets = conn.list()
```

```
print('列表信息:')
print(f'相应代码：{resp_code}，邮件列表：{mails}，字节数：{octets}')

"""断开连接，释放资源"""
conn.quit()
```

运行结果：

```
D:\Code>"D:/Program Files/Python3.6.8/python.exe" d:/Code/ex_poplib.py
欢迎信息：
+OK Welcome to coremail Mail Pop3 Server (163coms[10774b260cc7a37d26d71b52404dcf5cs])
邮箱状态：
邮件数量：12，邮件总大小：15991
列表信息:
相应代码：b'+OK 12 15991'，邮件列表：[b'1 903', b'2 930', b'3 903', b'4 846', b'5 1067',
 b'6 846', b'7 889', b'8889', b'9 849', b'10 6163', b'11 846', b'12 860']，字节数：89
```

步骤五：获取邮件内容。

```
#!/usr/bin/evn python
# -*- coding:utf-8 -*-
"""ex01_poplib.py"""
# 导入模块
import poplib
# 导入字节流转换包
from email.parser import BytesParser
# 导入 policy 策包
from email.policy import default
import mimetypes
email = 'tedulivevideo@163.com'
password = 'tedu@2019'
pop_server = 'pop.163.com'
# 连接到 POP 服务器
conn = poplib.POP3_SSL(pop_server, 995)
# 打印提示信息
print('欢迎信息：')
# 显示服务端的欢迎信息
print(conn.getwelcome().decode('utf-8'))
# 空行
print()
# 授权
conn.user(email)
conn.pass_(password)
# 获取服务端邮箱的状态
message_num, total_size = conn.stat()
print('邮箱状态：')
print(f'邮件数量：{message_num}，邮件总大小：{total_size}')
print()
# 获取服务端邮箱中邮件列表的信息
resp_code, mails, octets = conn.list()
print('列表信息:')
```

```
print(f'相应代码：{resp_code}，邮件列表：{mails}，字节数：{octets}')
print()

"""提取最后一封邮件信息，编码，内容，字节数"""
resp_code, data, octets = conn.retr(len(mails))

"""将所有数据拼接在一起"""
msg_data = b'\r\n'.join(data)

"""字节流转换成字符串，解析成邮件"""
msg = BytesParser(policy=default).parsebytes(msg_data)

"""断开连接，释放资源"""
conn.quit()

"""获取邮件内容"""
print(f'邮件标题：{msg["subject"]}')
print(f'发件人：{msg["from"]}')
print(f'收件人：{msg["to"]}')

"""遍历正文内容"""
for part in msg.walk():
    counter = 1
    # 如果内容是multipart类型，那么跳过
    if part.get_content_maintype() == 'multipart':
        continue
    # 如果内容是文本，那么打印
    elif part.get_content_maintype() == 'text':
        print(part.get_content())
    # 其他类型，即附件
    else:
        # 获取附件名字
        filename = part.get_filename()
        # 如果没找到文件名，
        if not filename:
            # 根据文件类型，推测后缀名
            ext = mimetypes.guess_extension(part.get_content_type())
            # 如果没推测出来
            if not ext:
                ext = '.bin.'
            # 生成附件名
            filename = 'part-%03d%s' % (counter, ext)
        # 每次循环变量加一
        counter += 1
        # 打印信息
        print(filename)
```

运行结果：

```
D:\Code>"D:/Program Files/Python3.6.8/python.exe" d:/Code/ex_poplib.py
欢迎信息：
+OK Welcome to coremail Mail Pop3 Server (163coms[10774b260cc7a37d26d71b52404dcf5cs])
邮箱状态：
邮件数量：12，邮件总大小：15991
列表信息：
相应代码：b'+OK 12 15991'，邮件列表：[b'1 903', b'2 930', b'3 903', b'4 846', b'5 1067', \
 b'6 846', b'7 889', b'8 889', b'9 849', b'10 6163', b'11 846', b'12 860']，字节数：89
邮件标题：来自小明的一封邮件
发件人：小明<tedulivevideo@163.com>
收件人：小明，'xm1234567890@163.com'
你好，这是邮件正文
```

实验 9.4　用 PyGame 模块创建游戏窗体

【问题】 在 Python 中如何创建游戏窗体？

用 PyGame 模块创建游戏窗体。PyGame 是一个利用 SDL 库编写的游戏库。SDL 全名 Simple DirectMedia Layer，作者是 Sam Lantinga，初衷是让 Loki 更有效地工作。

SDL 是用 C 语言开发的，也可以用 C++语言开发。PyGame 是 Python 中使用它的一个库。

【方案】

① 安装 PyGame。

② PyGame 模块常用方法。

③ 用 PyGame 模块创建游戏窗体。

④ 使用鼠标在窗体中作画。

【步骤】 实现本实验需要按照如下步骤进行。

步骤一：安装 PyGame。

可以通过 PyGame 官网（http://www.pygame.***）下载安装，也可以通过终端命令安装：

```
$ pip install pygame
# 安装完成后可以进入 Python 交互模式来验证是否安装成功
# 通过导入模块是否报错
>>> import pygame
# 查看版本
>>> pygame.ver
```

步骤二：PyGame 模块常用方法。

```
#!/usr/bin/evn python
# -*- coding:utf-8 -*-
"""ex01_pygame.py"""
pygame.cursors                          # 加载光标
pygame.display                          # 访问显示设备
pygame.draw                             # 绘制形状：线和点
pygame.event                            # 管理事件
pygame.font                         # 使用字体
pygame.image                        # 加载和存储图片
pygame.key                          # 读取键盘按键
```

```
pygame.mixer                            # 声音
pygame.mouse                            # 鼠标
pygame.movie                            # 播放视频
pygame.music                            # 播放音频
```

步骤三：用 PyGame 模块创建游戏窗体。

```
#!/usr/bin/evn python
# -*- coding:utf-8 -*-
"""ex01_pygame.py"""

"""导入 pygame 模块"""
import pygame

"""导入 sys 模块"""
import sys
# pygame.locals 保存开发中的数据
from pygame.locals import *

"""初始化窗体"""
pygame.init()
# display 显示窗体，set_mode()设置窗体的尺寸
screen = pygame.display.set_mode((1440, 900), 0, 32)
# 通过 display()显示我们想要显示的名字
pygame.display.set_caption("Hello, World!")

"""绘制背景图片"""
# 通过 pygame.image.load 加载背景图片，通过 convert()进行栅格化
background = pygame.image.load('images/bg.jpg').convert()

"""通过设置死循环固定住窗体"""
while True:
    # 监听键盘退出事件
    for event in pygame.event.get():
        # 如果接受到退出事件
        if event.type in (QUIT, KEYDOWN):
            # 退出模块
            pygame.quit()
            # sys 模块退出
            sys.exit()
    # 先填充图片位置
    screen.blit(background, (0, 0))

    # 每次循环都显示图片
    pygame.display.update()
```

步骤四：用鼠标在窗体中作画。

```
#!/usr/bin/evn python
# -*- coding:utf-8 -*-
"""ex01_pygame.py"""
# 导入 pygame 模块
import pygame
```

```
# 导入sys模块
import sys
# 导入随机模块
import radom
# pygame.locals保存开发中的数据
from pygame.locals import *

"""初始化窗体"""
pygame.init()
# display显示窗体，set_mode()设置窗体的尺寸
screen = pygame.display.set_mode((1440, 900), 0, 32)
# 通过display()显示我们想要显示的名字
pygame.display.set_caption("Hello, World!")

"""绘制背景图片"""
# 通过pygame.image.load加载背景图片，通过convert()进行栅格化
background = pygame.image.load('images/bg.jpg').convert()

"""通过设置死循环固定住窗体"""
while True:
    # 监听键盘退出事件
    for event in pygame.event.get():
        # 如果收到退出事件
        if event.type in (QUIT, KEYDOWN):
            # 退出模块
            pygame.quit()
            # sys模块退出
            sys.exit()

   """获取鼠标所在位置"""
   x, y = pygame.mouse.get_pos()
    # 先填充图片，再进行绘图
    screen.blit(background, (0, 0))
    # 通过随机模块，random随机生成颜色
    rgb = random.randint(0, 255), random.randint(0, 255), random.randint(0, 255)
    # 随机生成半径
    radius = random.randint(5, 15)
    # 生成画笔粗细
    width = random.randint(1, 5)
    # 执行绘制位置，颜色，半径，宽度
    pygame.draw.circle(screen, rgb, (x, y), radius, width)
    # 每次都显示图片
    pygame.display.update()
print(Animal.__subclasses__())
[<class '__main__.Dog'>, <class '__main__.Cat'>, <class '__main__.Duck'>]
```

反侵权盗版声明